普通高等教育网络空间安全系列教材

逆向与漏洞分析

主　编　魏　强　武泽慧

副主编　黄辉辉　周国淼

王允超　刘铁铭

U0223130

科学出版社

北　京

内 容 简 介

　　本书包括基础和技术两部分。基础部分介绍与逆向分析和漏洞分析相关的基础知识，包括基本概念、常见漏洞特征，让读者对本书分析研究的对象有个初步了解。技术部分介绍漏洞分析常用的几种技术，既有偏于理论的符号执行技术，也有偏于工程实践的模糊测试技术。每种技术按照概念、分类、发展、原理、案例的逻辑关系进行介绍，使读者能够由浅入深、循序渐进地理解。每章最后配有习题，读者完成这些习题，可以加深对相关知识点的理解和掌握。

　　本书为信息安全相关专业的本科生和研究生、信息安全从业者以及网络安全爱好者提供相关概念、理论、趋势的讲解，可作为兴趣读物，也可作为教材使用。

图书在版编目(CIP)数据

逆向与漏洞分析 / 魏强，武泽慧主编. —北京：科学出版社，2022.8
普通高等教育网络空间安全系列教材
ISBN 978-7-03-072694-0

Ⅰ. ①逆… Ⅱ. ①魏… ②武… Ⅲ. ①网络安全－高等学校－教材 Ⅳ. ①TN915.08

中国版本图书馆 CIP 数据核字(2022)第 114632 号

责任编辑：于海云 / 责任校对：王　瑞
责任印制：张　伟 / 封面设计：迷底书装

科 学 出 版 社 出版
北京东黄城根北街 16 号
邮政编码：100717
http://www.sciencep.com
北京华宇信诺印刷有限公司印刷
科学出版社发行　各地新华书店经销
*
2022 年 8 月第　一　版　　开本：787×1092　1/16
2025 年 1 月第四次印刷　　印张：15
字数：384 000

定价：**59.00** 元
(如有印装质量问题，我社负责调换)

前　言

　　漏洞不是一个"新"事物。 拉伦茨在法学方法论中就提到了"漏洞"，并将法律漏洞描述为"违反计划的不圆满性"。不仅是代码的世界充斥着漏洞，现实的自然法则如"鲁珀特之泪"也昭示着机械的结构论也有其不可回避的脆弱性问题，"裂纹扩展"原理能够精准阐释"四两拨千斤"结构性漏洞的全部奥妙。漏洞作为网络安全的一个老生常谈的基本问题，自计算诞生之日起，就与其衍生伴随。在数字孪生世界、软件定义一切的今天，我们愈发生活在一个充斥着漏洞的世界里。

　　漏洞又是一个"新"事物。 赛博世界和物理世界的连接导致出现了可被比特操控的原子，以及可被原子干扰的比特，功能安全与信息安全的交织耦合出了时间敏感与可用韧性之间的广义功能安全新问题。新的计算范式、新的连接方式、新的利用方式都会重新定义漏洞，你将感叹于自动驾驶居然把你"带进沟里"，深度学习算法竟然"指鹿为马"，安全防护设备反过来"助纣为虐"，云计算、雾计算、边缘计算的出现都制造出了让我们坠入"云"里"雾"里的新漏洞问题，如果还试图拿着旧知识的钥匙打开新问题的大门，那就彻底沦为了安全的门外汉、"边缘"人。

　　漏洞时时有，处处有。 2022 年第一季度，全球公布了 8000 多个漏洞，几乎每天发布接近 100 个漏洞。随着设备飞天遁地、奔月入海，漏洞广域存在着。在任何一行的代码里，都可能存在一个不经意的 Bug，过去不是的，现在不一定不是；在他处不是的，在此处未必不是。漏洞具有"挖不完、补不全、防不住、想不到"的特点，这让其成为了"信息世界"里的头号公敌。但遗憾的是，在人类现有的科学技术水平与工程工艺条件下，我们无法做到对于漏洞的穷尽及证明。

　　漏洞既客观，又主观。 毋庸置疑，漏洞的存在是必然的、客观的，但漏洞的发现、分析过程又具有极强的主观性，甚至某种程度上有些漏洞就是主观设计出来的。同一个漏洞的分析结果或风险判断往往会因人而异，例如 CVE-2014-9322 最初被认为是本地拒绝服务攻击，后来因采用 IRET 触发可成功提权而被识别为高危漏洞。漏洞本无善恶，但漏洞却可以被用来为善或作恶，例如"永恒之蓝"漏洞被用来制作勒索病毒，大量企业不得不乖乖"缴纳赎金"；Firefox 插件漏洞被用于协助追踪"暗网"的罪犯踪迹，并最终将罪犯绳之以法。正所谓，漏洞本没有颜色，但却照出了人心的黑与白。

　　逆向分析往往被认为是网络空间安全学科的基本方法论之一，而漏洞则是网络空间安全的共性安全问题之一。漏洞研究既要有大量的正向知识，又要有扎实的逆向基本功，因此要入漏洞之门，就不得不先掌握逆向之道，本书尝试着将"逆向"和"漏洞"两方面的教学内容合二为一。本书的撰写基于作者多年的教学内容，此外还得到了国家重点研发计划项目(2020YFB2010900)和 2021 年度中原英才计划项目(224200510002)的资助。

　　本书以"逆向与漏洞分析"的岗位能力要求为牵引，旨在培养学生逆向和漏洞思维，提高漏洞分析技能。目标读者主要包括以下人员：

（1）网络空间安全、计算机科学与技术、软件工程等相关专业的本科生和研究生，本书作为教材使用。

（2）信息安全从业者以及网络安全爱好者，本书可以作为他们了解漏洞、深入理解机理和漏洞分析方法的入门书籍。

全书包括逆向与漏洞基础、漏洞分析技术两部分，其中第 1~3 章属于基础部分，第 4~8 章属于技术部分。

基础部分解决"是什么"的问题，主要介绍软件逆向和漏洞分析的相关概念，以及逆向分析的一般过程。第 1 章围绕基本概念，梳理相关知识点的基本定义和发展脉络，帮助读者建立逆向和漏洞的知识框架。第 2 章介绍逆向分析的一般过程，采用"先正向后逆向"的思路，从常见软件保护方法讲起，引导读者思考如何逆向破解程序的这些"保护壳"，然后以 C++程序为例，逐步"逆向解剖"程序对象。每个知识点以自编用例分析结尾，帮助读者巩固逆向分析的基本原理。第 3 章以五种常见漏洞为例，围绕漏洞的特征和机理，由浅入深，加深读者对漏洞的认知。

技术部分解决"为什么"和"如何做"的问题，主要介绍常用的漏洞分析方法，按照"概念—发展脉络—技术原理—应用"的顺序分别介绍数据流分析、污点分析、符号执行、模糊测试技术。作为漏洞分析技术的基石，第 4 章介绍数据流分析技术，围绕漏洞分析常见的代码模型以及基本的数据流分析方法展开。第 5 章介绍污点分析技术，作为数据流分析的典型应用，通过该章节的学习，读者对污点分析技术的应用场景，以及数据流分析的延伸应用会有更深入的理解。第 6、7 章分别介绍符号执行技术和模糊测试技术。符号执行技术可以高效地生成测试输入，并且理论上可以实现程序路径的遍历。但是受限于计算能力，解决的问题有限，通常结合模糊测试技术来使用。模糊测试技术是目前漏洞研究中使用最为频繁的一种技术，自动化程度高，操作简易方便，该章对模糊测试的起源、模糊测试的技术特点，以及现有的模糊测试技术进行详细介绍，为实际应用夯实基础。第 8 章介绍漏洞攻防演化的过程，以栈空间对抗为起点，先后介绍堆空间对抗、异常处理机制对抗，然后围绕数据保护和控制保护重点展开，提高读者对漏洞防御的理解。

本书由魏强、武泽慧担任主编，黄辉辉、周国淼、王允超、刘铁铭担任副主编。参与本书编写的有李锡星、张文镔、李星玮、袁会杰、何林浩、张新义、杜昊、徐威、陈静等，在此一并致谢。由于作者能力水平和时间有限，书中难免有疏漏之处，恳请读者批评指正。

魏　强

2022 年 5 月

目　　录

第 1 章 逆向与漏洞分析概述

本章主要介绍逆向与漏洞分析的相关概念，澄清一些词汇含义及表述边界，同时对漏洞的危害性评估、漏洞的影响及发展历程做进一步介绍。学习本章后，相信读者会对逆向和漏洞有进一步的认识，为后续学习打下基础。

1.1 逆 向 概 述

逆向是比较宽泛的概念，本书阐述的逆向特指软件逆向。与逆向相关的研究领域较多，涉及的研究点也比较多，如计算机领域的逆向可以粗略地分为硬件逆向、固件逆向、软件逆向，按照对象分类，仅软件逆向一项就可以分为操作系统逆向、浏览器逆向、协议逆向、可执行程序逆向、APP 逆向等。

最早期的程序是由穿孔纸带组成的，这个时期的程序功能极其简单，只需要将纸带执行一遍即可理解原理，无须软件逆向。后来指令被普及使用，程序员使用底层汇编语言编写程序，汇编语言是机器可以直接理解并执行的代码，所以也无须逆向。再后来，编译型的高级语言出现，程序员使用 C、C++等语言编写软件。相比于汇编语言时代的程序，这个时期的软件规模大、代码复杂度高，软件的形态也出现了源代码和二进制两种形态，并且通常用户拿到的都是二进制程序，无法直接理解程序的编码逻辑，从而产生了软件逆向分析的需求。

1.1.1 基本概念

在计算机软件领域，理解一个对象最直观的做法是理解该对象的输入和输出，软件逆向的理解也是如此。本质上来讲，软件逆向的输入是被逆向的程序，输出是分析的结果。被逆向的程序不一定是完整的可执行程序，可以是程序片段，也可以是常用的库文件，如 DLL 等。分析结果由分析目标决定，通常由源代码、图表、文档、密钥等关键数据组成，如图 1-1 所示。

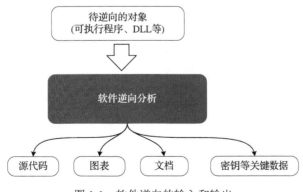

图 1-1 软件逆向的输入和输出

在软件领域，软件逆向属于门槛较高的一类。一方面，由于软件由高级语言编写，编译为二进制程序后，很多高级语言的语义信息等都会丢失，再加上编译优化、加密等机制，程序原本的信息消失殆尽，很难从二进制准确地逆向分析出程序的真实结构和处理逻辑。另一方面，由于软件开发成本高，为了防止软件被逆向分析，软件开发团队会采用多种保护方法，包括防止调试、防止分析、防止篡改等。

1.1.2 基本流程

通常软件逆向可分解为，如图 1-2 所示的流程。对于待分析的目标二进制代码，通过解码/反汇编得到中间语言，在中间语言的基础上进行数据流分析、控制流分析，最后结合一些分析和优化方法，得到逆向结果，如类 C 的源代码、图表等数据。

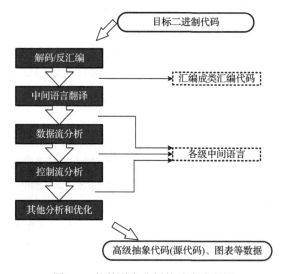

图 1-2 软件逆向分析的基本流程图

(1)解码/反汇编是指将目标二进制代码转化为汇编语言的过程。需要提醒读者注意反汇编与反编译的差异，如图 1-3 所示。编译和反编译不一定针对汇编语言进行，通常是针对一种设计好的中间语言(中间表示)进行的。在反编译过程中，首先会生成一种类汇编或者汇编代码，中间代码也有很多级别，类汇编或者汇编代码只是一种低级中间语言。反汇编是针对汇编语言进行的，编译和反编译不一定针对汇编语言进行。

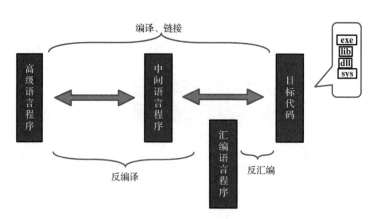

图 1-3 反汇编与反编译的差异

(2)中间语言翻译是将汇编程序表示为一种中间表示形式，如代码模型中的三地址码、静态单赋值等，都属于中间表示。

(3)数据流分析、控制流分析都属于逆向分析中的特定环节，其中数据流分析用于获取数据之间的传播关系，可以用来提取数据结构；控制流分析是分析程序的控制传递关系，如函数调用，可以用来提取程序的执行逻辑。

1.1.3　作用

软件逆向是用逆向的思维理解软件的功能和设计，逆向分析的思想在计算机甚至现代技术出现以前就已经存在，逆向分析不只应用在计算机领域，在科学研究和工业制造中的使用同样广泛。

软件逆向分析主要有以下几个方面的作用。

1. 软件破解

一些软件对使用权限进行了限制，如试用 30 天，试用版中特定功能无法启用等。一些黑客使用软件逆向的方法对这些限制进行破解，达到获得使用权限的目的。常用的软件爆破、算法理解、注册机编写等都属于软件破解的一部分。

2. 恶意软件分析

恶意软件包括木马、病毒等类型，通常以二进制的形式传播。常见的杀毒软件使用恶意代码特征识别的方式进行查杀。提取恶意代码的特征依赖于逆向分析过程，如恶意代码的字符串特征、Android 重打包代码识别等，都可以通过软件逆向的方法识别。

3. 软件相似性分析

软件工程思想的普及使代码复用的频率、范围显著增大。与此同时带来了软件相似性方面的研究，因为代码复用的同时，被复用的代码中存在的漏洞、后门等也都随之传播，需要通过逆向分析的方法明确代码复用的程度，以及哪些代码被复用了。软件相似性分析可用于版权保护、代码成分分析等。

4. 漏洞分析

软件漏洞分析通常包括漏洞挖掘、分析、利用、防护四个环节，其中每个环节均需要软件逆向分析的结果来辅助进行。挖掘过程需要软件逆向分析的结果提高漏洞挖掘的针对性，漏洞分析环节需要软件逆向分析过程来识别漏洞成因，漏洞利用环节需要软件逆向分析来辅助定位漏洞利用点，漏洞防护环节需要使用软件逆向分析明确漏洞的修复位置。

1.2　漏洞的概念

《辞海》中对"漏洞"一词有两个解释：①会漏出东西的缝隙、小孔；②比喻破绽、不周密的地方。第一个解释主要描述具体的物体存在漏洞的现象，第二个解释更加抽象一些，可以描述一个概念、一个想法或一个策略等。"漏洞"前面加上"软件"二字，构成"软件漏洞"，字面意思可以理解为软件破绽，即软件在编程实现上存在的不周密现象。而这些破绽、不周密存在以下几种可能性：①被厂商自己提前发现，未向公众公开，私下修复了；②被厂商自己发现，但是软件已经推向市场，只能向公众公开，并发布修复版本，供用户替换；③被厂商自己发现，未向公众公开，也未修复；④被别人发现，向公众公开，迫使厂商修复；⑤被别人发现，未向公众公开，也未修复；⑥还未被发现。第①、②两种情况属于正常的软件厂商行为。对于第④种情况，大多数厂商是支持的，如微软的漏洞奖励计划，有些漏洞的奖金高达 10 万美元。对于第③和第⑤两种情况，漏洞的善、恶两面性就出现了，需要根据被发现的漏洞的危害性以及使用者的目的来考虑，如攻击者利用 Windows "永恒之蓝" 漏洞制造的 WannaCry 勒索病毒，需要用户支付高额赎金才能解锁被加密的文件，这是漏洞 "恶" 的一面。当然，漏洞也有它 "善" 的一面，如漏洞的发现促使厂商研究各种安全机制，促进了技术的进步，正如高尔基所说："人生的意义就在于人的自我完善。"这或许是对漏洞最积极的阐述了。

下面介绍一下漏洞的基本概念。

1.2.1 漏洞的基本定义

漏洞（Vulnerability）又叫脆弱性，通俗来讲，漏洞是指计算机系统中存在的缺陷，或者是系统使用过程中产生的问题。关于漏洞的准确定义问题，学术界、产业界、国际组织及机构在不同历史阶段、从不同角度都给出过不同的定义，但至今尚未形成广泛共识。曾经有过基于访问控制的定义、基于状态迁移的定义、基于安全策略违背的定义，以及基于脆弱点或者可被利用弱点的定义等。

其中一个易于理解、较为广泛接受的说法为：漏洞是指软件系统或者信息产品在设计、实现、配置、运行等过程中，操作实体有意或无意产生的缺陷、瑕疵或错误，它们以不同形式存在于信息系统的各个层次和环节中，且随着信息系统的变化而改变。漏洞一旦被恶意主体利用，就会对信息系统的安全造成损害，从而影响构建于信息系统之上的正常服务的运行，危害信息系统及信息的安全属性。

如果从计算的角度去理解漏洞，也许可以更本质化、更一般化地理解漏洞的含义。计算被认为是基于给定的基本规则进行演化的过程。计算其实是在探索事物之间的等价关系，或者说同一性，而计算机则是一种利用电子学原理，根据一系列指令对数据进行处理的工具。从这种意义上来看，可以将漏洞理解为计算实现的某种 "瑕疵"，这种 "瑕疵" 既可以表现为逻辑意义上的暗功能，又可以以具体实现中的特定错误形式呈现。

1. 漏洞的载体

目前几乎所有与软件、固件、硬件相关的系统、设备均存在漏洞。对软件而言，又可以分为有源代码的源代码漏洞和无源代码的二进制漏洞；对固件而言，目前使用固件的手机、打印机、车载系统等均存在漏洞；对硬件而言，理论上硬件由门电路组成，可以通过逻辑门穷举的方式遍历所有输入，在出厂前做到故障排查，但是一方面这种排查需要穷举的空间过大，另一方面许多硬件的漏洞是通过侧信道等方式表现的，如 2018 年引起广泛关注的 Intel CPU "幽灵" 漏洞，攻击者利用侧信道泄露对内存进行探测，进而枚举内存中的数据。

2. 漏洞的几种描述

在漏洞领域有几个词汇用于描述漏洞，但其实是不够准确的。

(1)异常(Crash)，异常不是漏洞，而是一种现象，可能由漏洞导致，也可能由别的原因导致，如临时断电，由于服务器备用电源启动不及时，系统出现异常。

(2)缺陷(Bug)，我们在使用 IDE 环境(如 Visual Studio)编写程序的时候，点击编译后，如果程序有错误，通常会提示有多少"Error"和"Warning"，这些是缺陷的一种。缺陷比漏洞要更加宽泛，确切地说，能够被利用的缺陷才能称为漏洞。

(3)脆弱性(Vulnerability)，这个词是与漏洞在表述上最为接近的一个词，通常二者是可以混用的。

(4)挖掘/发掘/检测，在描述漏洞挖掘过程时，有时出于词汇敏感的原因，在一些场景下，通常使用发掘或者检测这些描述，但是表达的意思都是漏洞挖掘这个过程。

1.2.2 漏洞的特征

从时间维度上看，漏洞的生命周期包含产生、发现、修复三个阶段，不同阶段的漏洞具有不同的特征。

1)漏洞产生的不可避免

统计表明，程序员平均每写 1000 行代码，就会有 1 个缺陷，一个大型的应用程序，代码行数动辄数十万行，甚至过亿行，存在漏洞是不可避免的。

从一方面来说，不恰当的操作会导致漏洞。例如，程序员在编写代码时的疏忽、运维人员设置安全配置时的不当操作，以及用户设置的口令过于简单等。因此，从理论上讲，所有的信息系统或设备都会存在设计、实现或者配置上的漏洞。

从另一方面来说，认知的有限性也会导致漏洞。人类对事物的认知需要一个过程，在特定阶段我们的认知能力是有限的，当下认定为正确的、合理的，在未来某个阶段会发现是错误的、不合理的，例如，"千禧年危机"就是人的有限认知而导致的漏洞。20 世纪 60 年代，当时的计算机存储器的成本很高，如果用四位数字表示年份，要占用更多的存储空间，抬高成本。因此，计算机系统的编程人员采用两位十进制数来表示，例如，1980 年用 80 表示，1999 年用 99 表示，1980 年出生的人，在 1999 年就是 19 岁(99−80)，没有问题。但是到了20 世纪 90 年代末，大家突然意识到，2000 年用 00 表示，1980 年出生的人，在 2000 年时是−80 岁(00−80)。这会导致某些程序在计算时得不到正确的结果，无疑会引发各种系统功能的紊乱。

2)漏洞发现的不可预知

关于漏洞的不可预知问题，可以概括为 4W 问题，即人们不知道什么时候(When)、会在什么地方(Where)、由谁(Who)、发现什么样(What)的漏洞。

首先，漏洞总是存在于具体的环境或者条件中，对组成信息系统的软、硬件设备而言，不同的软、硬件设备中都可能存在不同的安全漏洞。

其次，已有的检测方法无法检测到未知类型的漏洞。漏洞的类型从最初的简单口令问题，发展到缓冲区溢出、结构化查询语言注入、跨站脚本和竞态漏洞等，已有的检测方法均是在已知漏洞的先验知识下进行检测，无法检测到未知类型的漏洞。

最后，目前人类无法预测新的漏洞类型，也做不到对特定类型漏洞的穷举。这也是漏洞发现存在不可预知性的重要因素。

3)漏洞修复的不可终止

一方面，软件厂商在漏洞修复时普遍采用打补丁的方式，如微软的"永恒之蓝"，即在原软件中添加或者覆盖部分代码，该过程需要引入新的代码。因此在修复过程中可能会引入新的漏洞，从而导致漏洞修复过程无法终止。例如，"大脏牛"漏洞的产生主要是由于在对"小脏牛"漏洞进行修补的时候，Linux 内核之父 Linux 希望将"脏牛"的修复方法引用到 PMD 的逻辑中，但是由于 PMD 的逻辑和 PTE 并不完全一致，最终导致了"大脏牛"漏洞的出现。一些攻击者也利用这种打补丁的方式进行攻击，原始安装程序没有问题，但安装后提示下载补丁程序，该补丁程序具有木马等。这种方式在 Android 应用程序中较多，可以逃避软件安装过程中的安全检测机制。

另一方面，确定"系统没有漏洞"是一个不可解问题，目前没有确切的理论、技术能够完成"系统没有漏洞"的证明。在无法确定漏洞是否存在的情况下，漏洞修复是无法预知的。

此外，漏洞还具有时效性和具体性，时效性是指超过一定的时间限制(例如，发布针对漏洞的修补措施，或者软件开发商推出了更新版本的系统)，漏洞的威胁就会逐渐降低直至消失。具体性是指漏洞存在于具体的环境和条件下，对构成信息系统的软、硬件设备来说，不同的软、硬件设备中都可能存在不同的漏洞，甚至在同种设备的不同版本之间，以及由不同设备构成的信息系统之间，都会存在不同的安全漏洞。

1.2.3 漏洞分类

漏洞的分类指按照漏洞成因、表现形式，以及漏洞利用的结果等要素对数量庞大的漏洞进行划分、存储，目的是方便漏洞的索引、查找和使用。

漏洞分类方法可以分为直观分类法、多维分类法、漏洞库分类法三种。

1. 直观分类法

漏洞研究起源于系统安全，因此直观分类法最早也是从违反系统安全的直观认识进行的。19 世纪 70 年代，研究人员分别提出了安全操作系统(Research Into Secure Operating System, RISOS)分类法和保护分析(Protection Analysis, PA)分类法。前者从操作系统安全理解的角度将漏洞分为 7 个类别：参数验证不完整、参数验证不一致、隐藏机密数据、验证不同步、认证授权不充分、条件违背、逻辑错误。后者将操作系统保护问题划分为较容易管理的小模块，将漏洞分为 3 类：保护域初始化及实现错误、合法性验证不完备，以及操作数选择错误。上述两种分类方法是从人的直观认识进行的，分类的合理性不高。1995 年，普渡大学的 Aslam 提出改进方法，将 UNIX 操作系统的漏洞划分为设计缺陷、环境错误、编码缺陷和配置缺陷四个类别。其中，设计缺陷主要是指在需求分析和软件设计过程中引入的安全隐患问题；环境错误指操作环境限制而产生的错误，如编译器或操作系统缺陷导致的错误；编码缺陷主要是指代码实现过程中出现的缺陷，如同步和条件验证缺陷；配置缺陷主要涉及安装位置、安装参数、安装权限等实际配置过程中的缺陷。同年，Neumann 以漏洞风险来源为依据，对漏洞进行分类，首先将系统的漏洞风险来源分为三大类型：系统设计过程中的风险、系统操作和使用过程中的风险，以及故意滥用的风险。1997 年，Cohen 根据攻击方式对漏洞进行分类，即不同的漏洞可被用于不同的攻击，按照最终的目的来分类。通过对 100 多个可能的攻击案例进行研究，将软件漏洞划分为错误和遗漏、调用时的无用值、隐含的信任攻击、数据欺骗、过程旁路、分布式协同攻击、输入溢出、特洛伊木马、数据集成后导致错误、利用不完善的守护程序、利用系统中未公开的功能、攻击诱导的误操作、禁止审计、不断增加系统负载导致其失败、利用网络服务和协议、进程间通信攻击、竞争条件、不适当的缺省值 18 种类型。1998 年，Krsul 发现漏洞造成的威胁可以分为直接威胁和间接威胁两种类型，并基于此对软件漏洞进行分类，将软件漏洞分为 4 种类型，包括存取数据、执行命令、执行代码，以及拒绝服务。

2. 多维分类法

随着漏洞种类的增多、威胁程度的增大，越来越多的研究人员开始关注漏洞，对漏洞进行分类的角度也越来越多，多维分类法应运而生。Landwher 按照漏洞的来源、形成时间和位置提出三维属性分类法。漏洞来源主要是指木马、后门、逻辑炸弹等；形成时间是指漏洞发生在软件生命周期的哪一阶段，如设计、编码、维护等；位置是指漏洞发生在操作系统、应用软件等软件层面，还是硬件层面。2004 年，在 Landwher 分类法的基础上，Jiwnani 等基于原因、位置和影响对漏洞进行分类，原因方面主要指验证错误、域错误、别名错误等；位置方面主要指系统初始化、内存管理、进程管理或调度等；影响方面主要指未授权的访问、管理特权访问和拒绝服务等。与之类似，Bishop 在此基础上提出六维分类法，从成因、时间、利用方式、作用域、漏洞利用组件数和代码缺陷六个方面将漏洞分为不同类别。Wenliang 等按照"引入-破坏-修复"的过程对漏洞进行生命周期的描述，提出了基于漏洞生命周期维度的分类方法，根据引入原因、直接影响和修复方式对漏洞进行了分类，引入原因包括输入验证错误、权限认证错误、别名错误等；直接影响包括非法执行代码、非法改变目标对象、非法访问目标资源、拒绝服务攻击等；修复方式包括实体虚假、实体缺失、实体错放和实体错误等。

3. 漏洞库分类法

漏洞库是负责对漏洞进行综合管理和发布的机构，目前全球有许多知名漏洞库，如美国国家漏洞库(National Vulnerability Database，NVD)、中国国家信息安全漏洞库(China National Vulnerability Database of Information Security，CNNVD)等，不同漏洞库对漏洞有不同的分类、命名方式。漏洞库对漏洞进行分类管理，一方面可以帮助安全人员更好、更快地理解漏洞的威胁，另一方面有助于开发更有针对性的检测工具，提高漏洞防护的效率。

1) CVE

CVE(Common Vulnerabilities & Exposures)简称公共漏洞披露，类似一个字典表，对每个被披露的漏洞赋予一个唯一的编号。CVE 通常会使用一个 8 位的数字来唯一标识一个漏洞，具体的方法为"CVE-XXXX-YYYY"，其中 XXXX 代表该漏洞提交的年份，YYYY 代表该漏洞在当年提交漏洞中依照时间排序的序号。CVE 兼容是指一个工具、网站、数据库或者其他安全产品使用 CVE 名称，并且允许与其他使用 CVE 命名方式的产品交叉引用。需要指出的是，CVE 不是一个数据库，而是一个字典，对每个漏洞给出一个编号和标准化的描述，可以作为评级和数据库编制的基准。

2) NVD

NVD 对漏洞进行了统一命名、分类和描述，严格兼容 CVE，遵循通用漏洞评分系统

（Common Vulnerability Scoring System，CVSS），构建了全方位、多渠道的漏洞发布机制和标准化的漏洞修复模式。在 CVE 的基础上，NVD 将漏洞分为代码注入、缓冲区错误、跨站脚本、权限许可和访问控制、配置、路径遍历、数字错误、SQL 注入、输入验证、授权问题、跨站请求伪造、资源管理错误、信任管理、加密问题、信息泄露、竞争条件、后置链接、格式化字符串漏洞和操作系统命令注入等类型。

　　3）CNNVD

CNNVD 将每个漏洞使用的 CNNVD-ID 作为漏洞的唯一标识。基本格式为"CNNVD-YYYYmm-NNNN"，其中 YYYY 指年份，mm 指月份，NNNN 指编号。例如，编号为 CNNVD-201905-888 的漏洞是指 2019 年 5 月发布的 Red Hat libvirt 权限许可和访问控制问题漏洞。另外，CNNVD 漏洞库中提供了指向 CVE 中该漏洞条目的链接，方便使用者参考。CNNVD 对漏洞的分类基本与 NVD、CNVD 一致。图 1-4 是一个 CNNVD 的漏洞描述。

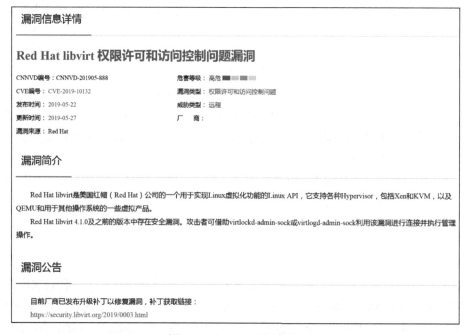

图 1-4　CNNVD 漏洞描述

1.2.4　漏洞分级

漏洞分级是按照漏洞产生威胁的严重程度对漏洞进行等级划分，确定不同漏洞的重要程度，对漏洞的危害性进行刻画，指导相关部门采取对应措施，如漏洞修复、应急响应等。早期漏洞被简单地划分为高、中、低三个等级，例如，能获取远程或者本地管理员权限的漏洞被定为高级别；能获取普通用户权限、读取特定文件或者造成拒绝服务的漏洞被定为中级别；能够导致信息泄露或者实现口令恢复的漏洞被定为低级别。随着漏洞研究的深入，对于同一个漏洞，不同机构的级别评定方法也不一样。目前常见的漏洞评级方法有两种类型：定性评级法和定量评级法。

　　1）定性评级法

定性评级法是根据一定的标准，将漏洞的危险等级分为三级、四级或者五级。常见的有微软的漏洞分级方法,该方法将漏洞分为 4 个等级,对每个等级的漏洞有具体的描述,如表 1-1 所示。

表 1-1　微软漏洞等级划分表

序号	漏洞等级	描述
1	严重	利用此漏洞,Internet 蠕虫无须用户操作即可传播
2	重要	利用此漏洞,可危及用户数据的机密性、完整性或可用性,或者危及被处理资源的完整性或可用性
3	中等	此漏洞由于默认配置、审核或者利用难度等因素大大减轻了其影响
4	低	利用此漏洞比较困难或者其影响很小

此外,CNNVD 漏洞评级法也属于定性分级的一种,与微软的方法相比,该方法评定的依据更加精细。该方法根据漏洞的三个属性即访问路径、利用复杂度,以及影响程度对漏洞进行评级,将漏洞分为四个等级。其中,访问路径的值依赖本地、邻接和远程,可被远程利用的安全漏洞的危害程度高于可被邻接利用的安全漏洞,可被本地利用的安全漏洞次之。利用复杂度的值依赖简单和复杂,利用复杂度为简单的漏洞危害程度高。影响程度的值依赖完全、部分、轻微和无,影响程度为完全的漏洞危害程度高于影响程度为部分的漏洞,影响程度为轻微的漏洞次之,可忽略影响程度为无的漏洞的威胁。影响程度的值由漏洞对目标的机密性、完整性和可用性三个方面的影响共同判定。

表 1-2 为 CNNVD 漏洞等级划分表,从中可以看出漏洞被分为超危、高危、中危、低危四种。

表 1-2　CNNVD 漏洞等级划分表

序号	漏洞危险等级	访问路径	利用复杂度	影响程度
1	超危	远程	简单	完全
2	高危	远程	简单	部分
3		远程	复杂	完全
4		邻接	简单	完全
5		邻接	复杂	完全
6		本地	简单	完全
7	中危	远程	简单	轻微
8		远程	复杂	部分
9		邻接	简单	部分
10		本地	简单	部分
11		本地	复杂	完全
12	低危	远程	复杂	轻微
13		邻接	简单	轻微
14		邻接	复杂	部分
15		邻接	复杂	轻微
16		本地	简单	轻微
17		本地	复杂	部分
18		本地	复杂	轻微

2) 定量评级法

目前常用的定量评级法主要是通用漏洞评分系统(CVSS)评级法,该方法由美国基础设施顾问委员会拟定,由美国事件响应与安全组织论坛负责维护。该评级方法是一个开放并且可被厂商等免费采用的评级方法,利用该方法可以对漏洞进行等级划分,指导相应单位采取措施,如指导厂商确定不同漏洞修复的优先级。

CVSS 评级法中,漏洞危害的最大取值为 10,最小为 0。得分为 7～10 的漏洞通常被认为比较严重,得分为 4～6.9 的是中级漏洞,0～3.9 的则是低级漏洞。

根据基本度量、时间度量、环境度量三部分对漏洞进行综合打分。其中基本度量包括攻击途径、攻击复杂度、认证、机密性影响、完整性影响和可用性影响等因素;时间度量包括可利用性、修复程度和报告可信度等因素。上述两个取值可由供应商给出,因为他们更加清楚漏洞的详细信息。环境度量包括潜在的间接危害、主机分布等因素,该取值通常由用户给出,因为他们能够在自己的使用环境下更好地评价该漏洞造成的威胁。

其中,基本度量中各个取值因素的取值如表 1-3 所示。

表 1-3　CVSS 基本度量中参数取值表

序号	取值因素	可选值	评分标准
1	攻击途径	远程/本地	0.7/1.0
2	攻击复杂度	高/中/低	0.6/0.8/1.0
3	认证	需要/不需要	0.6/1.0
4	机密性影响	不受影响/部分/完全	0/0.7/1.0
5	完整性影响	不受影响/部分/完全	0/0.7/1.0
6	可用性影响	不受影响/部分/完全	0/0.7/1.0

基本度量 = 四舍五入{10 × 攻击途径 × 攻击复杂度 × 认证 × [(机密性 × 机密性权重)+(完整性 × 完整性权重)+(可用性 × 可用性权重)]}。

时间度量中各个取值因素的取值如表 1-4 所示。

表 1-4　CVSS 时间度量中参数取值表

序号	取值因素	可选值	评分标准
1	可利用性	未提供/验证方法/功能性代码/完整代码	0.85/0.9/0.95/1
2	修复程度	官方补丁/临时补丁/临时解决方案/无	0.85/0.9/0.95/1
3	报告可信度	传言/未确认/已确认	0.9/0.95/1

时间度量 = 四舍五入(基本度量 × 可利用性 × 修复程度 × 报告可信度)。

环境度量中各个取值因素的取值如表 1-5 所示。

表 1-5　CVSS 环境度量中参数取值表

序号	取值因素	可选值	评分标准
1	潜在间接危害	无/低/中/高	0/0.1/0.3/0.5
2	主机分布	无/低/中/高	0/0.25/0.5/1

环境度量 ＝ 四舍五入 {[时间度量 ＋ (10 −时间度量)× 潜在间接危害] × 主机分布}。

CVSS 将漏洞在基本度量、时间度量和环境度量中得到的分数综合起来，得到一个综合的分数。根据 CVSS 的数学公式，首先，对基本度量进行计算，得到一个基础分数；然后，在基础分数的基础上对时间度量进行计算，得到一个暂时分数；最后，在暂时分数的基础上对环境度量进行计算，得到最终的分数。每个度量都有各自的计算公式。最终分数越高，漏洞的威胁性越大，分数越低，威胁性越小。

目前使用的 CVSS 为 CVSS 3.0 版本。CVSS 使用定量评级方法对漏洞进行危险等级划分，如图 1-5 所示。一方面评级方法更加客观、准确，另一方面统一了不同的漏洞评级方法，在信息产业中得到了广泛的应用。但是其度量标准存在较大的主观性，对于同一个漏洞，不同的人可能会得到不同的取值，可重复性较差。

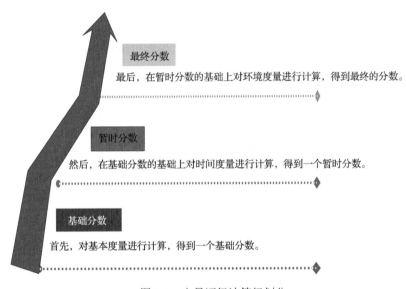

图 1-5　定量评级法等级划分

1.3　漏洞的影响及发展历程

从人类使用工具的角度来看，人类的进化史就是一部人类的工具进步史。但是工具都具有两面性，漏洞也不例外。

1.3.1　漏洞的影响

1)漏洞威胁数据安全

数据是互联网的核心资源，近些年比较流行的数据库攻击，如撞库、拖库等，均是以数据为目标。黑客利用漏洞获取互联网中的数据，特别是用户的隐私数据。数据的攻防一直都是网络攻防对抗的焦点。

2014 年 4 月，谷歌安全研究人员曝光了"心脏出血"漏洞，利用该漏洞可从特定服务器上随机获取 64KB 的工作日志，如果攻击持续进行，大量敏感数据可被泄露。基于此漏洞，黑客可获得存储在服务器中的银行密码、私信等敏感信息，全球在线支付、电商平台、门户网站、电子邮件等重要网站均受到影响。该漏洞存在于一个通用的安全套件——OpenSSL 中。OpenSSL 囊括了主要的密码算法、常用的密钥、证书封装管理功能，以及 SSL 实现。浏览器地址栏常见的 https 前缀的网址以及小锁图标，通常就是指该网站经过 SSL 证书加密。因此，OpenSSL 类似用户信息安全的一把锁，当漏洞出现时，这个锁不用钥匙也能够打开。漏洞一旦出现，国内超过 3 万台主机将受到影响，网易、微信、QQ 邮箱、陌陌、雅虎、比特币中国、支付宝、知乎、淘宝网、京东等国内知名消费、通信、社交等网站无一幸免。其实，该漏洞在两年前的版本中已经出现，但是一直未被曝光，因此，没人知道到底有多少数据已经被泄露，更无人知道在漏洞存在的两年时间里，有多少黑客利用这个漏洞发起过网络攻击。2018 年 1 月，谷歌 Project Zero 团队曝光的 Intel CPU "幽灵" 漏洞，与 "心脏出血" 类似，可以用内存试探的方式造成敏感信息泄露。

2) 漏洞威胁人身安全

直观地理解，漏洞存在于软件中，与人体并无直接关系，如何威胁到人身安全？2013 年 7 月，在当年黑客大会(Black Hat)举行前，美国著名黑客巴纳比·杰克在旧金山突然神秘死亡，由此曝光了一项即将在黑客大会上演示的漏洞攻击技术：扫描到方圆 100m 之内的所有胰岛素泵，并识别其注册码，自动完成注册认证，给每个胰岛素泵均分配 300 个单位的胰岛素，使糖尿病患者致命。此外，杰克也可以在 9m 之外入侵植入式心脏起搏器等无线医疗装置，然后向其发出 830V 高压电击，实现 "遥控杀人"。

近年来，"互联网+" 普及到人类生活的方方面面，如车联网、智能家居、可穿戴设备等，这些设备中的漏洞均可被黑客用来实现针对生命安全的攻击，如 2016 年腾讯科恩实验室成功破解特斯拉汽车，并且能够通过对特斯拉汽车的远程入侵，实现对车辆的控制。

此外，人工智能近年来发展迅速，但是人工智能本身也存在许多安全隐患，能对人身造成巨大威胁。人工智能是大数据训练出来的，训练的数据可以被污染，将该过程称为 "数据投毒"。例如，通过给智能汽车输入被污染过的训练样本，可以把 "禁止通行" 的交通标志牌识别为 "可以通行"，从而造成交通事故和人员伤亡。人工智能识别数据的传感器也可以被误导。对于智能汽车，用激光笔对着无人驾驶车的激光雷达晃一晃，车可能瞬间停下来，造成后车追尾甚至连环追尾事故。另外，人工智能内部复杂的计算逻辑和决策过程还不透明，可以被欺骗或绕过，利用这种漏洞，家里的智能音响甚至可以变成窃听器。

3) 漏洞威胁国家安全

国家机器利用漏洞可以实现政治、军事上的目的。2016 年 8 月，黑客组织 "影子经纪人" 攻破了为 NSA 开发网络武器的方程式组织的系统，获取了其用于网络攻击的网络武器库。2017 年 3 月，维基解密发布了近 9000 份美国中央情报局(CIA)的机密文件，曝光了其网络情报中心拥有超过 5000 名员工,利用硬件和软件系统的漏洞，累积设计了超过一亿个黑客工具。利用这些黑客工具，可以秘密地入侵手机、计算机、智能电视等多种类型的终端。维基解密称公开的文件不到美国中央情报局文件的 1%。

近年来，影响日益增大的 APT 攻击成为各国网络安全的最大威胁。APT 中文直译为高级可持续威胁，是指针对特定目标持续地进行渗透以获取金钱、控制信息甚至潜伏破坏的组织或活动，背后的执行者往往是具有国家背景和丰富资源支持的专业团队。APT 攻击有自己的军火库，包括常规武器(专用木马)、生化武器(漏洞利用工具)，以及核武器(0day 漏洞利用工具)。从不同的搭载系统来看,既有能够精确制导的导弹系统(鱼叉攻击),也有攻击能力强,但可能误伤的轰炸机(水坑攻击)。

4)漏洞改变战略平衡

从"震网"病毒、乌克兰电厂攻击到"永恒之蓝"勒索病毒攻击,它们均利用了各种已知、未知的漏洞。如果没有漏洞,就无法建立网络战的进攻和防御体系,可见,一个重要漏洞的价值不亚于一枚导弹。像石油、稀土等战略资源一样,漏洞是制造网络武器的战略资源。美欧对漏洞资源极其重视,美国主导的《瓦森那协定》将漏洞列入军用资源并限制出口,CIA、NSA 等机构一直在斥巨资收购各种漏洞。此外,美国还通过各类黑客大赛(如 Pwn2Own 等)或以众包、众测方式举办的网络攻击大赛(如"黑掉陆军"等),借助民间力量来获取漏洞资源。因此,漏洞是一种重要的战略资源,在未来网络安全领域中,漏洞的数目、质量会成为影响战略平衡的关键。图 1-6 体现了漏洞四个重要的影响。

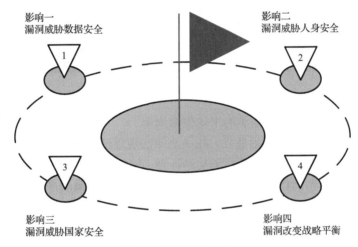

图 1-6　漏洞的四个影响

1.3.2　漏洞发展历程

漏洞是众多网络安全事件触发的根源,并且由于计算机和网络固有的特性,漏洞的存在不可避免。

1)第一个计算机漏洞

20 世纪 40 年代,曾为世界上第一部通用计算机 Mark Ⅰ以及后续计算机 Mark Ⅱ(图 1-7)、Mark Ⅲ编写了大量软件的美国海军中尉、计算机专家格蕾丝·霍波(Grace Hopper)为 Mark Ⅱ的 17000 个继电器设置好程序后,技术人员进行整机运行,此时 Mark Ⅱ突然停止工作。在故障排除过程中,霍波在 Mark Ⅱ计算机的继电器触点里找到了一只被夹扁的小飞蛾,正是这只小虫子卡住了机器的运行。霍波将这只飞蛾夹到工作笔记里,并诙谐地用 bug 来表示导致程序出错的原因。但霍波没有想到的是,她这个举动给单词 bug 赋予了一个新的含义,在如今互联网时代中,bug 成为指代程序缺陷的通用词汇。

2)软件工程代码复用技术的普及加速了漏洞的广泛传播

20 世纪 70 年代,软件工程的思想在软件开发领域得到快速传播,越来越多的厂商、研究人员认同这种软件开发理念,即软件复用。将软件根据类型、功能等设计为不同类型的库文件,在软件开发过程中,通过接口实现对不同库文件的调用,缩短软件开发周期。但是这种方法也给漏洞的传播带来了便捷,一方面,在一个库文件中存在的漏洞,会出现在所有使用了该库文件的软件中;另一方面,对某个存在漏洞的库文件进行升级,但是无法保证所有使用了该库文件的软件都会更新或者升级该库文件,漏洞长时间内依然存在。

图 1-7   Mark II 计算机

3) 漏洞的体系化管控缩短了漏洞的平均生命周期

21 世纪以来,各种漏洞库先后建立,相关法律法规逐渐形成,体系化的漏洞管控逐渐建立,如各类国家级漏洞库、各厂商的漏洞奖励计划、网络安全法律法规等。上述体系化管控的出现,使漏洞从出现到消亡的周期缩短,但是也促使更多的漏洞产生,漏洞更迭速度明显增加。如 2018 年上半年,业界共发布了 10644 个漏洞,超过 2017 年同期的 9690 个漏洞,与 2016 年相比增长了 31%。

1.3.3   漏洞分析技术发展脉络

漏洞分析有广义漏洞分析和狭义漏洞分析之分,前者是指围绕漏洞进行的挖掘、检测、漏洞特征分析、漏洞定位、漏洞应用、漏洞消除及漏洞管控等一系列活动。后者专指漏洞挖掘/发现。广义的漏洞分析技术分为 1.0 阶段、2.0 阶段和 3.0 阶段,如图 1-8 所示。漏洞分析 1.0 阶段主要采用单一的逆向分析技术进行漏洞分析,属于纯手动分析阶段。漏洞分析 2.0 阶段的分析方法相对多元化,源代码漏洞分析、二进制漏洞分析等方法先后出现,污点分析、符号执行等技术也纷纷应用到具体的漏洞挖掘系统中。漏洞分析 3.0 阶段主要是智能化的漏洞分析技术,如结合人工智能的漏洞预测方法,或者结合深度学习方法的模糊测试改进技术等。

各个阶段的代表性成果如图 1-9 所示,可以看出,在漏洞分析 2.0 阶段,相关成果最多,比较有代表性的是 1989 年 Miller 等提出模糊测试,至今模糊测试仍在漏洞挖掘中扮演重要的角色。此外,2007 年模糊测试框架 Sulley 发布,该工具使用 Python 语言编写,对网络协议进行测试,使用较为广泛。2012 年 Google 基于云平台推出了并行模糊测试平台 ClusterFuzz,提供端到端的自动化,实现从 bug 检测到分类、到错误报告、最后到错误报告的自动闭合,该平台在 2016 年通过 OSS-Fuzz 项目对外开源。

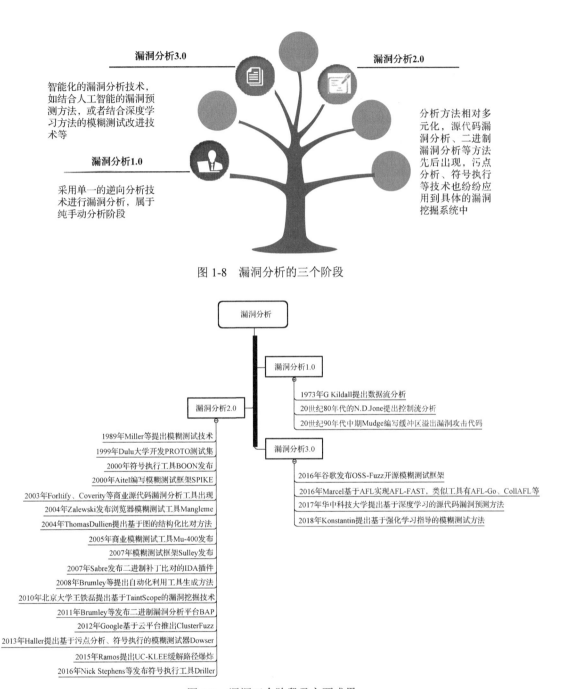

图 1-8　漏洞分析的三个阶段

图 1-9　漏洞三个阶段及主要成果

1.4　本章小结

本章是对逆向和漏洞的基本描述，重点理解漏洞的概念，了解漏洞的危害及评估方法，使读者对漏洞的发展脉络有一个直观的认识。

1.5 习　　题

(1) 简述逆向分析的基本概念和基本流程。

(2) 简述漏洞的基本定义及其特征。

(3) 列举 4 个以上常见的漏洞数据库。

(4) 简述狭义的漏洞分析和广义的漏洞分析有何异同？

(5) 简述漏洞分析 3 个阶段的主要特征。

第 2 章　逆向分析基础

本章介绍软件逆向所需的基础知识，首先介绍正向的软件保护方法，然后在此基础上介绍软件逆向的手段。在介绍逆向分析时，以 C++程序为例(Java 有字节码，Python 基本是源程序，二者均为解释执行的语言，无法有效体现逆向的思路)，阐述逆向分析过程。按照先理论、后实践的步骤展开，首先介绍逆向分析的理论知识，给出程序的正向代码，然后采用 Visual Studio 编程工具，可以自己编写代码来实现 C++程序，再使用逆向分析工具进行逆向验证。

2.1　软件保护方法

商用软件通常在设计、编码阶段就已经兼顾到软件保护的原则，如微软的安全开发生命周期(Security Development Lifecycle，SDL)，将软件安全贯穿于软件的整个生命周期。还有近年来软件开发领域比较关注的 DevSecOps，作为安全领域逐步成熟的技术体系，将软件安全窗口左移，提升软件的安全性，同时可以加大软件的保护力度。本节从二进制代码保护的角度，介绍软件逆向中常遇到的几种软件保护方法，按照防止调试、防止分析、防止修改的递进关系展开。

2.1.1　防止调试

逆向分析程序的前提是程序可以被调试器调试，如可以被 IDA 反汇编，可以被 OllyDbg 动态加载执行等。防止调试即是阻断调试器对程序的分析，将程序逆向理解扼杀在摇篮里。

通常为了防止被调试器分析，当程序感知到自己被调试时便改变预设的执行路径或者修改自身程序让自己崩溃。反调试技术常用于恶意代码开发、关键程序保护，以及各类加壳程序中。具体来说可以分为两类：API 检测和标志位检测。

1) API 检测

使用用于判断当前进程是否处于被调试状态的 API 函数可以辅助程序明确自身所处的执行环境。如 IsDebuggerPresent、CheckRemoteDebuggerPresent 等都可以检测当前进程是否正在被调试，如果程序被调试则返回非零，如果程序没有被调试则返回零。

```
//如果程序被调试则返回非零，如果程序没有被调试则返回零
BOOL WINAPI IsDebuggerPresent(void);
//如果要判断自身则传入自身进程句柄即可，判断结果存入 pbDebuggerPresent 中
BOOL WINAPI CheckRemoteDebuggerPresent (
_ _in          HANDLE hProcess,
_ _inout        PBOOL pbDebuggerPresent
);
```

2) 标志位检测

通过查询进程环境块 (PEB) 中偏移为 0x02 位置处的标志字段 BeingDebugged，以及 PEB 中偏移为 0x18 位置处的堆地址 ProcessHeap 指向堆块中的标志位 ForceFlags 来判断进程是否处于被调试状态。

```
_ _asm
{    //进程的 PEB 地址存储在 fs 寄存器中
    mov eax, fs:[30h]
    //查询 BeingDebugged 标志位
    mov al, BYTE PTR [eax + 2]
    mov result, al
}
_ _asm
{    //进程的 PEB 地址存储在 fs 寄存器中
    mov eax, fs:[30h]
    //获取 0x18 位置处的堆地址 ProcessHeap
    move ax, [eax + 18h]
    //获取堆块中的标志位 ForceFlags 来判断进程是否处于被调试状态
    mov eax, [eax + 10h]
    mov result, eax
}
```

针对上述两种防止程序被调试的手段，对应地可以通过修改 API 函数的返回值，以及修改标志调试状态的字段来实现反调试技术，此外当前也有许多插件可以实现自动化的反调试，如 Olly Advanced、HideDebugger、HideOD 等。

2.1.2 防止分析

防止分析的方法主要可以分为两种类型：代码加密和代码虚拟化。其中代码加密又有代码变形、代码乱序、花指令、软件加壳等。

1) 代码变形

代码加密是现代软件保护的重要手段之一，目的是将原始的代码转换为等价的、相对复杂的代码，前提是加密后的代码与加密前的代码在执行结果上等价。代码变形是代码加密的简单形式，可以分为局部代码变形和全局代码变形，局部代码变形一般针对 1 条或者多条指令，而全局代码变形通过改变程序的代码布局实现代码变形。

局部代码变形通常将 1 条或多条指令转变为与执行结果等价的 1 条或多条其他指令。如下指令是将 CPU 寄存器 eax 的内容设定为 78563412h。

```
01269000  B8  12345678  mov eax, 78563412h
```

可变形为如下指令序列：

```
01269000  68  12345678  push 78563412h
01269005  58           pop eax
```

上述指令的执行结果也是将 78563412h 存储到 eax 寄存器中，这两条指令的功能是等价的，可以互相置换。但是后者在理解上显然比前者更加复杂。

全局代码变形通常要考虑多条代码之间的关联关系，在此基础上进行代码变形。如下指令是将 ebx 的值传递到 ecx 中。

```
01009000   89D8   mov eax, ebx
01009002   89C1   mov ecx, eax
```

在使用全局代码变形时，需要考虑上述两条指令的关系，第 2 条指令的执行结果依赖于第 1 条指令的执行结果，可做如下变形。

```
01009000   66:89D9   mov cx, bx
01009003   66:89C8   mov ax, cx
01009006   88FD      mov ch, bh
01009006   88FC      mov ah, bh
```

前者和后者的执行结果是等价的，但是逆向理解后者显然需要花费更多的时间。

2）代码乱序

与代码变形类似，还可以通过代码乱序的方式打乱逆向分析者的分析过程，提高分析难度。代码乱序通过一种或者多种方法打乱指令的排列方式，但代码的真实执行顺序是不变的。如下所示为示例代码乱序前和乱序后的指令序列。

```
//代码乱序前的指令序列
0042F4D5   50       push eax
0042F4D6   53       push ebx
0042F4D7   33C0     xor eax,eax
0042F4D9   83F8 00  cmp eax,0x0
0042F4DC   75 03    jnz short 0042F4E1
0042F4DE   40       inc eax
0042F4DF   EB F8    jmp short 0042F4D9
0042F4E1   5B       pop ebx
0042F4E2   58       pop eax
//代码乱序后的指令序列
0042F4D5   50       push eax
0042F4D6   EB 08    jmp short 0042F4E0
0042F4D8   33C0     xor eax,eax
0042F4DA   EB 07    jmp short 0042F4E3
0042F4DC   75 0D    jnz short 0042F4EB
0042F4DE   EB 08    jmp short 0042F4E8
0042F4E0   53       push ebx
0042F4E1   EB F5    jmp short 0042F4D8
0042F4E3   83F8 00  cmp eax,0x0
0042F4E6   EB F4    jmp short 0042F4DC
0042F4E8   40       inc eax
0042F4E9   EB F8    jmp short 0042F4E3
0042F4EB   5B       pop ebx
```

乱序后的指令只是将原来指令序列中的指令拆分，打乱其顺序，然后用 jmp 指令将执行流程串联起来。如上述代码，在 0042F4D6 处添加一个无条件跳转指令到 0042F4E0，执行 0042F4E0 处的指令 push eax，接着代码顺序执行到 0042F4E1，该处又是一个跳转命令，跳回到 0042F4D8，执行 xor eax, eax。此时代码的实际的执行序列为：push eax -> push ebx -> xor eax,eax，可以看到乱序前后两段指令的执行结果是相同的，但是分析人员阅读和理解乱序后代码的难度要比乱序前的高出很多，尤其是乱序后的代码跨度很大，如无法在一个显示屏中显示出来，甚至有上千行指令的跨度，分析人员需要来回切换屏幕，分析过程受到严重干扰。

上述代码乱序使分析人员对代码的理解变得复杂，但是该方法没有改变代码的执行流程，因此要还原乱序的代码并不是很困难。软件保护可以使用多分支乱序技术对代码程序的执行流程进行改变，该方法利用不同的条件跳转指令将程序执行流程复杂化。如下所示为采用多分支乱序技术前、后的指令序列。

```
//多分支乱序前的指令序列
0041D81F    B8 01000000    mov eax,0x1
0041D824    BB 02000000    mov ebx,0x2
0041D829    B9 03000000    mov ecx,0x3
0041D82E    BA 04000000    mov edx,0x4
//多分支乱序后的指令序列
0041D81F    B8 01000000    mov eax,0x1
0041D824    74 0F          je short 0041D82D
0041D826    BB 02000000    mov ebx,0x2
0041D82B    EB 05          jmp short 0041D832
0041D82D    BB 02000000    mov ebx,0x2
0041D832    B9 03000000    mov ecx,0x3
0041D837    BA 04000000    mov edx,0x4
```

该指令序列实现功能为使用 mov 指令分别给 eax、ebx、ecx、edx 赋值为 1、2、3、4。在乱序后的指令序列 0041D824 处添加一个条件跳转指令，该跳转指令会受到 ZF 标志位的影响，当程序执行到 0041D824 处时，如果零标志位 ZF=1 时则发生跳转，进而跳转到 0041D82D 处继续执行，依次给 ebx、ecx、edx 赋值；如果 ZF=0，则不发生跳转，继续执行 0041D826 处的代码，并在 0041D82B 处执行 jmp 跳转指令到 0041D832 处避免对 ebx 重复赋值。尽管多分支乱序前、后的指令序列的执行结果始终相同，但是分析人员需要花费更多的时间分析不同的分支。

3）花指令

与代码变形和代码乱序不同，花指令主要干扰静态逆向分析工具的分析过程，如干扰 IDA 的分析结果。核心原理是在原始的代码中插入一段无用的或者能够干扰调试器反汇编过程的代码，被插入的代码可以不具有任何功能，只是达到扰乱代码反汇编和逆向分析的目的。如下所示为花指令插入前、后的指令序列。

```
// 正常 C 语言代码
#include <stdio.h>
int main()
{
    printf("Hello World!\n");
    return 0;
}
//加入花指令的代码
```

```
#include <stdio.h>
int main()
{
    _asm {
        xor eax, eax;
        jz s;
        _emit 0x11;
        _emit 0x22;
        _emit 0x33;
        s:
        }
printf("Hello World!\n");
return 0;
}
```

上述代码的功能相同，都是打印输出字符串"Hello World!"，但是加入花指令的代码在执行 printf("Hello World!\n") 之前加入了一段汇编代码来干扰反编译工具的分析过程，该指令序列经过 xor eax, eax 后，ZF 标志位被置为 1，那么 jz 这条跳转指令必定会被执行，后面插入的 0x11, 0x22, 0x33 就会被跳过，程序仍然会正常输出"Hello World!"。插入的汇编代码中 _emit 指令为插入字节码，由于 0x33 是 xor 指令的操作码，这会导致后面正常的 push 指令被错误解析，无法正常识别 printf 函数，此时将该程序编译后放入到 IDA 中，IDA 已经无法正常解析这个函数，得到无用的反汇编结果，增大了分析人员的分析时间和难度。

需要指出的是，如果花指令同正常指令的开始几字节被反汇编器识别成一条指令，也能有效破坏反汇编的结果，此时插入的花指令通常是一些不完整的指令，该类指令可以随机选择得到。也有学者认为代码变形、代码乱序等过程中插入的指令也是花指令的一种，为了进行区分，本书所说的花指令是不可执行的花指令，起到干扰反汇编的作用，实际无法被 CPU执行。

4）软件加壳

软件加壳是指在原始代码前再增加一段代码，该段代码先于原始代码运行，完成特定的软件保护任务后，再将控制流转移至原始代码。通常称被增加的这段代码为壳程序。

软件加壳的核心目的是隐藏程序的真正入口（Original Entry Point，OEP），可以通过加密的方式保护程序不被分析，也可以采用一些压缩算法对程序进行压缩。前者称为加密壳，后者称为压缩壳。

通常加密壳会对原程序进行一定的修改，如代码变形、代码乱序等。压缩壳的主要目的是压缩程序的体积，例如，加壳工具 UPX 可将应用程序压缩到原体积的 40%以内。压缩壳不对程序本身进行修改，只是用一种更加节省空间的方式来存储程序，类似于常用的 RAR或 ZIP 压缩工具。经过压缩壳处理后的程序在实际执行前会自动解压缩。

5）代码虚拟化技术

代码虚拟化技术是一种相对复杂的软件保护技术。在实际执行过程中，用模拟代码来替代原始代码，逆向分析人员分析的只能是模拟代码，无法分析原始代码的执行过程。

使用代码虚拟化技术保护原始代码，当实际的指令执行流程到达指令序列的开始处时，执行流程转入代码虚拟机的入口。到达代码虚拟机的入口后，为了保证模拟代码与原始代码的执行结果等价,需要保存此时的代码执行环境,包括寄存器值、标记寄存器值、栈空间信息等。

2.1.3 防止修改

通常出于版权保护的目的,软件有较多的防篡改技术,如常见的数据校验机制,在程序启动时计算程序文件的校验值,与预先计算好的校验值(程序官网下载处通常提供该校验值)进行比较,如果不相等,则程序可能被篡改。

此外,也可以使用网络加密的方式防止程序被修改。网络加密的核心思想是将程序中的部分代码或者数据迁移到远程服务器中(如云端),在程序实际运行时,若需要这些数据和代码,从远端下载到内存再执行,执行完毕后,直接在内存中销毁。

2.1.4 其他保护方法

除了上述的防止调试、防止分析、防止修改,还可以使用硬件保护的方法,如使用加密狗等。硬件保护的核心思想与网络加密保护类似,将部分程序运行必需的关键数据或者代码存放到硬件介质(如加密狗)中,在软件执行的时候从硬件介质中读取所需数据,或者将程序的部分代码运算、数据操作等直接放到硬件介质中执行,达到保护软件核心代码的目的。该类方法在 CAD(Computer Aided Design)及相关工业生产领域中使用较多。

2.2 程序预处理

在了解了常见的软件保护技术后,即可开始对高级语言编写的程序进行逆向分析。通常拿到的二进制程序都是经过软件加壳后的程序,需要先进行脱壳,脱壳后识别程序的真实入口,开始逆向分析过程。

2.2.1 软件脱壳

软件脱壳有自动脱壳和手动脱壳两种。

1)自动脱壳

通常某种加壳软件都对应着一种脱壳软件,有时候加壳软件也可以直接用于脱壳,例如,使用 UPX 进行加壳时,使用如下命令。

```
upx.exe  foo.exe
```

对应的脱壳命令为

```
upx.exe -d packedfoo.exe
```

也有一些通用的脱壳工具,可以脱去常见的壳,如 QuickUnpack 通用脱壳工具,该脱壳工具可以脱去 UPX、ASPack、FSG、PECompact、PackMan、WinUPack 等壳。

2)手动脱壳

手动脱壳的关键在于找到 OEP,常用 ESP 定位法识别程序的 OEP。该方法的核心思想是,在函数调用过程结束返回父程序时,为了保持堆栈平衡,需要保证 ESP 指向之前函数调用时压入栈中的那个返回地址。而壳可以看作一个子程序，在壳程序执行完成后，也需要通过 ESP 得到返回地址。因此，可以对 ESP 下硬件访问断点，当壳程序返回时，ESP 一定会被访问，此时程序会断到该处指令，在该处指令查看上下文，通常可以找到 OEP。例如，OllyDbg 调试器载入被测程序后，可以看到 pushad 指令，单步运行该指令，并在对应的栈空间下硬件访问断点，如图 2-1 所示。单步运行后，发现只有 ESP 和 EIP 变红了，即这两个寄存器被访问了，然后按 F9 键运行该程序触发断点，再往后运行几步即找到 OEP，如图 2-2 所示。

图 2-1　使用 OllyDbg 对 ESP 寄存器下硬件访问断点

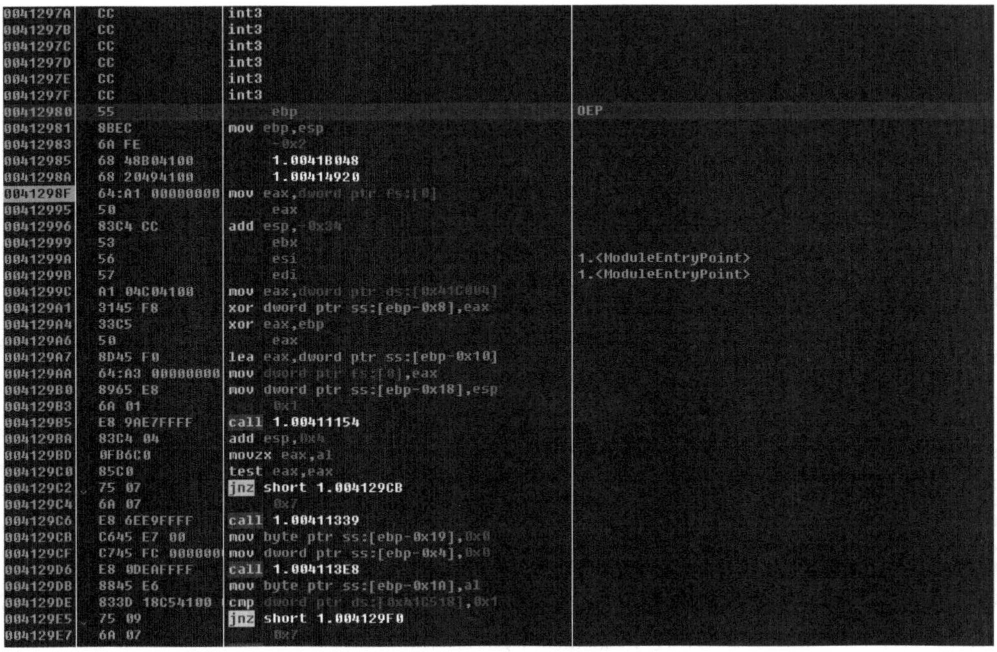

图 2-2　识别程序 OEP

2.2.2　程序入口定位

使用 IDE 开发程序时，程序通常从 main() 函数开始，那么 main() 函数是否是程序的第一条指令执行处呢？main() 函数有参数，这就意味着该函数也需要一个调用者，那么是哪个程序调用了 main() 函数？main() 函数中的代码开始执行时，似乎没有进行堆栈分配等操作，这些操作是在什么时候由哪个函数做的呢？

可以使用 VC++ 6.0 开发工具回答上述问题，依次选择 view→debug windows→call stack 打开栈窗口(也可以使用快捷键 Alt+7 打开)。该窗口中显示了程序启动后，函数的调用流程为 KERNEL32.dll→mainCRTStartup→main。

KERNEL32.dll 是一个 Windows 内核动态链接库，源代码是非公开的，但是 mainCRT Startup 的源代码可以在 MSDN 中找到，该函数原型为 void mainCRTStartup(void)。调用 main() 函数之前需执行一些初始化操作，包括获取命令行参数、获取环境变量值、初始化全局变量等各项准备工作，然后调用 main() 函数执行程序主体，如图 2-3 所示，在第 49 行调用了 main() 函数，并传入_argc、_argv、_environ 三个参数。

在 mainCRTStartup() 函数代码中，需要关注以下几个函数。

(1) GetVersion() 函数(第 12 行)。获取当前运行平台的版本信息，存储在_osver 中。

(2) _help_init() 函数(第 21 行)。初始化堆空间。

(3) GetCommandLineA() 函数(第 34 行)。获取命令行参数的首地址，存储在 acmdin 中。

(4) _crtGetEnviromentstringsa() 函数(第 36 行)。获取环境变量的首地址，存储到_aenvptr 中。

(5) _setargv() 函数(第 38 行)。根据 GetCommandLineA() 函数获取的首地址进行解析，将参数的个数存储到_argc 中，参数内容存到数组中，数组的首地址保存在全局变量_argv 中。

```
1   #else/*_WINMAIN_*/
2   #ifdef WPRFLAG
3   //[illegible]
4   void wmainCRTStartup()
5   #else/*WPRFLAG*/
6   //多字节版控制台启动函数
7   void mainCRTStartup()
8   #endif/*WPRFLAG*/
9   #endif/*_WINMAIN_*/
10  void main(){
11      //获取版本信息
12      _osver = GetVersion();
13      _winminor = (_osver >> 8) & 0X00FF;
14      _winmajor = _osver&0x00FF;
15      _winver = (_winmajor << 8) + _winminor;
16      _osver = (_osver >> 16) & 0x00FEFF;
17      //堆空间初始化过程，在此函数中，指定了程序
18      //中堆空间的起始地址
19      //_MT是多线程标记
20      #ifdef_MT
21          if(!_help_init(1))
22      #else/*_MT*/
23          if(!_heap_init(0))
24      #endif/*_MT*/
25          fast_error_exit(_RT_HEAPINIT);
26      //初始化多线程环境
27      #ifdef _MT
28          if(!_mtinit())
29              fast_error_exit(_RT_THREAD);
30      #endif/*_MT*/
31          __try{
32              //宽字符处理代码略
33              //多字节版获取命令行
34              acmdin = (char *)GetCommandLineA();
35              //多字节版获取环境变量信息
36              _aenvptr = (char *)__crtGetEnviromentstringsa();
37              //多字节版获取命令行信息
38              _setargv();
39              //多字节版获取环境变量信息
40              _setenvp();
41              #endif/*WPRFLAG*/
42              //初始化全局数据和浮点寄存器
43                  _cinit();
44                  //窗口程序处理代码略
45                  //宽字符处理代码略
46                  //获取环境变量信息
47                  _initenv = environ;
48                  //调用main函数，传递命令行参数信息
49                  mainret = main(_argc,_argv,_environ);
50              #endif/*WPRFLAG*/
51              #endif/*_WINMAIN_*/
52                  //检查main函数返回值执行析构函数或atexit
53                  //注册的函数指针，并结束程序
54                  exit(mainret);
55          }
56          //退出结束代码略
57  }
```

图 2-3　mainCRTStartup 函数代码片段

（6）_setenvp()函数（第 40 行）。根据_crtGetEnviromentstringsa()函数获取的首地址进行解析，存储在字符串数组中，将数组的首地址存储到全局变量_environ 中。

_argc、_argv、_environ 以栈传参的方式传递到 main()函数中（第 49 行），main()函数返回后，mainCRTStartup()函数再调用 exit()函数进行一些收尾操作。

因此，根据 main()函数的上述特征可以快速实现 main()函数识别定位。下面通过一个具体的实例介绍如何定位 main()函数。

2.2.3　实例分析

首先，使用 Visual Studio 开发环境编写如下"Hello，World！"程序，编译、链接为二进制程序。

```
#include <iostream.h>
void main(){
        cout<<"Hello,World!"<<endl;
}
```

1）使用 OllyDbg 动态定位程序入口

OllyDbg 加载程序之后，首先断在程序的入口点，但这并不是 main()函数的入口。在 OllyDbg 中定位 main()函数的入口，可以在找到 call GetCommandLineA()这条指令之后再继续往下找，接连三个压栈操作之后的 call 指令就是 main()函数的入口。进入该指令后即是 main()函数的反汇编指令，如图 2-4 所示。

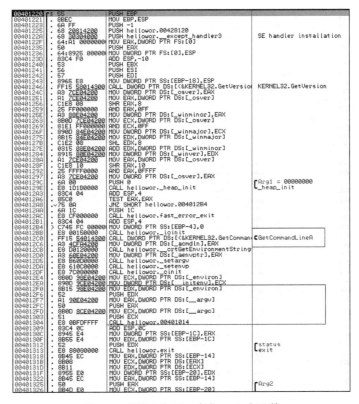

图 2-4　使用 OllyDbg 定位 main()函数

进入 call hellowor.00401014 指令后,可以查看 main()函数的反汇编代码,如图 2-5 所示。

```
0040103B     CC              INT3
0040103C     CC              INT3
0040103D     CC              INT3
0040103E     CC              INT3
0040103F     CC              INT3
00401040  >  55              PUSH EBP
00401041  .  8BEC            MOV EBP,ESP
00401043  .  83EC 40         SUB ESP,40
00401046  .  53              PUSH EBX
00401047  .  56              PUSH ESI
00401048  .  57              PUSH EDI
00401049  .  8D7D C0         LEA EDI,DWORD PTR SS:[EBP-40]
0040104C  .  B9 10000000     MOV ECX,10
00401051  .  B8 CCCCCCCC     MOV EAX,CCCCCCCC
00401056  .  F3:AB           REP STOS DWORD PTR ES:[EDI]
00401058  .  68 0F104000     PUSH hellowor.0040100F
0040105D  .  68 E8904200     PUSH OFFSET hellowor.??_C@_0N@BANI@Hell  ┌Arg1 = 004290E8 ASCII "Hello,World!"
00401062  .  B9 48E24200     MOV ECX,OFFSET hellowor.cout             └ostream::operator<<
00401067  .  E8 44C60000     CALL hellowor.ostream::operator<<
0040106C  .  8BC8            MOV ECX,EAX
0040106E  .  E8 92FFFFFF     CALL hellowor.00401005
00401073  .  5F              POP EDI
00401074  .  5E              POP ESI
00401075  .  5B              POP EBX
00401076  .  83C4 40         ADD ESP,40
00401079  .  3BEC            CMP EBP,ESP
0040107B  .  E8 60010000     CALL hellowor.__chkesp
00401080  .  8BE5            MOV ESP,EBP
00401082  .  5D              POP EBP
00401083  .  C3              RETN
00401084     CC              INT3
00401085     CC              INT3
```

图 2-5　使用 OllyDbg 查看 main()函数的反汇编结果

2)使用 IDA 静态反汇编"Hello,World!"程序

使用 IDA 分析上述程序,程序载入后,IDA 会自动停在 main()函数的入口处,相对 OllyDbg 来说更加简单、直观。IDA 的反汇编结果与 OllyDbg 基本一致,如图 2-6 所示。

```
.text:00401014 ; Attributes: thunk
.text:00401014
.text:00401014 ; int __cdecl main(int argc, const char **argv, const char **envp)
.text:00401014 _main           proc near               ; CODE XREF: mainCRTStartup+E4↓p
.text:00401014                 jmp     main
.text:00401014 _main           endp
.text:00401014
.text:00401019 ; [00000005 BYTES: COLLAPSED FUNCTION j_flush. PRESS CTRL-NUMPAD+ TO EXPAND]
.text:0040101E                 align 40h
.text:00401040
.text:00401040 ; =============== S U B R O U T I N E =======================================
.text:00401040
.text:00401040 ; Attributes: bp-based frame
.text:00401040
.text:00401040 ; int __cdecl main(int argc, const char **argv, const char **envp)
.text:00401040 main            proc near               ; CODE XREF: _main↑j
.text:00401040
.text:00401040 var_40          = byte ptr -40h
.text:00401040 argc            = dword ptr  8
.text:00401040 argv            = dword ptr  0Ch
.text:00401040 envp            = dword ptr  10h
.text:00401040
.text:00401040                 push    ebp
.text:00401041                 mov     ebp, esp
.text:00401043                 sub     esp, 40h
.text:00401046                 push    ebx
.text:00401047                 push    esi
.text:00401048                 push    edi
.text:00401049                 lea     edi, [ebp+var_40]
.text:0040104C                 mov     ecx, 10h
.text:00401051                 mov     eax, 0CCCCCCCCh
.text:00401056                 rep stosd
.text:00401058                 push    offset j_endl
.text:0040105D                 push    offset aHelloWorld ; "Hello,World!"
.text:00401062                 mov     ecx, offset cout
.text:00401067                 call    ostream__operator___1
.text:0040106C                 mov     ecx, eax
.text:0040106E                 call    j_ostream__operator__
.text:00401073                 pop     edi
.text:00401074                 pop     esi
.text:00401075                 pop     ebx
.text:00401076                 add     esp, 40h
.text:00401079                 cmp     ebp, esp
.text:0040107B                 call    __chkesp
.text:00401080                 mov     esp, ebp
.text:00401082                 pop     ebp
.text:00401083                 retn
```

图 2-6　使用 IDA 查看 main()函数的反汇编结果

2.3 基本数据类型逆向

本节介绍基本数据类型的逆向分析过程。基本数据类型包含整数、浮点数、字符、字符串、常量。数组不算是基本数据类型，但是数组元素通常由基本数据类型组成，在逆向分析时，数组与基本数据类型有一定的共性，因此一并介绍。

2.3.1 整数

整数可以分为无符号整数和有符号整数两种。

无符号整数：占用 4 字节，当不足 32 位时，高位补 0，在内存中以"小尾方式"存放，即低位数据排放在内存的低端，高位数据排放在内存的高端，如 0x12345678，存储为 78 56 34 12。

有符号整数：最高位是符号位，0 表示正数，1 表示负数。

负数在内存中以补码的形式存放（除符号位外，每一位数值取反加 1），如−3 的反码是 0xFFFFFFFC，加 1 得到 0xFFFFFFFD（补码）。

在逆向分析中，如果将内存解释为有符号整数，在查看十六进制表示的最高位时，最高位小于 8 则为正数，大于 8 则为负数。需要注意的是，在有符号整数的取值范围中，负数区间总是比正数区间多一个最小值，原因是把 0 算到了负数中。

由于符号位的存在，一些看似是死循环的代码，在实际执行时可能并不是死循环。如下代码所示，其中的 for 循环看上去是一个死循环，但由于 k 是一个有符号整数，当 k 取最大正数值 0x7FFFFFFF 时，再次加 1 后，会产生进位，将符号位的 0 修改为 1，结果为 0x80000000，此时最高位为 1，按照有符号整数进行解释，这是一个负数。当进入 for 循环的判断条件时，条件为假，程序跳出循环体，结束循环。

```
for ( int k=1; k>0; k++)
{
    printf ("k=%d\n", k);
}
```

此外，在逆向分析过程中，理解一段数据需要首先判断这段数据是有符号整数还是无符号整数。但是仅仅根据数据所在的汇编指令很难确定是有符号整数还是无符号整数。需要查看指令或者已知的函数如何操作此内存地址，根据操作方式或者函数相关定义得出该地址的数据类型。如 API 调用 PostMessage，有 4 个参数，查看 MSDN 可知，第 4 个参数为一个无符号整数，从而可分析出传入数值的类型。

2.3.2 浮点数

计算机存储实数的方式为定点存储和浮点存储。

定点存储：规定整数位和小数位的长度，计算的效率高，但是存储的灵活性不够。

浮点存储：用一部分二进制位存放小数点的位置信息，其他位存储没有小数点的数据和符号，包含指数域、符号域、数据域。

整型数据可以直接转换成二进制保存在内存中，以十六进制显示；浮点类型需要转换为二进制码，重新编码后再存储；浮点类型均是有符号类型；浮点数操作不会用到通用寄存器，而使用浮点寄存器专门对浮点数进行运算处理，因此针对浮点类型数据的逆向比较容易，直接通过指令的类型就可以判断出操作数的类型。

2.3.3　字符和字符串

常用的字符编码格式有两种：ASCII 码和 Unicode 码，后者是前者的升级版。ASCII 码在内存中占用 1 字节，由 8 位二进制数组合来表示 256 种可能的字符，每种组合表示一个符号。由于 ASCII 码表示的范围太小，在文字结构相对复杂的区域，难以满足需求。如 ASCII 码无法表示所有的汉字，因此出现了占双字节，表示范围为 0～65535 的 Unicode 码。Unicode 码也称世界通用编码，使用 Unicode-2 编码时，最多可存储 65536 个字符，采用 Unicode-4 编码时，两个 Unicode 码即 4 字节表示一个字符，可以满足各种字符编码的需要。

通常确定字符串的首地址和结束地址即可得到字符串的长度和内容。首地址相对容易获取，在定义字符串时已经给出，但是如何确定结束地址呢？

有两种解决方法：①保存总长度，可以不用遍历字符串中的每个字符，取得首地址的前 n 字节即可；但是字符串总长度不能超过 n 字节的表示范围，如果涉及通信，双方必须提前知道通信内容的长度；②结束符，没有长度限制，并且通信双方只需要按约定查询结束符即可；但是获取字符串长度需要遍历所有字符，寻找到结束符后才能确定总长度；C 语言使用结束符 '\0'作为字符串的结束标志，ASCII 码使用 1 字节'\0'，Unicode 码使用 2 字节'\0'。

2.3.4　内存地址和指针

在 32 位操作系统中，内存地址用十六进制表示，可以使用"&"符号表示变量的地址，并且只有变量才有所谓的内存地址，常量没有内存地址。

指针声明时使用关键字 type*，任何数据类型都可以定义指针，指针本身也是一种数据类型，保存各种数据类型在内存中的位置。因此，在 32 位操作系统下，内存地址是一个由 32 位二进制数组成的值；指针是用于保存这个值的一种变量类型，存储在内存中，指针也有内存地址。

由于指针保存的数据都是地址，因此无论什么类型的指针，都占据 4 字节的内存空间。指针可以根据指向的数据进行解释，而内存地址无法单独解释数据，如 0x00247B59 这个地址，仅凭该值无法判断该地址处对应的数据类型，但是如果是一个整型(int 型)的指针保存该地址，那么可以将该地址看作 int 型数据的起始地址，向后数 4 字节到 0x00247B59，将这段数据按照 int 型存储的方式进行解释即可。需要指出的是，同一地址使用不同类型的指针进行访问，取出的内容不一样。

2.3.5　常量

常量是一个固定的值，在内存中不可修改。常量数据在程序执行前已经存在，在编译环节被编译到可执行文件中，程序启动后再被加载到内存中并保存在数据区。常量没有写权限，因此对常量进行修改时，程序会报错。

常量定义可以使用宏，也可以使用 const 关键字将变量定义为一个常量，增加代码的可读性和灵活性。需要指出的是，无论使用#define 定义的真常量，还是使用 const 定义的假常量，在链接生成可执行文件后，二者均不存在。常量几乎不需要逆向分析即可理解。

2.3.6　数组

数组与指针均是对地址进行操作，但是二者有所不同。数组存储相同数据类型的数据，以线性方式存储在内存中；指针只是保存地址值的 4 字节的变量。在使用时，数组名是一个地址常量，保存数组元素的首地址，不可修改；指针是一个变量，只需修改指针中保存的地址数据，就可以随意访问，不受约束。

1) 数组声明

(1) 在函数内定义数组，如无其他声明，则为局部变量。

(2) 数组在内存中的排列为由低地址到高地址。

对于数组的逆向识别，应判断数据在内存中是否连续并且类型保持一致，若均符合，即可将此段数据视为数组。在 Debug 和 Release 版本中，逆向识别的结果差别不大。

```
                        ⎧ mov dword ptr[ebp-14h],1
                        │ mov dword ptr[ebp-10h],3
int nArray[5]={1,3,5,7,9} ⎨ mov dword ptr[ebp-0Ch],5
                        │ mov dword ptr[ebp-8h],7
                        ⎩ mov dword ptr[ebp-4h],9
```

2) 数组作为函数参数

用具体的代码介绍数组作为参数的逆向分析结果。

C++代码为

```
void Show(char buff[]){
    strcpy(buff, "Apple Juice!");
    printf(buff);
}
void main() {
    char apple[20] = {0};
    Show(apple);
}
```

对应的汇编代码为

```
mov byte ptr [ebp -14h],0
xor eax,eax
mov dword ptr [ebp - 13h], eax
mov dword ptr [ebp - 0Fh], eax
mov dword ptr [ebp - 0Bh], eax
mov dword ptr [ebp - 7h], eax
mov word ptr [ebp - 3h], ax
mov byte ptr [ebp - 1h], al

lea ecx, [ebp -14h]              ;取数组首地址存入 ecx 中
push ecx                         ;将 ecx 作为参数压栈
call @ILT+5(Show)  (0040100a)    ;调用 Show 函数
add esp,4                        ;调整栈顶指针，实现栈平衡
```

需要指出的是，最后一行汇编指令是进行栈平衡，因为在 call（）函数前，执行了一次 push ecx，栈顶会抬高 4 字节，所以 esp 也要加上 4 字节，才能做到栈平衡。

3）数组作为返回值

与数组作为参数不同，当数组作为返回值时，其定义所在的作用域必然在函数调用以外，且在调用前已经存在。

当数组作为返回值时，会产生稳定性问题。数组退出函数时，需要平衡栈，而数组作为局部变量存在，其内存空间在当前函数的栈内。如果此时退出函数，栈中定义的数据会变得不稳定。当数组作为返回值时，起始地址默认存储在 eax 寄存器中。

2.3.7 实例分析

首先，使用 Visual Studio 开发环境编写包含 int、int[]、char、char[]型变量的小程序，编译、链接为二进制程序。

```
#include <iostream.h>
void main(){
    int int_val = 1;
    int int_array[] = {1,2,3};
    char char_val = 'a';
    char char_array[] = {'a', 'b', 'c'};
    cout<<"int_val:"<<int_val<<endl;
}
```

上述代码中定义了 int、char 这些基本的数据类型。

1）使用 OllyDbg 逆向分析基本数据类型

定位其中的 int、int[]、char、char[]型变量分别在汇编语言中的对应代码。图 2-7 中矩形内的指令就是变量赋值指令，将变量按顺序复制到栈中的对应位置。可以看到 int 型变量长度为 4 字节，char 型变量长度为 1 字节。

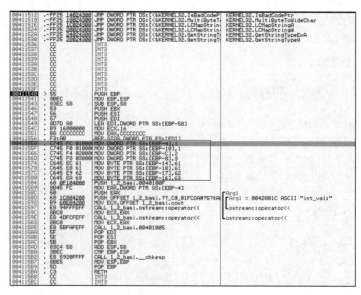

图 2-7　使用 OllyDbg 查看变量赋值指令

指令执行完之后栈中的数据分布如图 2-8 所示，分别为整型的 1、1、2、3，以及字符型的 a、a、b、c。

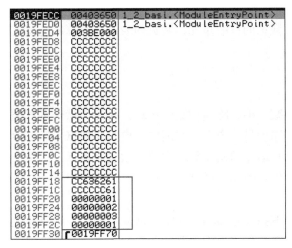

图 2-8　使用 OllyDbg 查看指令执行后的栈空间数据

2）使用 IDA 静态反汇编基本数据类型

定位其中的 int、int[]、char、char[]型变量分别在汇编语言中的对应代码，IDA 可以完成自动识别，如图 2-9 所示，代码的可读性较好。

```
.text:00411540              push    ebp
.text:00411541              mov     ebp, esp
.text:00411543              sub     esp, 58h
.text:00411546              push    ebx
.text:00411547              push    esi
.text:00411548              push    edi
.text:00411549              lea     edi, [ebp+var_58]
.text:0041154C              mov     ecx, 16h
.text:00411551              mov     eax, 0CCCCCCCCh
.text:00411556              rep stosd
.text:00411558              mov     [ebp+var_4], 1
.text:0041155F              mov     [ebp+var_10], 1
.text:00411566              mov     [ebp+var_C], 2
.text:0041156D              mov     [ebp+var_8], 3
.text:00411574              mov     [ebp+var_14], 61h
.text:00411578              mov     [ebp+var_18], 61h
.text:0041157C              mov     [ebp+var_17], 62h
.text:00411580              mov     [ebp+var_16], 63h
.text:00411584              push    offset j_end1
.text:00411589              mov     eax, [ebp+var_4]
.text:0041158C              push    eax
.text:0041158D              push    offset aInt_val ; "int_val:"
.text:00411592              mov     ecx, offset cout
.text:00411597              call    ostream__operator___2
.text:0041159C              mov     ecx, eax
.text:0041159E              call    ostream__operator___1
.text:004115A3              mov     ecx, eax
.text:004115A5              call    j_ostream__operator__
.text:004115AA              pop     edi
.text:004115AB              pop     esi
.text:004115AC              pop     ebx
.text:004115AD              add     esp, 58h
.text:004115B0              cmp     ebp, esp
.text:004115B2              call    __chkesp
.text:004115B7              mov     esp, ebp
.text:004115B9              pop     ebp
.text:004115BA              retn
.text:004115BA main         endp
.text:004115BA
```

图 2-9　使用 IDA 静态反汇编基本数据类型

2.4 表达式逆向

表达式是软件处理数据的核心单元，常见的表达式有算术运算类、关系运算类，以及逻辑运算类三种。

2.4.1 算术运算

算术运算是指加、减、乘、除四种数学运算。此外，赋值运算类似数学中的等于，将一个内存空间中的数据传递到另一个内存空间中，也归并到算术运算中来阐述。在逆向分析算术运算时，需要注意参与运算的操作数通常用十六进制表示，不少分析人员在相对复杂的运算中容易潜意识地将操作数当作十进制来计算。

1）加法运算

加法运算对应的汇编指令是 add，通常两常量相加时，编译器在编译期间会计算出两常量相加后的结果，将这个结果值作为立即数并参与运算，减少程序在运行时的计算开销。当有变量参与加法运算时，先取出内存中的数据，放入通用寄存器中，再通过加法指令来完成计算，最后将变量存储到原内存空间中。在逆向分析加法运算时需要注意常把 eax 作为累加器使用，计算的结果存储在 eax 中，并且在不同的指令架构下，add 指令的运算结果存储的位置可能有所不同，需要实际问题实际分析。

2）减法运算

减法运算对应的汇编指令是 sub，虽然计算机只会做加法，但是可以通过补码转换将减法转变为加法形式。

3）乘法运算

乘法运算对应的汇编指令是有符号数乘法 imul 和无符号数乘法 mul 两种。由于乘法指令的执行周期较长，在编译过程中，编译器会先尝试将乘法转换成加法，或使用移位等周期较短的指令。当无法转换时，则使用乘法指令。有符号数乘以某个常量，只有当该常量为非 2 的幂值时，编译器才会直接使用 imul 指令。当常量值为 2 的幂值时，编译器会使用左移运算（二进制中左移一位等价于乘以 2）代替执行周期长的乘法指令。

4）除法运算

除法运算对应的汇编指令有 idiv 和 div 两种，前者用于有符号除法，后者用于无符号除法。除法指令的执行周期较长，效率也较低，所以编译器会尽可能地使用其他运算指令代替除法指令。需要注意的是，在 C 语言中，除法运算不保留余数，余数运算使用取模运算（运算符为%）完成。

5）自增、自减运算

自增和自减有两种定义，一种为自增、自减运算符在语句块之后，则先执行语句块，再执行自增、自减；另一种恰恰相反，自增、自减运算符在语句块之前，则先执行自增和自减，再执行语句块。通常，自增和自减被拆分成两条汇编指令语句执行：首先取出变量，保存至通用寄存器（eax、ebx、ecx 等），然后使用 add 指令做加 1 操作，最后再将寄存器中已经加 1 的值存回变量中。

2.4.2　关系与逻辑运算

关系运算用于判断两者之间的关系，如等于、不等于、大于等于、小于等于、大于和小于，对应的符号分别为"=="" ! =""">="""<="">""<"。关系运算的作用是比较关系运算符左、右两边的操作数的值，得出真或假的判断结果。逻辑运算用于判断两个逻辑值之间的依赖关系，如或、与、非，对应的符号为"||""&&""!"。逻辑运算也是可以组合的，执行顺序和关系运算相同。

在逆向分析中，关系和逻辑运算通常与条件跳转指令配合使用，完成控制流的转移。常见的条件跳转指令如表 2-1 所示。

表 2-1　常见的条件跳转指令

指令	检查的标志位	功能
jz	ZF=1	等于 0 则跳转
jnz	ZF=0	不等于 0 则跳转
je	ZF=1	相等则跳转
jne	ZF=0	不相等则跳转
jl	SF ! =OF	小于则跳转
jnl	SF=OF	不小于则跳转
jg	SF=0 且 ZF=0	大于则跳转

通常上述条件跳转指令与 cmp 指令和 test 指令匹配出现，但条件跳转指令检查的是标记位。因此，在有修改标记位的代码处，也可以根据需要使用条件跳转指令来修改程序流程。

2.4.3　实例分析

使用 Visual Studio 开发环境编写包含简单表达式(如加法、取平均值等)的 C++程序，编译、链接为二进制程序。

```cpp
#include <iostream>
using std::cin;
using std::cout;
using std::endl;

int main(){
    int Var1 = 1;
    int Var2 = 2;
    int Var3, Var4;

    Var3 = Var1 + Var2;
    Var3 = Var1 - Var2;
    Var3 = Var1 * Var2;
    Var3 = 3 / Var2;
    Var4 = 5 % Var2;
    Var4 = 5 / 3;
```

```
    Var4 = 5 % 3;
    Var4++;
    Var4--;
    return 0;
}
```

上述程序使用了 C++ 的基本运算符进行数学运算。

1) 使用 OllyDbg 逆向分析表达式程序

定位表达式对应的汇编代码，展示二进制层面是如何实现程序的。编译、链接之后使用 OllyDbg 进行分析，main() 函数对应的汇编代码如图 2-10 所示。

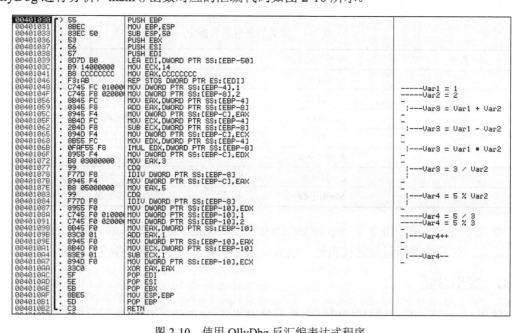

图 2-10　使用 OllyDbg 反汇编表达式程序

对于加法运算 Var3 = Var1 + Var2，首先将第一个加数 Var1 放入 eax，然后直接使用 add 指令进行计算，运算结果存储在 eax 中，然后将 eax 的值放入 Var3 的地址中。

对于减法运算 Var3 = Var1 − Var2，首先将被减数 Var1 放入 ecx，然后直接使用 sub 指令进行计算，运算结果存储在 ecx 中，然后将 ecx 的值放入 Var3 的地址中。

对于乘法运算 Var3 = Var1 * Var2，首先将第一个因数 Var1 放入 edx，然后直接使用 imul 指令进行计算，运算结果存储在 edx 中，然后将 edx 的值放入 Var3 的地址中。

对于除法运算 Var3 = 3 / Var2，首先将被除数 3 放入 eax，然后使用 CDQ 将符号扩展到 edi 寄存器的高位，之后使用 idiv 指令进行计算，运算结果存储在 eax 中，然后将 eax 的值放入 Var3 的地址中。

对于取模运算 Var4 = 5 % Var2，首先将被除数 5 放入 eax，然后使用 CDQ 将符号扩展到 edi 寄存器的高位，之后使用指令 idiv 进行计算，余数存储在 edx 中，然后将 edx 的值放入 Var4 的地址中。

对于常数除法运算 Var4 = 5 / 3 和常数取模运算 Var4 = 5 % 3，直接将计算结果放入 Var4 的地址中。

对于自增和自减运算，首先将变量值放入 eax，对 eax 分别执行 add 和 sub 指令，之后将计算结果放入变量的地址中。

2）使用 IDA 反汇编表达式程序

IDA 反汇编结果与 OllyDbg 基本一致，只是对变量的命名更加直观、易懂，反汇编代码如图 2-11 所示。

```
.text:000005DD ; =============== S U B R O U T I N E ===============================
.text:000005DD
.text:000005DD ; Attributes: bp-based frame
.text:000005DD
.text:000005DD ; int __cdecl main(int argc, const char **argv, const char **envp)
.text:000005DD                 public main
.text:000005DD main            proc near              ; DATA XREF: .got:main_ptr↓o
.text:000005DD
.text:000005DD var_10          = dword ptr -10h
.text:000005DD var_C           = dword ptr -0Ch
.text:000005DD var_8           = dword ptr -8
.text:000005DD var_4           = dword ptr -4
.text:000005DD argc            = dword ptr  8
.text:000005DD argv            = dword ptr  0Ch
.text:000005DD envp            = dword ptr  10h
.text:000005DD
.text:000005DD ; __unwind {
.text:000005DD                 push    ebp
.text:000005DE                 mov     ebp, esp
.text:000005E0                 sub     esp, 10h
.text:000005E3                 call    __x86_get_pc_thunk_ax
.text:000005E8                 add     eax, (offset _GLOBAL_OFFSET_TABLE_ - $)
.text:000005ED                 mov     [ebp+var_10], 1
.text:000005F4                 mov     [ebp+var_C], 2
.text:000005FB                 mov     edx, [ebp+var_10]
.text:000005FE                 mov     eax, [ebp+var_C]
.text:00000601                 add     eax, edx
.text:00000603                 mov     [ebp+var_8], eax
.text:00000606                 mov     eax, [ebp+var_10]
.text:00000609                 sub     eax, [ebp+var_C]
.text:0000060C                 mov     [ebp+var_8], eax
.text:0000060F                 mov     eax, [ebp+var_10]
.text:00000612                 imul    eax, [ebp+var_C]
.text:00000616                 mov     [ebp+var_8], eax
.text:00000619                 mov     eax, 3
.text:0000061E                 cdq
.text:0000061F                 idiv    [ebp+var_C]
.text:00000622                 mov     [ebp+var_8], eax
.text:00000625                 mov     eax, 5
.text:0000062A                 cdq
.text:0000062B                 idiv    [ebp+var_C]
.text:0000062E                 mov     [ebp+var_4], edx
.text:00000631                 mov     [ebp+var_4], 1
.text:00000638                 mov     [ebp+var_4], 2
.text:0000063F                 add     [ebp+var_4], 1
.text:00000643                 sub     [ebp+var_4], 1
.text:00000647                 mov     eax, 0
.text:0000064C                 leave
.text:0000064D                 retn
.text:0000064D ; } // starts at 5DD
.text:0000064D main            endp
.text:0000064D
.text:0000064E
.text:0000064E ; =============== S U B R O U T I N E ===============================
```

图 2-11　使用 IDA 反汇编表达式程序

2.5　控制语句逆向

控制语句包括分支类语句和循环类语句，其中分支类语句主要有 if、switch 语句等，go

语句也是分支类语句,但是由于 go 语句容易扰乱程序结构,目前使用不多。循环类语句主要包括 do、while、for 循环三种。

2.5.1 分支类语句

1)if 语句

if 语句是最常见的分支结构,其功能是先对运算条件进行判断,然后根据判断结果选择对应的代码块执行。if 语句只能判断两种情况:"0"为假值,"非 0"为真值。如果为真值,则进入 if 语句块内执行语句;如果为假值,则跳过 if 语句块,继续运行程序的其他语句。

if 语句是一个单分支结构,if…else…语句是一个双分支结构,如图 2-12 所示。两者完成的功能有所不同。从结构上看,if…else…语句比 if 语句多出了一个 else 分支,该语句有两个功能:①如果 if 判断结果为真,则跳过 else 分支代码块;②如果 if 判断结果为假,则进入 else 分支代码块。当存在 else 分支,且程序在进行流程选择时,必须选择两个分支中的一个。在逆向分析时,if 语句和 if…else…语句均转化为表 2-1 所示的条件跳转指令来完成分支的跳转。

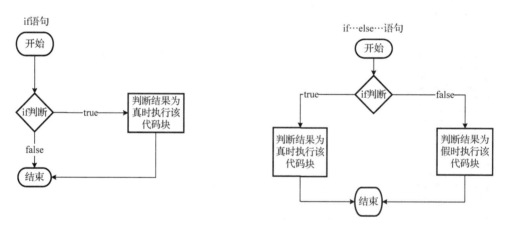

图 2-12 if 语句和 if…else…语句分支结构

2)switch 语句

switch 语句是比较常用的多分支结构,使用起来也非常方便,并且效率上也高于 if…else…语句和 if 语句,如下代码所示。

```
......
int x=0;
scanf ("%d", &x);
switch (x)
{
case a: printf ("x=a"); break;
case b: printf ("x=b"); break;
case c: printf ("x=c"); break;
case d: printf ("x=d"); break;
case e: printf ("x=e"); break;
case f: printf ("x=f"); break;
case g: printf ("x=g"); break;
```

```
case h: printf ("x=h"); break;
}
```

将上述代码放到主程序中编译、链接形成二进制程序，再逆向分析后会发现：当上述代码的 case 分支只有 2 个时，逆向分析结果与 if…else…语句类似；当 case 分支有 3 个时，逆向分析结果与 if…else…语句类似；当 case 分支有 8 个时，程序只有 1 个跳转指令了。这也是 switch 语句的优势，当分支过多，并且分支条件存在线性关系时，编译器会自动将分支处理为一个跳转表，在跳转时，通过查表的方式进行，可以显著提高程序的执行效率。

2.5.2　循环类语句

通常程序使用三种语法来完成循环结构，分别为 do、while 和 for 循环。虽然三者完成的功能都是循环，但是每种语法有不同的执行流程。

1）do 循环

先执行循环体，后比较判断。

do 循环的工作流程清晰，识别起来也相对简单。根据其特性，先执行循环语句块，再进行比较判断。当条件成立时，会继续执行循环语句块。因此，在逆向分析时，do 循环的指令结构如图 2-13 所示，程序使用 1 条条件跳转指令完成循环的继续。

2）while 循环

先比较判断，后执行循环体。

while 循环和 do 循环正好相反，在执行循环语句块之前，必须要进行条件判断，根据比较结果再选择是否执行循环语句块。该循环的指令结构如图 2-14 所示，程序使用 1 条条件跳转指令和 1 条无条件跳转指令完成循环的继续。

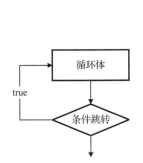

图 2-13　逆向分析 do 循环时的指令结构

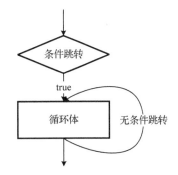

图 2-14　逆向分析 while 循环时的指令结构

while 循环结构中使用了两次跳转指令来完成循环，由于多使用了一次跳转指令，因此 while 循环要比 do 循环的效率低一些。

3）for 循环

先初始化，再比较判断，最后执行循环体。

for 循环是三种循环结构中最复杂的一种。for 循环由赋初始值、设置循环条件、计算循环条件步长这三条语句组成。由于 for 循环更符合人类的思维方式，在循环结构中被使用的频率也最高。在逆向分析 for 循环时，其结构相对复杂，如图 2-15 所示。

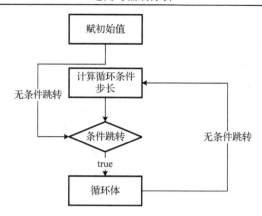

图 2-15　逆向分析 for 循环时的指令结构

使用三个跳转指令还原 for 循环的各个组成部分：第一个无条件跳转指令之前的代码为初始化部分；从第一个无条件跳转指令到条件判断处之间的代码为循环条件步长的计算部分；条件跳转指令之后是循环体代码，循环体执行后，利用一个无条件跳转指令跳转到计算循环条件步长处，继续执行循环结构。

需要指出的是，do 循环只使用 1 个跳转指令就完成了循环功能，大大提升了程序的执行效率。因此，在三种循环结构中，do 循环的执行效率最高。while 循环的执行效率要比 do 循环低，使用了 2 个跳转指令。因此，为了提升 while 循环的效率，可以将其转成效率较高的 do 循环。在不能直接转换成 do 循环的情况下，可以使用 if 分支结构，将 do 循环嵌套在 if 语句块内，由 if 语句判定是否能执行循环体。for 循环的执行速度是最慢的，需要 3 个跳转指令才能够完成循环。

2.5.3　实例分析

使用 Visual Studio 开发环境编写包含简单控制语句的小程序，如 if 语句、if…else…语句、switch 语句、do 循环、while 循环、for 循环，编译、链接为二进制程序。

```cpp
#include <iostream>
using std::cin;
using std::cout;
using std::endl;
int main(){
    int Var1 = 1;
    int Var2 = 0;
    int i;
    if(Var1 == 1){
        cout<<"Var1 is 1"<<endl;
    }
    if(Var1 != 1){
        cout<<"Var1 is not 1"<<endl;
    }
    else{
        cout<<"Var1 is 1"<<endl;
```

```
}
switch(Var2){
    case 0:
        cout<<"Var2 is 0"<<endl;
    case 1:
        cout<<"Var2 is 1"<<endl;
    case 2:
        cout<<"Var2 is 2"<<endl;
}
switch(Var2){
    case 0:
        cout<<"Var2 is 0"<<endl;
        break;
    case 1:
        cout<<"Var2 is 1"<<endl;
        break;
    case 2:
        cout<<"Var2 is 2"<<endl;
        break;
}
i = 0;
do{
    cout<<"i is "<<i<<endl;
    i++;
}while(i < 3);
for(i = 0;i < 3; i++){
    cout<<"i is "<<i<<endl;
}
return 0;
}
```

1）使用 OllyDbg 逆向分析控制语句程序

将程序编译、链接，使用 OllyDbg 进行逆向分析。if 语句块的反汇编指令序列如图 2-16 所示。

图 2-16 使用 OllyDbg 逆向分析 if 分支结构

EBP-4 是变量 Var1 的地址。使用 cmp 指令比较 Var1 和 1，利用 jnz 指令判断比较结果，如果不相等则跳转到 if 语句块之后的指令，相等的话就执行接下来的指令。

if…else…语句块的反汇编指令序列如图 2-17 所示。

if…else…语句与 if 语句的不同之处是，如果比较结果不符合判断条件则会跳转到 else 语句块的指令位置处，如果比较结果符合条件则执行 if 语句块的指令，之后直接跳过 else 语句块的指令，执行 if…else…语句块之后的指令。

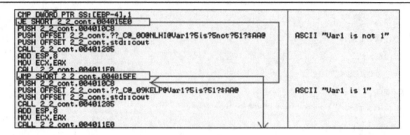

图 2-17　使用 OllyDbg 逆向分析 if…else…分支结构

switch 语句块的反汇编指令序列如图 2-18 所示。

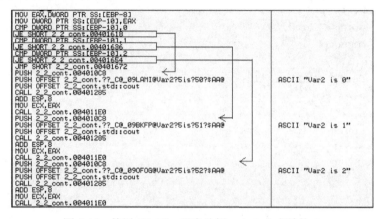

图 2-18　使用 OllyDbg 逆向分析 switch 分支结构-1

EBP-8 是 Var2 的地址。程序首先将 Var2 复制到 EBP-10，然后依次进行了三次比较和跳转判断，比较对象分别是 0、1、2，即三个 case。如果符合某一个 case，则跳转到对应的代码块执行。由于没有 break 指令，执行完一个 case 代码块之后会接着执行下一个 case 代码块。

如果添加 break 指令，反汇编指令序列如图 2-19 所示。

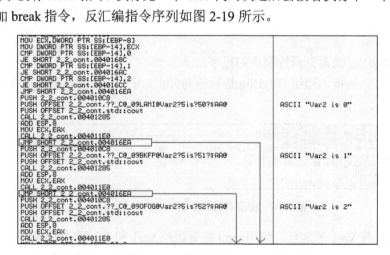

图 2-19　使用 OllyDbg 逆向分析 switch 分支结构-2

与没有 break 指令相比，前两个 case 最后会添加一条跳转语句，执行完这个 case 代码块之后直接跳转出 switch 语句，而不会执行后边的 case。

do 循环和 while 循环的反汇编指令序列如图 2-20 所示。

图 2-20　使用 OllyDbg 逆向分析 do 循环和 while 循环结构

EBP-C 是变量 i 的地址，首先将 i 赋值为 0，之后执行 do 语句块，执行完之后将 i 加 1，结果与 3 比较，如果 i 小于 3 则跳转到 do 语句块开始执行，大于等于 3 则直接执行后面的指令。

for 循环的反汇编指令序列如图 2-21 所示。

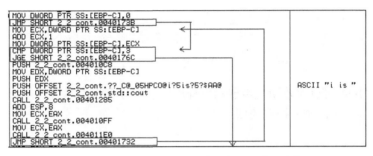

图 2-21　使用 OllyDbg 逆向分析 for 循环结构

首先将 i 赋值为 0，然后直接跳转到 cmp 指令将 i 与 3 进行比较，如果 i 大于等于 3 则直接跳出 for 语句块，小于 3 则执行 for 语句块的指令，执行完后跳转执行 i+1，然后再将 i 与 3 进行比较。

2）使用 IDA 反汇编控制语句程序

使用 IDA 逆向分析程序，图 2-22 是分析出的 main() 函数的控制流图。

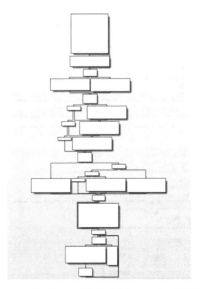

图 2-22　使用 IDA 逆向分析 main() 函数结构

截取 if 语句的控制流图如图 2-23 所示。

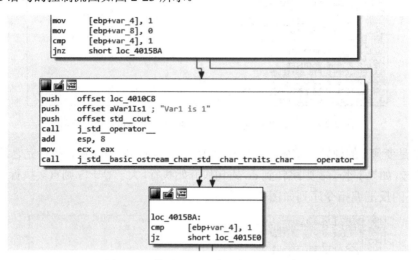

图 2-23　使用 IDA 逆向分析 if 分支结构

可以看到，IDA 可以比较清楚地展示出程序的跳转分支结构。

图 2-24 是 switch 语句的控制流图。

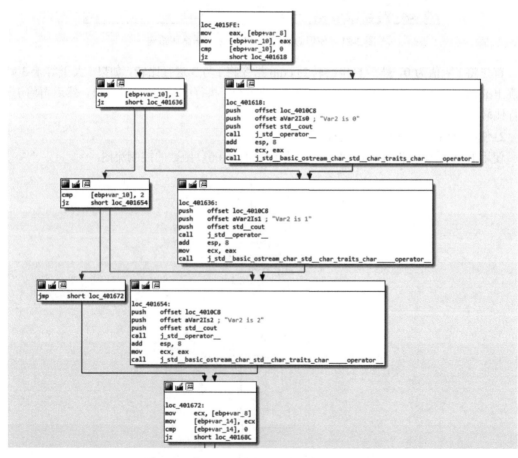

图 2-24　使用 IDA 逆向分析 switch 分支结构-1

可以看到，如果没有 break 指令，执行完一个 case 代码块之后会接着执行下一个 case 代码块。

图 2-25 是有 break 指令的 switch 语句的控制流图。

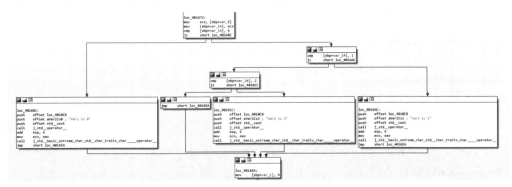

图 2-25　使用 IDA 逆向分析 switch 分支结构-2

可以看到，3 个 case 是并列的，只会执行其中某一个。

2.6　函数逆向

函数逆向识别是逆向分析的重点，但是在汇编语言中，函数的边界有时难以准确划定。因此，函数逆向分析的重点是要分析函数的功能，可以将函数等价为代码块，进而分析代码块的功能。

2.6.1　栈帧

栈在内存中是一块特殊的存储空间，它的存储原则是先进后出，即最先被存储的数据最后被释放。汇编过程通常使用 push 指令与 pop 指令对栈空间执行数据压入和数据弹出操作。栈是一种运算受限的线性表，逻辑上有界，物理上无界。

栈在内存中占用一段连续的存储空间，通过 esp 与 ebp 这两个栈指针寄存器来保存当前栈的起始地址与结束地址（又称栈顶与栈底）。在栈结构中，每 4 字节的栈空间保存一个数据，栈顶到栈底之间的存储空间称为栈帧。

在逆向分析过程中，配合调试器进行调试时，需要重点关注指令执行前后，栈帧中关键数据的变化情况，包括 esp、ebp、返回地址等。

2.6.2　函数参数

函数参数通过栈进行传递，在 C 语言中，传参顺序为从右向左依次入栈，最先定义的参数最后入栈，使用 push 指令将数据压入栈中。

2.6.3　函数返回值

通常使用寄存器 eax 来保存函数返回值，由于 32 位的 eax 寄存器只能保存 4 字节的数据，因此大于 4 字节的数据将使用其他方法保存。例如，返回值无法直接用 eax 存储，可以考虑使用 edx 等寄存器配合保存，或者可以在 eax 中存入返回数据的起始地址。

2.6.4　实例分析

如下程序中定义了两个函数 average() 和 str_copy()，功能分别是求三个数的平均值和字符串复制，分别使用 OllyDbg 和 IDA 逆向分析函数的工作过程。

```
#include <iostream>
using std::cin;
using std::cout;
using std::endl;
int average(int a, int b, int c){
    int ret;
    ret = (a + b + c) / 3;
    return ret;
}
void str_copy(char* str_1, char* str_2){
    int i = 0;
    while(str_2[i] != '\0'){
        str_1[i] = str_2[i];
        i++;
    }
    str_1[i] = '\n';
}
int main(){
    int Var1 = 2;
    int Var2 = 2;
    int Var3 = 2;
    int Var4 = 0;
    char str_A[10];
    char str_B[] = "aaaaaaa";
    Var4 = average(Var1, Var2, Var3);
    str_copy(str_A, str_B);
    cout<<str_A<<endl;
    return 0;
}
```

1）使用 OllyDbg 逆向分析函数

将程序编译、链接之后，用 OllyDbg 进行分析。main() 函数的反汇编指令序列如图 2-26 所示。

其中，两个矩形内是调用 average() 和 str_copy() 两个函数的指令。

（1）分析对 average() 的调用。在执行 call average() 之前有三个压栈操作，分别将 EBP-C、EBP-8 和 EBP-4 处的值压入栈中，这三个值就是函数的三个参数。压栈之后栈中的数据分布如图 2-27 所示。

（2）进入 average() 函数内部，其反汇编指令序列如图 2-28 所示。

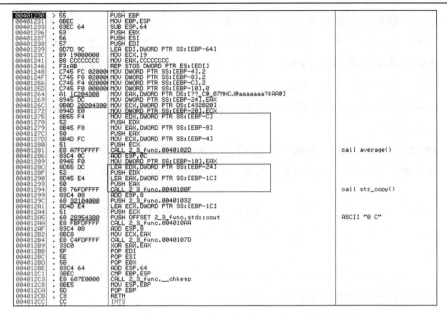

```
00401230   > 55              PUSH EBP
00401231   . 8BEC            MOV EBP,ESP
00401233   . 83EC 64         SUB ESP,64
00401236   . 53              PUSH EBX
00401237   . 56              PUSH ESI
00401238   . 57              PUSH EDI
00401239   . 8D7D 9C         LEA EDI,DWORD PTR SS:[EBP-64]
0040123C   . B9 19000000     MOV ECX,19
00401241   . B8 CCCCCCCC     MOV EAX,CCCCCCCC
00401246   . F3:AB           REP STOS DWORD PTR ES:[EDI]
00401248   . C745 FC 020000  MOV DWORD PTR SS:[EBP-4],2
0040124F   . C745 F8 020000  MOV DWORD PTR SS:[EBP-8],2
00401256   . C745 F4 020000  MOV DWORD PTR SS:[EBP-C],2
0040125D   . C745 F0 000000  MOV DWORD PTR SS:[EBP-10],0
00401264   . A1 1C204300     MOV EAX,DWORD PTR DS:[??_C@_07MHCJ@aaaaaaa?$AA@]
00401269   . 8945 DC         MOV DWORD PTR SS:[EBP-24],EAX
0040126C   . 8B0D 20204300   MOV ECX,DWORD PTR DS:[432020]
00401272   . 894D E0         MOV DWORD PTR SS:[EBP-20],ECX
00401275   . 8B55 F4         MOV EDX,DWORD PTR SS:[EBP-C]
00401278   . 52              PUSH EDX
00401279   . 8B45 F8         MOV EAX,DWORD PTR SS:[EBP-8]
0040127C   . 50              PUSH EAX
0040127D   . 8B4D FC         MOV ECX,DWORD PTR SS:[EBP-4]
00401280   . 51              PUSH ECX
00401281   . E8 A7FDFFFF     CALL 2_3_func.0040102D          call average()
00401286   . 83C4 0C         ADD ESP,0C
00401289   . 8945 F0         MOV DWORD PTR SS:[EBP-10],EAX
0040128C   . 8D55 DC         LEA EDX,DWORD PTR SS:[EBP-24]
0040128F   . 52              PUSH EDX
00401290   . 8D45 E4         LEA EAX,DWORD PTR SS:[EBP-1C]
00401293   . 50              PUSH EAX
00401294   . E8 76FDFFFF     CALL 2_3_func.0040100F          call str_copy()
00401299   . 83C4 08         ADD ESP,8
0040129C   . 68 32104000     PUSH 2_3_func.00401032
004012A1   . 8D4D E4         LEA ECX,DWORD PTR SS:[EBP-1C]
004012A4   . 51              PUSH ECX
004012A5   . 68 28954300     PUSH OFFSET 2_3_func.std::cout  ASCII "0 C"
004012AA   . E8 FBFDFFFF     CALL 2_3_func.004010AA
004012AF   . 83C4 08         ADD ESP,8
004012B2   . 8BC8           MOV ECX,EAX
004012B4   . E8 C4FDFFFF     CALL 2_3_func.0040107D
004012B9   . 33C0           XOR EAX,EAX
004012BB   . 5F             POP EDI
004012BC   . 5E             POP ESI
004012BD   . 5B             POP EBX
004012BE   . 83C4 64        ADD ESP,64
004012C1   . 3BEC           CMP EBP,ESP
004012C3   . E8 687E0000    CALL 2_3_func.__chkesp
004012C8   . 8BE5           MOV ESP,EBP
004012CA   . 5D             POP EBP
004012CB   . C3             RETN
004012CC     CC             INT3
```

图 2-26　使用 OllyDbg 逆向分析 main()函数调用过程

```
0019FEB4   00000002  ┌Arg1 = 00000002
0019FEB8   00000002  │Arg2 = 00000002
0019FEBC   00000002  └Arg3 = 00000002
0019FEC0   004097E0   2_3_func.<ModuleEntryPoint>
0019FEC4   004097E0   2_3_func.<ModuleEntryPoint>
0019FEC8   003D0000
0019FECC   CCCCCCCC
0019FED0   CCCCCCCC
0019FED4   CCCCCCCC
0019FED8   CCCCCCCC
0019FEDC   CCCCCCCC
0019FEE0   CCCCCCCC
0019FEE4   CCCCCCCC
0019FEE8   CCCCCCCC
0019FEEC   CCCCCCCC
0019FEF0   CCCCCCCC
0019FEF4   CCCCCCCC
0019FEF8   CCCCCCCC
0019FEFC   CCCCCCCC
0019FF00   CCCCCCCC
0019FF04   CCCCCCCC
0019FF08   CCCCCCCC
0019FF0C   61616161
0019FF10   00616161
0019FF14   CCCCCCCC
0019FF18   CCCCCCCC
0019FF1C   CCCCCCCC
0019FF20   00000000
0019FF24   00000002
0019FF28   00000002
0019FF2C   00000002
0019FF30  ┌0019FF70
0019FF34  └004098C9   RETURN to 2_3_func.<ModuleEntryPoint>+0E9 from 2_3_func.00401091
```

图 2-27　使用 OllyDbg 逆向分析函数 average()调用前的栈帧布局

```
00401170   ┌> 55            PUSH EBP
00401171   . 8BEC           MOV EBP,ESP
00401173   . 83EC 44        SUB ESP,44                    1
00401176   . 53             PUSH EBX
00401177   . 56             PUSH ESI
00401178   . 57             PUSH EDI
00401179   . 8D7D BC        LEA EDI,DWORD PTR SS:[EBP-44]
0040117C   . B9 11000000    MOV ECX,11                    2
00401181   . B8 CCCCCCCC    MOV EAX,CCCCCCCC
00401186   . F3:AB          REP STOS DWORD PTR ES:[EDI]
00401188   . 8B45 08        MOV EAX,DWORD PTR SS:[EBP+8]
0040118B   . 0345 0C        ADD EAX,DWORD PTR SS:[EBP+C]
0040118E   . 0345 10        ADD EAX,DWORD PTR SS:[EBP+10]
00401191   . 99             CDQ                           3
00401192   . B9 03000000    MOV ECX,3
00401197   . F7F9           IDIV ECX
00401199   . 8945 FC        MOV DWORD PTR SS:[EBP-4],EAX
0040119C   . 8B45 FC        MOV EAX,DWORD PTR SS:[EBP-4]
0040119F   . 5F             POP EDI
004011A0   . 5E             POP ESI
004011A1   . 5B             POP EBX                       4
004011A2   . 8BE5           MOV ESP,EBP
004011A4   . 5D             POP EBP
004011A5   └. C3            RETN
```

图 2-28　使用 OllyDbg 逆向分析 average()函数

　　average()函数的反汇编指令可以分为四部分，第一部分是将关键寄存器压栈以保存它们的值并开辟栈空间；第二部分是将新开辟的栈空间中每字节的数据都初始化为 CC；第三部分是执行函数运算功能的指令，EBP+8、EBP+C、EBP+10 位置的数据是压入栈中的三个函数参数，将其累加值放入 eax，然后执行除法运算指令，计算结果存于 eax 并作为返回值；第四部分是函数弹出指令，首先将保存在栈中的寄存器值放回对应的寄存器，然后执行 retn 指令返回 main()函数。

　　返回 main()函数之后，main()函数会执行 add ESP, 0C 指令，回收函数开辟的栈空间，实现栈平衡。然后将 eax 的值写入 SS:[EBP-10]，即 Var4 的地址，这就完成了 Var4 的赋值。

　　(3)分析对 str_copy()的调用。在执行 call str_copy()之前有两个压栈操作，分别将 EBP-24、EBP-1C 压栈，这两个值就是两个函数参数的首地址。压栈之后栈中的数据分布如图 2-29 所示。

　　(4)进入 str_copy()函数内部，其反汇编指令序列如图 2-30 所示。

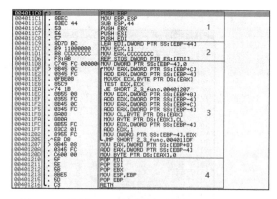

图 2-29　使用 OllyDbg 逆向分析函数 str_copy()　　　图 2-30　使用 OllyDbg 逆向分析 str_copy()函数
　　　　　 调用前的栈帧布局

　　与 average()函数类似，str_copy()函数的反汇编指令可以分为四部分，第一部分是将关键寄存器压栈以保存它们的值并开辟栈空间；第二部分是将新开辟的栈空间中每字节的数据都初始化为 CC；第三部分是执行函数字符串复制功能的指令，EBP+8、EBP+C 位置的数据是压入栈中的两个函数参数，分别是目的字符串和源字符串的首地址，EBP-4 是参数 i 的地址。每次用源字符串的首地址加上 i 的值得到此次复制字节的地址，检查这个字节是不是'\0'，如果是则跳出循环，否则将其复制到目的字符串，并将 i 加一，进入下一次循环。复制完毕后执行 retn 指令返回 main()函数。

　　返回 main()函数之后，main()函数会执行 add ESP, 0C 指令，回收函数开辟的栈空间，实现栈平衡。

　　2)使用 IDA 反汇编函数

　　使用 IDA 反汇编的结果如图 2-31 所示，与 OllyDbg 基本一致，读者可以自己尝试，此处不再赘述。

```
; Attributes: bp-based frame

; int __cdecl main()
_main proc near

var_118= byte ptr -118h
str_B= byte ptr -54h
str_A= byte ptr -44h
Var4= dword ptr -30h
Var3= dword ptr -24h
Var2= dword ptr -18h
Var1= dword ptr -0Ch
var_4= dword ptr -4

push    ebp
mov     ebp, esp
sub     esp, 118h
push    ebx
push    esi
push    edi
lea     edi, [ebp+var_118]
mov     ecx, 46h
mov     eax, 0CCCCCCCCh
rep stosd
mov     eax, ___security_cookie
xor     eax, ebp
mov     [ebp+var_4], eax
mov     [ebp+Var1], 2
mov     [ebp+Var2], 2
mov     [ebp+Var3], 2
mov     [ebp+Var4], 0
mov     eax, dword ptr ds:aAaaa ; "aaaa"
mov     dword ptr [ebp+str_B], eax
mov     ecx, ds:dword_417834
mov     dword ptr [ebp+str_B+4], ecx
mov     eax, [ebp+Var3]
push    eax             ; c
mov     ecx, [ebp+Var2]
push    ecx             ; b
mov     edx, [ebp+Var1]
push    edx             ; a
call    j_?average@@YAHHHH@Z ; average(int,int,int)
add     esp, 0Ch
mov     [ebp+Var4], eax
lea     eax, [ebp+str_B]
push    eax             ; str_2
lea     ecx, [ebp+str_A]
push    ecx             ; str_1
call    j_?str_copy@@YAXPAD0@Z ; str_copy(char *,char *)
add     esp, 8
mov     esi, esp
mov     eax, ds:__imp_?endl@std@@YAAAV?$basic_ostream@DU?$char_traits@D@std@@@1@AAV21@@Z ; std::endl(std::basic_ostream<char,st
push    eax
lea     ecx, [ebp+str_A]
push    ecx             ; _Val
mov     edx, ds:__imp_?cout@std@@3V?$basic_ostream@DU?$char_traits@D@std@@@1@A ; std::basic_ostream<char,std::char_traits<char>
push    edx             ; _Ostr
call    j_??$?6U?$char_traits@D@std@@@std@@YAAAV?$basic_ostream@DU?$char_traits@D@std@@@0@AAV10@PBD@Z ; std::operator<<<std::ch
add     esp, 8
mov     ecx, eax
call    ds:__imp_??6?$basic_ostream@DU?$char_traits@D@std@@@std@@QAEAAV01@P6AAAV01@AAV01@@Z@Z ; std::basic_ostream<char,std::ch
cmp     esi, esp
call    j___RTC_CheckEsp
xor     eax, eax
push    edx
mov     ecx, ebp        ; frame
push    eax
lea     edx, v          ; v
call    j_@_RTC_CheckStackVars@8 ; _RTC_CheckStackVars(x,x)
pop     eax
pop     edx
pop     edi
pop     esi
pop     ebx
mov     ecx, [ebp+var_4]
xor     ecx, ebp        ; cookie
call    j_@__security_check_cookie@4 ; __security_check_cookie(x)
add     esp, 118h
cmp     ebp, esp
call    j___RTC_CheckEsp
mov     esp, ebp
pop     ebp
retn
```

图 2-31 IDA 反汇编结果

2.7 代 码 优 化

代码优化是指为了达到某一种优化目的，在保证代码变换前、后等价的前提下，对代码进行变换。代码优化的目的是提高代码的实际执行速度、降低内存和磁盘的存储空间等。按照优化范围，可以分为表达式优化和代码结构优化两种。

2.7.1 表达式优化

表达式优化的目的是加快代码实际执行时的运算速度，因此对于一些可以在编译期间计算出结果的变量，直接用结果值来替换。因此，在程序中所有引用到 a 的位置都会直接替换为常量 2。

```
void main ()
{
    int a=2;
    printf ("a=%d\r\n", a);
}
```

编译后的等价代码如下：

```
void main ()
{
    printf ("a=%d\r\n", 1);
}
```

类似地，当计算公式中出现常量组合计算的情况时，编译器在编译期间尽可能地计算出结果，然后用表达式的结果替换变量。

```
void main ()
{
    int a=3+10*(5-2)
printf ("num =%d\r\n", num);
}
```

编译期间，3+10*(5-2)的值可以计算出来为 33，然后用数值 33 替换原表达式。

2.7.2 代码结构优化

代码结构优化是从代码的整体质量进行考虑，减少无关变量的数目，调整代码结构，提高执行效率。代码结构优化的方法有以下几种。

1)减少变量

对于如下代码，在 if 分支条件中，可以直接用 A 和 B 代替 num1 和 num2，减少两个变量。

```
void main ()
{
    int num1=A*6;
    int num2=B*6;
```

```
    if (num1<num2){······}                 //比较 num1 和 num2，本质是比较 A 和 B
}
```

类似的优化方法也可以作用于代码块，有些代码块在程序实际执行时"永不可达"，该类代码块可以直接删除。

2）变量替换

与常量替换类似，在代码中也可以直接对变量进行替换。

```
void main ()
{
    ······
    c=d;
    num1=c+x+y;                            //直接用 d 替换 c，num1=d+x+y
}
```

3）代码外提

有些程序员写程序时，喜欢在分支判断条件上将多个条件语句直接组合在括号中，但是这种方法的执行效率较低。如下代码，每次进行循环条件判断时，均要做一次 z/3 的除法。

```
void main ()
{
    for (int i=0; i>z/3; i++)
    {······}
}
```

因为 z/3 的值并不会随着循环的推进有所变化，所以将上述代码优化为如下形式，执行效率会有所提升，特别是对于一些复杂的条件判断，效果更为显著。

```
void main ()
{
    int t=z/3;                             //将判断条件提至循环外
    for (int i=0; i>x; i++)
    {······}
}
```

4）分支预测

为了提升软件的执行效率，通常 CPU 会采用分支预测机制，对下一个 CPU 时钟周期要执行的指令进行预测，预先存储到缓存中，降低内存的访问频率，提高执行速度。因此，对于编写的一些高级语言程序，特别是循环嵌套类的程序，如果想要提高执行速度，可以将大循环放到内层，提高分支预测的准确度和指令预取的成功频次。

```
void main ()
{
    //小循环在外层，大循环在内层
    for (int k=0; k<1000; k++)
    {
        c++;
        for ( int z=0; z<100000; z++)
```

```
        {
            d++;
        }
    }
//大循环在外层，小循环在内层
for (int z=0; z<1000000; z++)
{
        c++;
        for(int k=0; k<100; k++)
        {
            d++;
        }
    }
}
```

对于上述代码，如果小循环放在内层，则每执行 999 次时，CPU 的分支预测就会失效一次；相反，如果大循环放在内层，则每执行 999999 次时，分支预测才会失效一次，执行效率会更高。部分编译器在优化的时候，会自动将大、小循环的位置进行调换，但是仅限于结构相对简单的循环嵌套，对于复杂一些的循环嵌套，还是需要程序员在编程时注意结构上的关系，尽量以提高分支预测的准确度为依据进行调整。

2.8　本 章 小 结

本章对逆向分析基础知识进行了汇总、阐述，建议读者自己动手尝试一下本章中的实例分析，可以加深理解，并且读者在实践过程中也会遇到新的问题，解决这些新问题，才能真正学到属于自己的知识，积累更多的经验。当然，逆向部分涉及的知识点远不止本章所讲，读者可以参考《C++反编译原理》《有趣的二进制》《加密与解密》等书来扩展知识面。

2.9　习　　题

(1)防止调试的核心思想是什么？试列举两种以上防止调试的具体方法。

(2)编写一段汇编代码，运用代码变形思想进行手动变形，再手动还原变形后的代码，以加深理解。

(3)编写一个"Hello，World！"程序，手动向该程序添加花指令，尝试使用自动化"去花"工具，脱去该程序的花指令。

(4)对上述编写的"Hello，World！"程序，使用 3 种以上加壳、脱壳工具对该程序进行加、脱壳，并使用二进制编辑工具(如 010editor)对比加壳前后该程序二进制文件的异同。

(5)编写一个程序，包括基本数据类型、表达式、函数等，然后分别使用 OllyDbg 和 IDA工具对其进行动、静态的逆向分析，观察分析结果。

第3章 漏洞分析基础

了解常见漏洞的成因和表现形态是漏洞分析的基础。本章以常见的缓冲区溢出、格式化字符串等漏洞为例，介绍漏洞的概念和机理，为读者后续进行漏洞分析实践和漏洞分析方法的学习打下基础。

漏洞形成的原因多种多样，根据成因的不同，可将软件漏洞分为缓冲区溢出、整型溢出、逻辑错误等。缓冲区溢出漏洞的成因是分配空间过小和分配使用限制不严格，通常出现在strcpy()等不安全的字符串复制函数中。整型溢出漏洞通常是由无符号数与有符号数的混合使用所致，也有可能是程序设计上的缺陷，如 Fibonacci 数列超过 100 项以后，已经无法用普通的整型数表示，如果开发者在设计时未考虑该情况，容易导致整型溢出漏洞。此外，整型溢出漏洞也可能导致缓冲区溢出漏洞，整型溢出突破了分配的边界，导致缓冲区溢出。逻辑错误类的漏洞涉面较广，如跨站脚本、SQL 注入、竞态漏洞等都可以归结为代码执行过程中的逻辑错误。

3.1 缓冲区溢出漏洞

3.1.1 基本概念

缓冲区(Buffer)是内存空间的一部分。系统在内存空间中预留了一定的存储空间，这些存储空间用来存储输入或输出数据，系统预留的空间即为缓冲区。

缓冲区溢出是指在大缓冲区中的数据向小缓冲区复制的过程中，由于没有注意缓冲区的边界，数据长度越过了小缓冲区的边界，冲掉了和小缓冲区相邻内存区域的其他数据而引发的内存破坏问题。

缓冲区有堆和栈两种。因此，根据缓冲区的类型，对应的缓冲区溢出漏洞可以分为栈溢出漏洞和堆溢出漏洞两种类型，但是栈溢出漏洞最为普遍，本节以栈溢出漏洞为例介绍缓冲区溢出漏洞的机理。

3.1.2 栈溢出漏洞机理

栈是一种先进后出的数据结构，从高地址向低地址增长。栈在使用的时候不需要额外申请操作，系统栈会根据函数中的变量声明自动在函数栈帧中给其预留空间。栈空间由系统维护，通常其分配(如 sub esp，xx)和回收(如 add esp，xx)都由系统来完成，最终达到栈平衡。

函数调用栈是指程序运行时用内存的一段连续区域来保存函数运行时的状态信息，包括函数参数与局部变量等，是系统栈的一部分。

在函数调用中，函数实参、返回地址、EBP 依次被压入栈中。如果函数有局部变量，则在栈中开辟相应的空间以存储局部变量。

栈溢出漏洞通常是由于使用了不安全的函数，如 C 语言中的 read()、gets()、strcpy() 等，通过构造特定的数据使栈溢出，从而程序的执行流程被劫持。

对于如下代码，其栈空间分布如图 3-1 所示。

```
void main( ) {
    char s[12];
    gets(s);
    return 0;
}
```

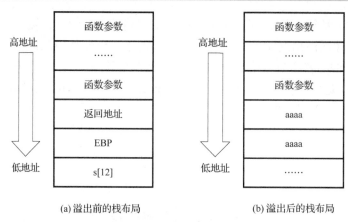

(a) 溢出前的栈布局   (b) 溢出后的栈布局

图 3-1　缓冲区溢出前、后的栈空间布局

在通过 gets() 函数向程序输入数据时，因为 gets() 函数并未对输入字符串的长度进行限制，所以如果输入数据的长度小于 12，则不会发生溢出，如果输入数据的长度超过 12，甚至超过 40，则返回值、EBP 等均会被覆盖，如图 3-1 所示。

编写如下代码，编译、链接为可执行程序后，使用 OllyDbg 载入 PE 文件，开始调试分析。

```
#include <stdio.h>
#define PASSWORD "1234567"
int verify_password (char *passwod){
    int authenticated;
    chat buffer[8];                        //add local buff
    authenticated=strcmp(passwod, PASSWORD);
    strcpy(buffer, passwod);               //over flowed here!
    return authenticated;
}
main() {
    int valid_flag=0;
    char password[1024];
    while(1){
        printf("please input password:");
        scanf("%s",password);
        valid_flag = verify_password(password);
        if(valid_flag){
            printf("incorrect password!\n\n");
        }
        else{
```

```
        printf("Congratulation! You have passed the verification!\n");
        break;
    }
    }
}
```

1)程序正常执行的栈空间状态

(1)运行至 main()函数入口处,如图 3-2 所示。

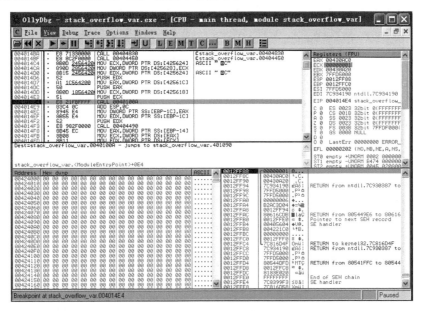

图 3-2　使用 OllyDbg 调试缓冲区溢出漏洞-1

(2)进入 main()函数,运行至 scanf()函数处,如图 3-3 所示。

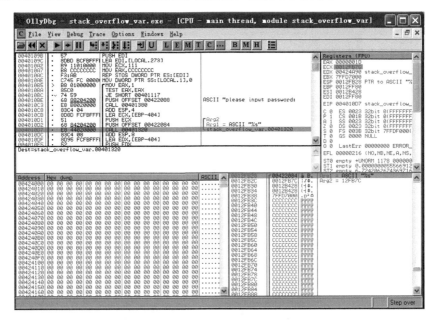

图 3-3　使用 OllyDbg 调试缓冲区溢出漏洞-2

程序会在控制台中提醒输入字符串，手动输入 1234567，并按回车键，如图 3-4 所示。

图 3-4　使用 OllyDbg 调试缓冲区溢出漏洞-3

（3）执行到 verify_password()函数的入口处，如图 3-5 所示。

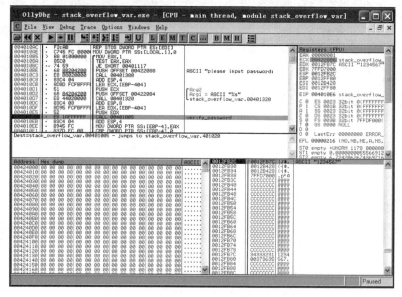

图 3-5　使用 OllyDbg 调试缓冲区溢出漏洞-4

（4）观察函数 strcmp()执行后栈空间的值，如图 3-6 所示。

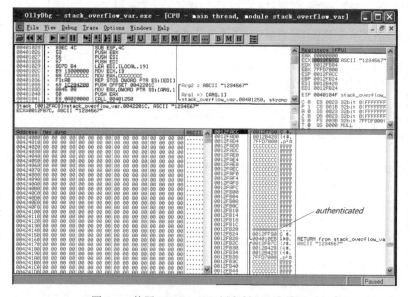

图 3-6　使用 OllyDbg 调试缓冲区溢出漏洞-5

可以看出，strcmp( )比较的结果为两字符串相同，此时栈中 authenticated 的值为0x00000000。

（5）继续调试，运行到 strcpy( )后，栈中的状态如图3-7所示。

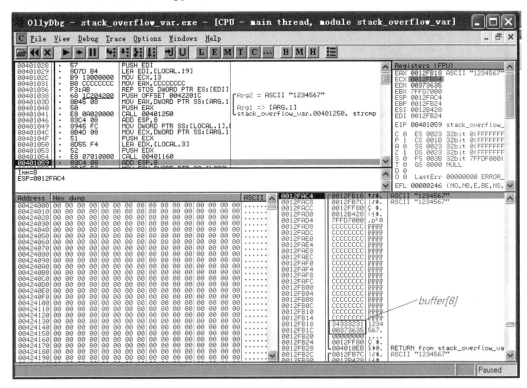

图 3-7　使用 OllyDbg 调试缓冲区溢出漏洞-6

从图3-7中可以看出，字符串"1234567"被复制到了 authenticated 上方的 buffer 空间中。并且 verify_password( )函数返回 authenticated 的值为0x00000000，主程序跳出，循环结束，如图3-8所示。

图 3-8　使用 OllyDbg 调试缓冲区溢出漏洞-7

2）缓冲区溢出时的栈空间状态

再次重启 OllyDbg，开始调试，此次输入密码"12345678"，strcmp( )函数执行后栈中的状态如图3-9所示。

分析栈空间的值，可知 authenticated 的值为0x00000001。

strcpy( )执行后栈中的状态如图3-10所示。

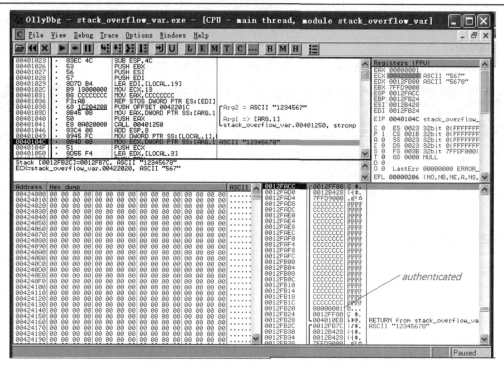

图 3-9　使用 OllyDbg 调试缓冲区溢出漏洞-8

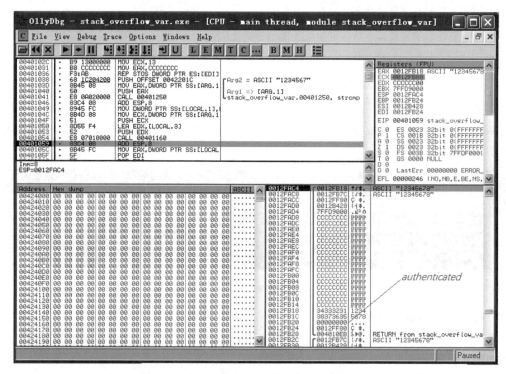

图 3-10　使用 OllyDbg 调试缓冲区溢出漏洞-9

　　分析发现，将字符串"12345678"复制到内存后，字符串末尾的 NULL 刚好写入 authenticated 的低位字节，将 0x00000001 改为了 0x00000000。

因此，verify_password() 返回的 authenticated 值仍旧为 0，密码验证依然成功，如图 3-11 所示。

图 3-11　使用 OllyDbg 调试缓冲区溢出漏洞-10

上述实验通过一个简单的例子演示了栈溢出漏洞的原理，说明如果不注意栈中缓冲区的边界，而使数据大小超过缓冲区的大小，那么和缓冲区相邻内存区域的其他数据就存在被覆盖的危险。如果使用攻击者精心设计的返回地址(shellcode 的起始地址)覆盖了栈中的返回地址，则会导致程序控制流被劫持。

需要指出的是，缓冲区溢出漏洞仍是目前最重要的高可用性漏洞之一，历史上很多安全对抗也都起源于缓冲区溢出漏洞的攻防博弈。

3.2　格式化字符串漏洞

3.2.1　基本概念

格式化字符串漏洞产生于数据输出函数对输出格式解析的缺陷。格式化字符串是具有特定转义序列的字符串，通过 printf() 函数插入特定格式打印的变量来代替转义序列。简单地说，就是因为调用 printf(参数)家族函数时，其中参数是用户输入的数据，没有对数据进行检查而造成的漏洞。攻击者利用该漏洞可以实现：①程序崩溃；②读取任意内存；③修改任意内存。

3.2.2　漏洞机理

以 printf() 函数为例介绍格式化字符串漏洞的机理，该函数的参数有两部分：格式控制符和待输出的数据列表，如表 3-1 所示。类似的函数有 printf()、fprintf()、vprintf()、vfprintf()、sprint() 等。该类函数接收变长的参数，第一个参数为格式控制符，后续参数在实际运行时与格式控制符中特定格式的子字符串对应，将格式控制符中的特定子字符串解析为相应的参数值。

表 3-1　printf() 函数的参数

序号	格式控制符	描述
1	%d	输出十进制整型
2	%s	从内存中读取字符串
3	%x	输出十六进制数
4	%c	输出字符
5	%p	输出指针地址
6	%n	写入数据到内存中

需要注意的是，前 5 个格式控制符都是用来输出数据，而%n 可以把一个 int 型的值写到指定的地址。

对于如下代码，printf() 函数中有、无格式控制符的结果差异较大。

```
int main()
{
    char buff[32];
    scanf("%s", buff);
    printf("%s", buff);
    printf("\n");
    return 0;
}   int main()
{
    char buff[32];
    scanf("%s", buff);
    printf(buff);
    printf("\n");
    return 0;
}
```

如图 3-12 所示，第一个 printf() 输出的结果是符合预期的，第二个参数列表中缺少格式控制符，但是仍然能够输出数据，其中 buff 的值为 0(10 个 0)，不在预期范围内。

图 3-12　有、无格式控制符时 printf() 函数的输出结果

有、无格式控制符的 printf() 函数的栈空间布局如图 3-13 所示。为什么会出现上述现象呢？需要跟踪调试才能理解。

图 3-13　有、无格式控制符的 printf() 函数的栈空间布局

调用 "printf(buff);" 时，参数中缺少格式控制符，因此没有新数据入栈，直接将原有栈空间中的栈顶数据当作格式控制符来解析，此时的格式控制符为 "%10x"(输出十六进制数据，长度为 10)，因此输出结果为 0(10 个 0)。

如果将 buff 换成字符串 "%10x%10x%10x%10x%10x"，则 "printf(buff);" 的输出结果如图 3-14 所示。

图 3-14　将 buff 换成字符串 "%10x%10x%10x%10x%10x" 后的输出结果

只允许读数据通常不会对程序造成大的影响，但是如果可以修改内存数据，则有可能引起进程劫持和 shellcode 的植入。在格式控制符中，控制符%n 用于把当前输出的所有数据的长度写回一个变量中，对于如下代码，第二次调用 printf() 中使用了%n 控制符，会将这次调用的最终输出的字符串长度写入变量 len_print 中。test 的长度为 4，所以第三次调用 printf() 后 len_print 将被修改为 4。

```
#include "stdio.h"
void main(int argc, char ** argv)
{
    int len_print=0;
    printf("before write: length=%d\n",len_print);
    printf("test:%d%n\n",len_print,&len_print);
    printf("after write: length=%d\n",len_print);
}
```

当输入、输出函数的格式控制符能够被外界影响时，攻击者可以利用 printf() 家族函数读内存和写内存，修改函数的返回地址，劫持进程，从而执行 shellcode 代码。例如，格式控制符%s 可以泄露任意内存地址的内容，字符串首地址就是字符串地址，该地址如果是一个有效地址，则可以读取该地址中存放的字符串，如果是一个无效地址，将导致程序崩溃，利用该过程可以泄露内存数据。

比起大量使用命令和脚本的 UNIX 系统，Windows 操作系统中命令解析和文本解析的操作并不是很多，再加上这种类型的漏洞发生的条件比较苛刻，因此格式化字符串漏洞在 Windows 系统中并不常见。

格式化字符串漏洞相比其他漏洞有一个显著的特点是只能被特定函数触发，因此只需要程序员在编写程序的过程中，对该类函数涉及用户输入的部分进行过滤，通常可以避免该类漏洞的产生。此外，部分编译器默认情况下会关闭%n 的使用。

3.3　整型溢出漏洞

3.3.1　基本概念

当某个数据的值超出了该类型的最值或者有符号数被解析成无符号数时，通常会发生溢出。整型溢出是指整型数据超出了最值或者符号解析出错，有存储溢出、运算溢出、符号导致的溢出三种形式。

3.3.2　漏洞机理

对于存储溢出，如下代码执行后会输出 0，因为有符号整型变量 m 占据 4 字节的存储空间，而 n 占有 1 字节的存储空间，当把 m 赋值给 n 时，仅把最低字节的值赋给 n，因此 n 的值为 0。

```
int m=0x9000;
char n=m;
printf("%d\n",n);
```

对于运算溢出，无符号字符型数据 x 的最大值为 255，如果 x+1，则会溢出。如下代码执行后会输出 0。

```
unsigned char x=255;
unsigned char y=x+1;
printf("%d\n",y);
```

对于符号导致的溢出，如下代码所示，输出结果为 k is not less than NUM。由于 NUM 是无符号整型数据，在与其比较时，k 被转化为无符号整型数据，变成大整数。

```
int a[5]={1,2,3,4,5};
#define NUM sizeof(a)/sizeof(a[0])            //无符号数
int main()
{
    int k=-1;
    if(k<NUM)
        printf("k is less than NUM");
    else
        printf("k is not less than NUM");
return 0;
}
```

整型溢出可能导致死循环、内存分配错误等，如 int *a=(int *)malloc(N*sizeof(int))，如果 N 是大整数，则 N*sizeof(int) 是一个无符号整型数据，当值较大，首位为 1 时，经过 int 型的类型转化后，会被解析为负数，产生溢出现象，通常会引发内存错误。

防止整型溢出相对容易，只需要程序员在编码时尽量不使用无符号整型数据，而使用有符号整型类型的变量，即可避免负数被编译器解释成大整数，从而提高程序的安全性。

3.4 提 权 漏 洞

3.4.1 基本概念

权限控制是当前网络和操作系统安全的重要屏障，也是许多软件的安全基石，许多攻防也都围绕权限控制展开。通常提权可以分为本地提权和内核提权两种。

本地提权漏洞通常作为一种辅助型漏洞存在，当黑客通过某种手段进入目标机器后，可以利用本地提权漏洞获取更高的执行权限，如控制系统、篡改文件内容、删除日志记录等。一些"脚本小子"通常认为该类漏洞不严重，危害不大，但恰恰相反，该类漏洞在很多场景下极为常见，并且利用难度远没有想象得大，带来的后果比远程漏洞更可怕，通常一个微软本地提权漏洞在国外某些市场的价格高达百万美金。大家熟知的远程代码执行漏洞(RCE)其实相对普遍，特别是在一些 Web 服务中，但是渗透后的权限通常是非常低的，无法种植木马、控制目标机器，也无法渗透到内网深层的服务器中。该类网络环境采用权限控制机制后，即使误中木马，也不会造成影响，因为木马无法自动传播，但是如果搭配提权漏洞使用，上述限制均可突破。

内核提权漏洞的作用是让一个程序直接从用户态穿透到内核态。用户态和内核态是操作系统利用硬件构建的隔离机制，被比作希腊神话中的"叹息之壁"。内核态的程序具有最高权限，在操作系统上，没有任何软件可以限制内核态程序的行为。因此如果某个内核提权漏洞被触发，攻击者即可获取最高权限，实施任何操作。

需要指出的是提权的方法有很多，例如，iOS 越狱可以通过释放后重用(Use Ofter Free，UAF)漏洞提权，也可以通过缓冲区溢出修改文件实现提权。提权类型的漏洞只是实现提权的一种方式而已，具体的漏洞成因可以多种多样，只要能够达到提权的目的，均可称为提权漏洞。

3.4.2　漏洞机理

以"小脏牛"漏洞为例，介绍一种内核提权漏洞的机理。"小脏牛"漏洞(CVE-2016-5195)是目前公认影响范围最广、最深的 Linux 系统内核提权漏洞之一，过去十年的多个版本的 Linux 系统，包括桌面版和服务器版均受到影响。攻击者通过该漏洞可以轻易地绕过常用的漏洞防御机制。尽管相关团队对该漏洞进行了补丁修复，但国外安全公司 Bindecy 对补丁进行深入研究后发现，"小脏牛"漏洞的修复补丁仍存在缺陷，由此产生了"大脏牛"漏洞。

"大脏牛"漏洞是 Linux 系统的一个本地提权漏洞，该漏洞的成因是内核函数 get_user_page()在处理 Copy-On-Write(以下简称 COW)的过程中，可能出现条件竞争错误，造成 COW 过程被破坏，导致可以在只读内存区写数据。通常，向带有 MAP_PRIVATE 标记的只读文件映射区域写数据时，会产生一个映射文件的复制(COW)，对此区域的任何修改都不会写回原来的文件中。但是，如果发生上述条件竞争问题，便可成功写回原来的文件中。修改特定文件后，可实现提权的目的。

1)COW 定义

Linux 系统将一个虚拟内存区域与磁盘上的一个对象关联起来，该过程称为内存映射(Memory Mapping，MMap)。本质上来说，MMap 就是在虚拟内存中为文件分配地址空间。在 MMap 之后，并没有将文件内容加载到物理页上，只在虚拟内存中分配了地址空间。当进程访问这段地址时，若虚拟内存对应的页(page)没有在物理内存中缓存，则产生缺页，由内核的缺页异常处理程序处理，将文件对应的内容以页为单位加载到物理内存中。

2)COW 流程

当用 MMap 去映射文件到内存区域时，会使用 MAP_PRIVATE 标记，写文件时会写到 COW 机制产生的内存区域中，原文件不受影响，其中获取用户进程内存页的过程如下。

(1)第一次调用 follow_page_mask 查找虚拟地址对应的 page，因为要求页表项要具有写权限，所以 FOLL_WRITE 为 1。但是所在页不在内存中，follow_page_mask 返回 NULL，第一次查找失败，进入 faultin_page，最终进入 do_cow_fault 分配不带 _PAGE_RW 标记的匿名内存页，返回值为 0。

（2）第二次调用 follow_page_mask，同样带有 FOLL_WRITE 标记。由于不满足（（flags & FOLL_WRITE）&& !pte_write（pte））条件，follow_page_mask 返回 NULL，第二次查找失败，进入 faultin_page，最终进入 do_wp_page 函数分配 COW 页，并在上级函数 faultin_page 中去掉 FOLL_WRITE 标记，返回 0。

（3）第三次调用 follow_page_mask，不带 FOLL_WRITE 标记。成功得到 page，但是由于进行了 COW，所以写操作并不会涉及原始内存。

上述过程即为正常情况下的 COW 过程。但是该过程存在隐患，首先在 get_user_pages（）函数中每次查找 page 前会先调用 cond_resched（）线程调度一下，可能会引入条件竞争。同时在第二次查找 page 结束时，FOLL_WRITE 就已经被去掉了。如果此时我们取消内存的映射关系，第三次执行又会和第一次执行时一样，执行 do_fault（）函数进行页面映射。但是区别于第一次执行，第二次执行时 FOLL_WRITE 已被去掉，导致 FAULT_FLAG_WRITE 置 0，所以直接执行 do_read_fault（）。而 do_read_fault（）函数调用了 do_fault（），由于标志位的改变，不会通过 COW 进行映射，而是直接映射，得到的 page 带有 PAGE_DIRTY 标志，从而产生了条件竞争。

综合上述机理分析，在进行漏洞利用的时候，可以在进行完第二次页面查找后取消页面的映射关系，漏洞利用的流程如下。

（1）第一次调用 follow_page_mask（FOLL_WRITE），page 不在内存中，进行 pagefault 处理。

（2）第二次调用 follow_page_mask（FOLL_WRITE），page 没有写权限，并去掉 FOLL_WRITE。

（3）另一个线程释放上一步分配的 COW 页。

（4）第三次调用 follow_page_mask（无 FOLL_WRITE），page 不在内存中，进行 pagefault 处理。

（5）第四次调用 follow_page_mask（无 FOLL_WRITE），成功返回 page，但没有使用 COW 机制。

取消页面的映射关系，可以通过执行 madvise（MADV_DONTNEED）实现。madvise 系统调用的作用是给系统一些对于内存使用的建议，MADV_DONTNEED 参数告诉系统未来不访问该内存，内核可以释放内存页了。内核函数 madvise_dontneed（）会移除指定范围内的用户空间 page。因此，需要做的其实就是创建两个线程，一个通过 write 进行页面调度，另一个通过 madvise 取消页面映射，即可完成对该漏洞的利用。

"大脏牛"漏洞的产生主要是由于在对"小脏牛"漏洞进行补丁修复的时候，Linux 系统内核之父 Linus 希望将"脏牛"的修复方法引用到 PMD 的逻辑中，但是由于 PMD 的逻辑和 PTE 并不完全一致，最终导致了"大脏牛"漏洞的出现，具体分析过程留给读者去查阅和尝试。

3.5　UAF 漏洞

3.5.1　基本概念

UAF 漏洞是一种内存破坏漏洞，通常存在于浏览器中（内核中也有少量涉及），由一块堆内存被释放后再次被使用所致，被使用的这块堆内存由一个指针指向该堆的起始地址，称该指针为悬浮指针(也称悬挂指针)。大多数的堆内存其实都是 C++的对象,所以利用 UAF 漏洞的核心思路就是分配堆去占"坑",占的"坑"中有自己构造的虚表,通过虚表完成对控制流的劫持,执行攻击代码。

通常被释放的内存块再次被使用有如下三种可能性。

(1)内存块被释放后,其对应的指针被设置为 NULL,再次使用时会出现内存错误,程序会崩溃。

(2)内存块被释放后,其对应的指针没有被设置为 NULL,然后在它下一次被使用之前,没有代码对这块内存块进行修改,那么程序很有可能可以正常运转。

(3)内存块被释放后,其对应的指针没有被设置为 NULL,但是在它下一次使用之前,有代码对这块内存块进行了修改,那么当程序再次使用这块内存块时,就很有可能会出现奇怪的问题。

常见的 UAF 漏洞主要出现在两种情形中。如下代码所示为常见的 UAF 漏洞触发过程。

```c
#include <stdio.h>
#define size 32
int main(int argc, char **argv) {
    char *buf1;
    char *buf2;
    buf1 = (char *) malloc(size);
    printf("buf1: 0x%p\n", buf1);
    free(buf1);
     // 分配 buf2 去占"坑"buf1 的内存位置
    buf2 = (char *) malloc(size);
    printf("buf2: 0x%p\n\n", buf2);
     // 对 buf2 进行内存清零
    memset(buf2, 0, size);
    printf("buf2: %d\n", *buf2);
     // 重引用已释放的 buf1 指针,但却导致 buf2 的值被篡改
    printf("==== Use After Free ===\n");
    strncpy(buf1, "hack", 5);
    printf("buf2: %s\n\n", buf2);
     free(buf2);
}
```

buf2 占"坑"buf1 的内存位置,经过 UAF 漏洞后,buf2 的值被成功篡改了。

程序分配和 buf1 大小相同的 buf2 来实现占"坑",buf2 被分配到已经释放的 buf1 的内存位置,但由于 buf1 指针依然有效,并且指向的内存数据是不可预测的,可能被堆管理器回收,也可能被其他数据占用填充,称 buf1 指针为悬浮指针,借助悬浮指针 buf1 将内存赋值为 hack,导致 buf2 也被篡改为 hack。

如果原有的漏洞程序引用悬浮指针指向的数据执行指令,会导致任意代码都可以被执行。

3.5.2 漏洞机理

以 UAF 漏洞 MS14-035 为例阐述漏洞机理。

首先,下载该漏洞的 POC 文件(可从以下链接下载 https://www.exploit-db.com/exploits/

33860/)，按该漏洞的说明设置分析环境和符号表后，打开 Internet Explorer 中的 POC，在浏览器中单击"允许已阻止的内容"弹窗，WinDbg 崩溃，现场信息如图 3-15 所示。

```
0:013> g
ModLoad: 70c50000 70d02000   C:\Windows\SysWOW64\jscript.dll
(5f4.ed8): Access violation - code c0000005 (first chance)
First chance exceptions are reported before any exception handling.
This exception may be expected and handled.
eax=71520091 ebx=005911e8 ecx=00601c78 edx=00000004 esi=00601c78 edi=00000002
eip=00005410 esp=033acd14 ebp=033acd34 iopl=0         nv up ei pl zr na pe nc
cs=0023  ss=002b  ds=002b  es=002b  fs=0053  gs=002b            efl=00010246
00005410 ??                       ???
0:005> kb
ChildEBP RetAddr  Args to Child
WARNING: Frame IP not in any known module. Following frames may be wrong.
033acd10 71531742 00f24f98 00001200 71a5cb54 0x5410
033acd34 71693150 005911e8 00f24f98 7169311d mshtml!CFormElement::DoReset+0xea
033acd50 7174f10b 005911e8 00f24f98 006091a8 mshtml!Method_void_void+0x75
033acdc4 7175a6c6 005911e8 000003f2 00000001 mshtml!CBase::ContextInvokeEx+0x5dc
033ace14 7177738a 005911e8 000003f2 00000001 mshtml!CElement::ContextInvokeEx+0x9d
033ace50 716fbc0e 005911e8 000003f2 00000001 mshtml!CFormElement::VersionedInvokeEx+0xf0
033acea4 70c5a26e 00609268 000003f2 00000001 mshtml!PlainInvokeEx+0xeb
033acee0 70c5a1b9 0074f0b8 000003f2 00000409 jscript!IDispatchExInvokeEx2+0x104
```

图 3-15　WinDbg 崩溃的现场信息

观察寄存器状态，发现 eip 寄存器指向的内存区域无效。因此，需要确定 eip 中无效值的来源，使用 kb 命令查看栈回溯信息，可知崩溃发生在 CFormElement::DoReset 函数中。

然后，用 gflags 打开页堆和用户模式进行堆栈跟踪:gflags.exe /i iexplore.exe +ust +hpa。

对一个进程来说，堆信息是存储在 PEB 中的，在进程的 PEB 中有堆表和堆计数，堆计数统计堆的数量，而堆表中存储每个堆的地址。UST 命令用来追踪堆的分配过程。很多时候用户找到了一块堆内存，却不知道这个堆内存是谁分配的，UST 命令就是用来解决这个问题的。UST 命令将一块内存区作为数据库，每次堆分配函数被调用时，堆分配函数的栈回溯信息都会被保存进数据库，因此想知道堆是谁分配的就可以查看栈回溯信息。HPA 机制则是提供了完全不一样的堆管理机制，优点是一旦发生溢出马上就会抛出异常，可以直接发现是由哪一条指令引发的溢出。

再次运行 POC，得到如图 3-16 所示的 WinDbg 输出信息。

```
0:013> g
ModLoad: 70cf0000 70da2000   C:\Windows\SysWOW64\jscript.dll
(d78.cac): Access violation - code c0000005 (first chance)
First chance exceptions are reported before any exception handling.
This exception may be expected and handled.
eax=00000004 ebx=0be2cfb0 ecx=00000002 edx=00000004 esi=0d21efa0 edi=00000002
eip=71bbb792 esp=08e0cb44 ebp=08e0cb64 iopl=0         nv up ei pl nz ac po nc
cs=0023  ss=002b  ds=002b  es=002b  fs=0053  gs=002b            efl=00010212
mshtml!CElement::GetLookasidePtr+0x7:
71bbb792 23461c          and      eax,dword ptr [esi+1Ch] ds:002b:0d21efbc=????????
```

图 3-16　WinDbg 输出信息

经过运行发现程序断在 CElement::GetLookasidePtr 函数处，请注意，不同的页堆管理机制对已释放的内存的分配管理方式不一样，如当页堆使用"f0f0f0f 模式"来覆盖被释放的堆时，程序就会断在 call dword ptr [eax+1CCh]处。

程序崩溃在 CElement::GetLookasidePtr 函数中，因此使用 WinDbg 命令"uf mshtml! CElement::GetLookasidePtr"查看该函数的指令。当前分析需要的指令如图 3-17 所示。

```
0:005> uf mshtml!CElement::GetLookasidePtr
mshtml!CElement::GetLookasidePtr:
719db78b 33c0            xor     eax,eax
719db78d 40              inc     eax
719db78e 8bcf            mov     ecx,edi
719db790 d3e0            shl     eax,cl
719db792 23461c          and     eax,dword ptr [esi+1Ch]
719db795 a87f            test    al,7Fh
719db797 0f8544060700    jne     mshtml!CElement::GetLookasidePtr+0xe (71a4bde1)

mshtml!CElement::GetLookasidePtr+0x24:
719db79d 33c0            xor     eax,eax
719db79f c3              ret

mshtml!CElement::GetLookasidePtr+0xe:
71a4bde1 8bce            mov     ecx,esi
71a4bde3 e8a5f8f8ff      call    mshtml!CElement::Doc (719db68d)
71a4bde8 8d0cbe          lea     ecx,[esi+edi*4]
71a4bdeb 83c06c          add     eax,6Ch
71a4bdee 51              push    ecx
71a4bdef 8bc8            mov     ecx,eax
71a4bdf1 e846a9f8ff      call    mshtml!CHtPvPv::Lookup (719d673c)
71a4bdf6 c3              ret
```

图 3-17   当前分析需要的指令

此时查看 esi+1Ch 中的内容，如图 3-18 所示，发现其中的值已经为不可读。

```
0:005> dd esi+1Ch
0d53dfbc  ???????? ???????? ???????? ????????
0d53dfcc  ???????? ???????? ???????? ????????
0d53dfdc  ???????? ???????? ???????? ????????
0d53dfec  ???????? ???????? ???????? ????????
0d53dffc  ???????? ???????? ???????? ????????
0d53e00c  ???????? ???????? ???????? ????????
0d53e01c  ???????? ???????? ???????? ????????
0d53e02c  ???????? ???????? ???????? ????????
```

图 3-18   esi+1Ch 内容

为了更好地理解程序，采用 kb 指令查看堆栈回溯信息，如图 3-19 所示。

```
0:005> kb
ChildEBP RetAddr  Args to Child
08b5ca80 71831730 0a7d4fd0 00001200 71d5cb54 mshtml!CElement::GetLookasidePtr+0x7
08b5caa4 71993150 0d541fb0 0a7d4fd0 7199311d mshtml!CFormElement::DoReset+0x9c
08b5cac0 71a4f10b 0d541fb0 0a7d4fd0 0b8befd8 mshtml!Method_void_void+0x75
08b5cb34 71a5a6c6 0d541fb0 000003f2 00000001 mshtml!CBase::ContextInvokeEx+0x5dc
08b5cb84 71a7738a 0d541fb0 000003f2 00000001 mshtml!CElement::ContextInvokeEx+0x9d
08b5cbc0 719fbc0e 0d541fb0 000003f2 00000001 mshtml!CFormElement::VersionedInvokeEx+0xf0
08b5cc14 70efa26e 0c43cfd8 000003f2 00000001 mshtml!PlainInvokeEx+0xeb
08b5cc50 70efa1b9 0ce97d10 000003f2 00000409 jscript!IDispatchExInvokeEx2+0x104
08b5cc8c 70efa43a 0ce97d10 00000409 00000001 jscript!IDispatchExInvokeEx+0x6a
08b5cd4c 70efa4e4 000003f2 00000001 00000001 jscript!InvokeDispatchEx+0x98
08b5cd80 70f0d9a8 0ce97d10 08b5cdb4 00000001 jscript!VAR::InvokeByName+0x139
08b5cdcc 70f0da4f 0ce97d10 00000001 00000001 jscript!VAR::InvokeDispName+0x7d
08b5cdf8 70f0e4c7 0ce97d10 00000001 00000001 jscript!VAR::InvokeByDispID+0xce
08b5cf94 70f05d7d 08b5cfac 08b5d0f0 0a7ccf88 jscript!CScriptRuntime::Run+0x2b80
08b5d07c 70f05cdb 08b5d0f0 00000000 00000000 jscript!ScrFncObj::CallWithFrameOnStack+0xce
08b5d0c4 70f05ef1 08b5d0f0 00000000 00000000 jscript!ScrFncObj::Call+0x8d
```

图 3-19   堆栈回溯内容

可以清楚地看到 CFormElement::DoReset 函数调用了 CElement::GetLookasidePtr 函数，这与之前的分析相吻合。为了找到更多与 esi 中的释放对象有关的信息，先使用 ! address 命令来查看 esi 地址的状态，如图 3-20 所示。

在图 3-20 中可以清楚地看到 esi 所处内存地址的 State 值为 MEM_RESERVE，这表明此内存为目标程序以后使用保留的内存，还没有分配物理上的存储空间，即已经被释放。然后使用 WinDbg!中的 heap 命令启用用户模式，进行堆栈跟踪，查看与 esi 中的释放对象有关的信息，输出结果如图 3-21 所示。

```
0:005> !address esi


Usage:                   PageHeap
Base Address:            0d53c000
End Address:             0d541000
Region Size:             00005000
State:                   00002000        MEM_RESERVE
Protect:                 <info not present at the target>
Type:                    00020000        MEM_PRIVATE
Allocation Base:         0d490000
Allocation Protect:      00000001        PAGE_NOACCESS
More info:               !heap -p 0x161000
More info:               !heap -p -a 0xd53dfa0
```

图 3-20　esi 地址状态

```
0:005> !heap -p -a esi
    address 0d53dfa0 found in
    _DPH_HEAP_ROOT @ 161000
    in free-ed allocation (  DPH_HEAP_BLOCK:        VirtAddr        VirtSize)
                                    cfa34e0:        d53d000            2000
    747d90b2 verifier!AVrfDebugPageHeapFree+0x000000c2
    77661464 ntdll!RtlDebugFreeHeap+0x0000002f
    7761ab3a ntdll!RtlpFreeHeap+0x0000005d
    775c3472 ntdll!RtlFreeHeap+0x00000142
    76b614dd kernel32!HeapFree+0x00000014
    7186c38d mshtml!CTextArea::`vector deleting destructor'+0x0000002b
    719e1daf mshtml!CBase::SubRelease+0x00000022
    71a3fc0b mshtml!CElement::PrivateExitTree+0x00000011
    71936e34 mshtml!CMarkup::SpliceTreeInternal+0x00000083
    71936c90 mshtml!CDoc::CutCopyMove+0x000000ca
    71937434 mshtml!CDoc::Remove+0x00000018
    71937412 mshtml!RemoveWithBreakOnEmpty+0x0000003a
    71939c8e mshtml!InjectHtmlStream+0x00000191
    71939add mshtml!HandleHTMLInjection+0x0000005c
    7193735c mshtml!CElement::InjectInternal+0x00000307
    7193951d mshtml!CElement::InjectCompatBSTR+0x00000046
    7193a803 mshtml!CElement::put_innerHTML+0x00000040
    71a65d62 mshtml!GS_BSTR+0x000001ac
    71a4f10b mshtml!CBase::ContextInvokeEx+0x000005dc
    71a5a6c6 mshtml!CElement::ContextInvokeEx+0x0000009d
    71a7738a mshtml!CFormElement::VersionedInvokeEx+0x000000f0
    719fbc0e mshtml!PlainInvokeEx+0x000000eb
    70efa26e jscript!IDispatchExInvokeEx2+0x00000104
    70efa1b9 jscript!IDispatchExInvokeEx+0x0000006a
    70efa43a jscript!InvokeDispatchEx+0x00000098
    70efa4e4 jscript!VAR::InvokeByName+0x00000139
    70f0d9a8 jscript!VAR::InvokeDispName+0x0000007d
    70ef9c4e jscript!CScriptRuntime::Run+0x0000208d
    70f05d7d jscript!ScrFncObj::CallWithFrameOnStack+0x000000ce
    70f05cdb jscript!ScrFncObj::Call+0x0000008d
    70f05ef1 jscript!CSession::Execute+0x0000015f
    70eff4c6 jscript!NameTbl::InvokeDef+0x000001b5
```

图 3-21　与 esi 的释放对象有关的信息

　　通过上述堆分配和操作的过程可知，"address 0d53dfa0"中的地址为程序崩溃时 esi 寄存器的值。可知对象的大小是 0x2000，然后在堆栈跟踪中调用了 mshtml!CTextArea::`vector deleting destructor'函数，表明对象已经被释放，因为语句是对析构函数的调用。可以基本确定是一个来自 CFormElement 类的 CTextArea 对象。当程序尝试从被释放的 CTextArea 对象中调用虚拟函数时，会发生异常。

　　目前针对 UAF 漏洞的检测难度较大，因为该漏洞涉及内存分配、内存释放、已释放的内存被使用，而这三个环节可能出现在程序的任何位置，通常需要跟踪较长的执行序列并搜索潜在的危险事件序列才能检测到该漏洞。已有方法普遍是建立内存使用的时序模型，通过模型检测来判定是否存在 UAF 漏洞。但是当 UAF 漏洞的发生需要跨多个线程时，已有方法的检测准确度会很低。

3.6　本 章 小 结

本章对常见的二进制漏洞进行了简要介绍。二进制漏洞种类多、形态多种多样，本章的介绍只是一个引子，要真正做到理解这些漏洞，需要动手调试分析。每个漏洞都有每个漏洞的特点，动手分析的漏洞数量达到一定层次，一定会产生量变到质变的飞跃。

3.7　习　　题

(1) 使用 VC++编程工具，上机复现本章中的缓冲区溢出漏洞，理解栈空间布局、常见寄存器使用、指令分析方法等漏洞分析基本方法。

(2) 上机调试"MS14-035"漏洞，复现该漏洞的触发场景，动态调试该漏洞，分析漏洞成因，识别漏洞点。

(3) 上机调试"大脏牛"漏洞，掌握内核提权类漏洞的调试方法，分析漏洞成因。

(4) 简述格式化字符串漏洞的基本概念和漏洞机理。

(5) 简述 UAF 漏洞的基本概念和漏洞机理。

第 4 章 数据流分析技术

本章介绍数据流分析的基本概念、分类、作用及分析流程，从而引出分析流程中需要用到的分析模型，并详细介绍正向数据流分析中的相关技术，以实例阐述数据流分析在漏洞挖掘分析中的应用。

4.1 概念与作用

数据流分析是一种应用于编译优化，用于获取相关数据沿着程序执行路径流动的信息分析技术。程序数据流的数据依赖和控制依赖可能与漏洞紧密相关，因此也被用于漏洞分析。数据流分析可对多种漏洞和缺陷进行检测分析，同时能够为其他的漏洞分析方法提供支撑。

4.1.1 基本概念

1. 定义

1）数据流的定义

数据流是一串连续不断的数据的集合，类似水管里的水流，在水管的一端一点一点地供水，而在水管的另一端看到的是一股连续不断的水流。数据写入程序可以看作一段一段地向数据流管道中写入数据，这些数据段会按先后顺序形成一个长的数据流。对数据读取程序来说，它看不到数据写入时的分段情况，每次可以读取其中任意长度的数据，但只能先读取前面的数据，再读取后面的数据。不管写入时是将数据分多次写入，还是作为一个整体一次写入，读取时的效果都是完全一样的。

流是一个很形象的概念，当程序需要读取数据的时候，就会开启一个通向数据源的流，这个数据源可以是文件、内存，或是网络链接设备。类似地，当程序需要写入数据的时候，就会开启一个通向目的地的流。

（1）数据流。一组有序、有起点和终点的字节的数据序列，包括输入流和输出流。

（2）输入流。程序从输入流读取数据源，数据源包括外接键盘、文件、网络等，输入流是将数据源读入程序的通信通道。

（3）输出流。程序向输出流写入数据，输出流是将程序中的数据输出到外接显示器、打印机、文件、网络等的通信通道。

2）数据流分析的定义

数据流分析是一种用来获取特定数据沿着程序执行路径流动的信息分析技术，其目的是获取程序执行路径上的数据流动过程和数据的可能取值。漏洞分析通常需要确定数据的流动过程和数据的性质，如 SQL 注入漏洞分析中，需要确定某个变量的取值是否源自非可信数据源；缓冲区溢出漏洞分析中，需要确定程序变量的可能取值，如内存操作数的长度，往往需要更深入的数据流分析，偶尔会涉及程序的语义分析。

2. 分类

数据流分析根据是否执行被测程序，可以分为动态数据流分析和静态数据流分析。动态数据流分析是在程序执行过程中记录相关的数据信息，分析过程与动态污点分析相似，详细过程会在污点分析部分阐述，本章主要介绍静态数据流分析。

在静态数据流分析过程中，可以使用程序代码中的语句序列表示一条程序执行路径。分析的精确度取决于被分析的语句序列是否可以准确表示程序实际的执行路径。通常根据分析精确度可以把静态数据流分析分为流不敏感（Flow Insensitive）分析、流敏感（Flow Sensitive）分析及路径敏感（Path Sensitive）分析，如图 4-1 所示。

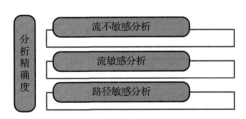

图 4-1　根据分析精确度对静态数据流分析的分类

流不敏感分析不考虑语句的先后顺序，按照程序语句的物理位置从上往下顺序分析每条语句，忽略程序中存在的分支。因此，流不敏感分析的精确度不高，得到的结果分析准确度低，目前使用不多。

流敏感分析考虑程序可能的执行顺序，根据控制流图（Control Flow Graph，CFG）的方向分为正向分析和逆向分析两种。

路径敏感分析不仅考虑语句的先后顺序，还对路径的分支加以判断，确定分析使用的语句序列是否对应着一条可实际运行的程序执行路径。目前，主流的数据流分析工具通常采用流敏感或路径敏感分析方式。

需要指出的是，流敏感分析的语句可能无法实际执行，流敏感分析过程中不计算分支和谓词，不做实际可执行性的判断。路径敏感分析更接近程序的实际执行过程，可能会产生路径爆炸和无穷搜索空间问题。

此外，数据流分析根据分析的深度又可分为函数内分析（Intra-Procedure Analysis）和函数间分析（Inter-Procedure Analysis），如图 4-2 所示。

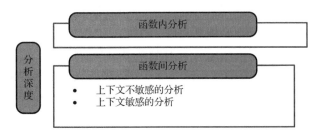

图 4-2　按照分析深度对数据流分析的分类

函数内分析只针对函数内的代码，函数间分析需要考虑函数之间的数据流，即需要跟踪目标数据在函数之间的传递过程。根据是否考虑函数调用的上下文信息，函数间分析可以分为上下文不敏感的分析(Context-Insensitive Analysis)和上下文敏感的分析(Context-Sensitive Analysis)两种。上下文不敏感的分析将每个函数调用视为一个跳转操作,忽略调用位置和函数参数取值等信息。上下文敏感的分析在分析函数调用时,会对不同调用位置调用的同一函数加以区分,认为不同位置调用的同一函数是不同的。与函数内分析相比,函数间分析需要分析的程序路径的深度和数量更大,需要更多的时间开销,全局范围的函数间分析在当前很多大型程序的分析中较难实现。

4.1.2　数据流分析的作用

数据流分析技术起源于编译优化,可使用该技术找出程序执行的剖面图,确定接收对象是什么类型,调用最频繁的方法是什么,然后将其内联到调用代码中,上述编译优化过程可以使用静态数据流分析技术辅助实现。

由于程序的某些变量在特定程序点上的性质、状态或取值不满足程序安全规定的漏洞,并且可以用数据流分析检测到,因此在漏洞挖掘领域,也可以使用数据流分析方法辅助得到所需的数据流信息,通常该方法可为其他的漏洞分析方法提供重要的分析数据支撑。

此外,数据流分析还可被用于程序验证、调试、测试、并行、向量化和全局代码调度等多个方面,本书主要介绍其在程序优化和漏洞分析方面的应用。

4.2　基本分析模型

数据流分析使用的代码模型主要包括中间表示以及其他一些关键的数据结构,利用中间表示可以对程序的指令语义进行分析。常用的中间表示有代码基本块、抽象语法树、三地址码、静态单赋值(Static Single Assignment,SSA)等。前面介绍过,如果使用流敏感或者路径敏感分析方法,则需要使用函数内的控制流图来分析不同程序路径上的数据流。如果采用函数间分析的上下文敏感的分析方法,则通常需要使用程序调用图(Call Graph,CG)。

4.2.1　代码基本块

代码基本块是指程序中一组顺序执行的语句序列,该基本块只有一个入口语句和一个出口语句。执行时只能通过入口语句进入,从出口语句退出。通常所说的基本块是指极大基本块(若再添加一条语句就不满足基本块的条件了),缩写为 BB(Basic Block),指一组顺序执行的指令,BB 中的第一条指令被执行后,后续的指令也会被全部执行,每个 BB 中所有指令的执行次数是相同的,通常一个 BB 必须满足以下特征。

(1)只有一个入口点,BB 中的指令不是任何跳转指令的目标。

(2)只有一个出口点,只有最后一条指令可以使程序的执行流程转移到另一个 BB。

从前面的描述可知,基本块的入口语句可以是下面 3 类语句中的任意一个:①程序的第 1 条语句;②条件跳转语句或无条件跳转语句的跳转目标语句;③条件跳转语句后面的相邻语句。

划分基本块的方法如下。

(1)根据上述规则,筛选出各个基本块的入口语句。

(2)对每一个入口语句,按照下列规则构造其基本块:基本块由该入口语句到下一入口语句(不包括下一入口语句)、某个跳转语句(包括该跳转语句)，或者某个终止语句(包括该终止语句)之间的语句序列组成。

凡未被纳入某一基本块的语句，都是程序控制流无法到达的语句，因而也是不会被执行的语句，在优化时可以将其删除。

例如，图 4-3(a)是一段用三地址码表示的程序，用于计算一个以 16 的阶乘为半径的圆的周长，然后输出结果。

利用上述划分基本块的方法来分析这段代码中有哪些基本块。首先确定入口语句，有(1)、(5)、(6)和(9)。语句(1)是程序的开始，语句(5)表示语句(8)的跳转目标语句，语句(6)是条件跳转语句之后的相邻语句，语句(9)是语句(5)的跳转目标语句。从入口语句开始，将代码分为 4 个基本块 BB1、BB2、BB3 和 BB4，如图 4-3(b)所示。基本块 BB1 由语句(1)～(4)组成。基本块 BB2 由第(5)条语句组成。基本块 BB3 由语句(6)～(8)组成。基本块 BB4 即语句(9)～(11)。确定基本块之后，采用< BBi,j >形式的局部编号(同时保留全局行号)来表示基本块 BBi 中的第 j 条语句，将图 4-3(b)重写为图 4-3(c)。

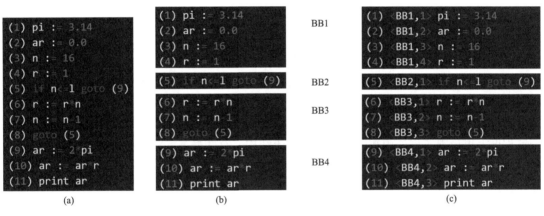

图 4-3　基本块划分实例图

4.2.2　抽象语法树

抽象语法树(Abstract Syntax Tree，AST)是程序结构的树状表现，通常用作源代码语法结构的抽象表示。在一个抽象语法树中，每个内部节点代表一个运算符，该节点的子节点代表这个运算符的运算数。需要指出的是，抽象语法树并不会表示出真实语法中出现的每个细节。例如，嵌套括号被隐含在树的结构中，不会以节点的形式呈现；而类似 if…condition…then 这样的条件跳转语句，可以使用带有两个分支的节点来表示。与抽象语法树对应的是具体语法树(分析树)，该树可用于语法检查。

图 4-4 描述了赋值语句 x=y+z、控制转移语句 while(k<0)和 if 分支语句的抽象语法树。

赋值语句的抽象语法树包括一个表示赋值操作的节点和两个子节点，其中一个子节点表示目的变量，另一个子节点表示运算表达式，该运算表达式可递归地用抽象语法树表示。在 while 语句的抽象语法树中，其中一个子节点表示 while 语句中的判断条件，另一个子节点表示循环的内部代码。在 if 语句的抽象语法树中，其中一个子节点表示 if 语句的判断条件，另一个子节点表示满足条件的内部代码。

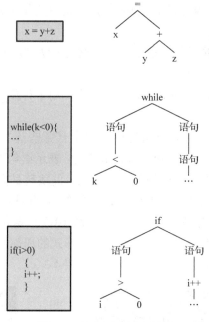

图 4-4　抽象语法树实例图

　　不同编译器或者程序分析系统使用的抽象语法树的具体形式可能有所不同，但使用抽象语法树的结构来描述程序语法结构的特点是一致的。抽象语法树可以描述程序的语法结构，其中包含程序语句中表达式的语法结构。使用抽象语法树描述控制转移语句的语法结构，在一定程度上也反映了程序函数内代码的控制流结构。有些静态漏洞分析系统直接对程序的抽象语法树进行分析，在抽象语法树中识别程序语句的语义，并根据分析得到的一系列可能的程序行为，检测程序中存在的漏洞。

4.2.3　三地址码

　　三地址码(Three Address Code，TAC 或 3AC)是静态分析经常使用的一种中间表示形式，编译器使用它来改进代码的转换效率。每个三地址码指令均可被分解为四元组，即运算符、运算对象 1、运算对象 2、结果。因为每个指令都包含了至多三个变量，因此称为三地址码，常见的三地址码指令有如下 8 种。

　　(1) x=y op z 类型。其中，op 是一个二元运算符；x、y、z 是运算数，该类指令表示 y 和 z 经过 op 进行计算，计算结果存入 x，如 x=y+z。

　　(2) x= op y 类型。其中，op 是一个一元运算符，该指令表示运算数 y 经过 op 的计算后，计算结果存到 x 中，如 x=++y。

　　(3) x=y 类型。该类型表示一种简单的赋值操作。

　　(4) goto L 类型的无条件转移指令。其中，标号 L 表示下一步要执行的指令。

　　(5) if x goto L 类型的条件转移指令。其中，x 表示条件变量，其取值有真、假两种，x 的取值决定下一步将要执行的指令。

(6)函数调用和返回指令。表示函数调用可能用到多条指令，使用 param 修饰参数，使用 call 修饰函数名。

(7)带有下标的赋值指令。如 x=y[i]，该指令表示数据赋值操作。

(8)地址或指针赋值指令。如 x=&y，x=*y 等。其中，运算符&或者*都是一元运算符。

对于表达式 x=a*b+c/d，其对应的三地址码为 T1=a*b；T2=c/d；T3=T1+T2；x=T3。

对于表达式 a=b*c+a+d*f+g，其对应的三地址码为 T1=b*c；T2=d*f；T3=T1+a；T4=T3+T2；T5=T4+g；a=T5。

每个三地址码赋值指令的右边最多有一个运算符，不允许出现组合的算术表达式。在处理组合表达式时，编译器通常生成一个临时名称用来存放三地址码指令计算得到的值。与抽象语法树相比，三地址码能更加清晰地表示指令的语义。静态数据流分析通常根据三地址码有效地识别其对应的指令语义。

4.2.4　静态单赋值

静态单赋值是一种程序语句或者指令的表示形式。在数据流分析中，静态单赋值的代码通常是指静态单赋值的三地址码。此外，抽象语法树或者程序的源代码也可以表示为静态单赋值。SSA 借鉴了纯函数式语言的定义唯一性的特点。单赋值是指程序中的名字仅有一次赋值。在 SSA 形式中，在使用一个名字时仅关联唯一的定值点。构造静态单赋值时会在控制流图中的每个汇合点(CFG 中多条代码路径汇合处)后插入伪函数，在汇合点处，不同的静态单赋值名称必须调整为一个名称。

在静态单赋值的表示中，如果某个变量在不同的程序点均被赋值，那么在这些程序点上，静态单赋值使用不同的名字来表示该变量。使用不同的下标可以区分在不同程序点被赋值的同一变量。变量的名字用于区分不同的变量，下标用于区分不同程序点上同一变量的赋值情况。需要指出的是，在一个程序中，同一个变量可能在两个不同的控制流路径中被赋值，并且在路径交汇之后，该变量仍被使用。在该情况下，被使用变量的取值可能来自不同控制流中的任意一条赋值。为了避免该类情况，静态单赋值使用 φ 函数(伪函数)表示规则将变量的赋值合并起来。

获得 SSA 需要如下两个步骤。

(1)对程序的定值点重命名。例如，图 4-5 左边的程序，将 x 的两个定值点分别重命名为 x_1 和 x_2，y 的两个定值点分别重命名为 y_1 和 y_2，w 的两个定值点分别重命名为 w_1 和 w_2。对于没有分支的程序，通过重命名足以获得 SSA 形式。

(2)插入 φ 函数。对于程序有分支的情形，需要插入 φ 函数来解决同一名字的多个定值点的合流问题。例如，图 4-5 所示的程序中，条件语句之后的 y 的定值点是 y_1 还是 y_2 呢？如图 4-5 右边的代码所示，在条件语句之后插入 φ 函数 $\varphi(y_1,y_2)$，并赋值给 y_3。在条件语句之后使用的 y 是 y_3。$\varphi(y_1,y_2)$ 的含义是：程序若执行 then 分支则取定值点 y_1，若执行 else 分支则取定值点 y_2。φ 函数仅作为特殊标志供编译使用，当相应的分析和优化工作结束后，在寄存器分配和代码生成过程中将根据代码原有的语义被解除。

将控制流图 4-6 表示成 SSA 的形式，如图 4-7 所示。

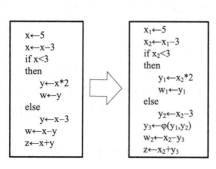

图 4-5　静态单赋值实例图-1

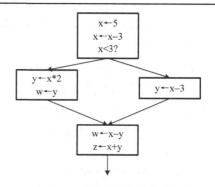

图 4-6　静态单赋值实例图-2

此时，底部块中的两个 y，取 y_1 还是 y_2 由程序控制流的具体执行路径决定。为了解决该问题，通常在最后一个块中加入 φ 函数，该函数可以根据控制流的执行情况，确定最终使用 y_1 还是 y_2，如图 4-8 所示。

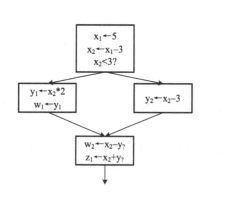

图 4-7　静态单赋值实例图-3

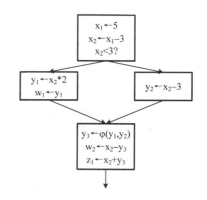

图 4-8　静态单赋值实例图-4

此时需要注意的是，不需要为 x 构造 φ 函数，因为 x 只有一个版本，即 x_2 到达的位置。但是对于给定的任意控制流图，通常难以分辨插入 φ 函数的位置以及对哪些变量插入 φ 函数。该问题可以使用支配边界（Dominance Frontiers）的概念来计算，寻找插入 φ 函数的位置，对涉及的变量重命名，完成 SSA 形式的转换。

定义 1　设 n 和 m 是 CFG 中的节点，如果从开始到 m 的每条路径都经过 n，则称节点 n 支配 m，表示为 $n \succeq m$。

定义 2　如果 $n \succeq m$ 且 $n \neq m$，则称 n 严格支配 m，记作 $n \succ m$。另外距离 n 最近的严格支配点称为直接支配点，记作 idom(n)。

因此节点 n 的支配边界可以表示为 DF(n)，定义如下。

$$DF(n) = \{m \mid \exists p \in pred(m), (n \succeq p \text{ and } n \not\succ m)\}$$

其中，pred 代表 predecessors，表示节点所有前继的集合；p 是节点 n 的一个前继。

根据此定义，循环头将包含在其自己的支配边界中。

如图 4-9 所示，其中节点 n1 包含变量 x 的定义，节点 n3 由 n1 控制，图 4-9 中所有的阴影节点都由 n1 控制。每个阴影节点具有单个 x 的到达定值的属性（后续介绍），因此不需要针对 x 的 φ 函数。现在考虑节点 n6，它是 n3 的直接后继，并且不受 n1 支配。该节点需要 φ 函

数，因为除了 n1，其他一些节点可能支配 n6。像 n2、n6 和 n7 这样的节点均被认为处于 n1
的支配边界，并且需要变量 x 的 φ 函数。节点对应关系如表 4-1 所示。

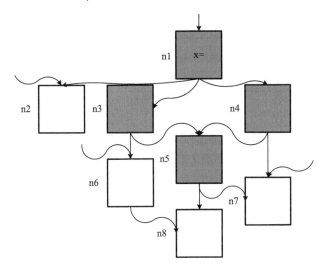

图 4-9　支配边界实例

表 4-1　节点对应关系表

节点	n1	n2	n3	n4	n5	n6	n7	n8
idom(n)	∅	∅	n1	n1	n1	∅	∅	∅
DF(n)	n2、n6、n7、n8	∅	n5、n6、n8	n5、n7、n8	n7、n8	n8	∅	∅

注：其中∅代表空集。

支配边界的算法实现如下。

```
for all nodes, n, in the CFG
    DF(n) <- NULL
for all nodes, n, in the CFG
    if n has multiple predecessors then//必须有 2 个或 2 个以上的 predecessors
        for each predecessor p of n
            runner <- p
            while runner != idom(n)
                DF(runner) <- DF(runner) U {n}
                runner <- idom(runner)
```

支配边界确定了 φ 函数的插入位置。在真正插入 φ 函数之前，需要在支配边界的基础
上，更精确地找到需要 φ 函数的位置。常规算法会在每个汇合点的起始处，为每个变量放
置一个 φ 函数。有了支配边界之后，编译器便可以更加准确地判断在何处可能需要 φ 函数。

4.2.5　控制流图

程序的控制流图是指用于描述程序函数内控制流的有向图。把程序划分为基本块后，可
以在基本块内实施一些局部优化。为了实施循环和全局优化等更大范围的优化，需要把程序

作为一个整体来收集信息，分析基本块之间的控制流程关系和基本块内部以及基本块之间的变量赋值变化情况。用图的形式表示一个函数内所有基本块的可能执行路径，也能反映一个过程的实时执行过程。控制流图的概念由 Frances E. Allen 于 1970 年提出，对于存在多个函数的程序，每个函数的控制流结构用一个控制流图描述。如果控制流图中包含表示函数间调用关系的控制流，则称为函数间控制流图。函数间控制流图是一种控制流图和调用图的混合表现形式。控制流图由节点和有向边组成，典型的控制流图的节点是基本块，控制流图中的有向边表示节点之间存在控制流路径。有向边通常带有属性，如 if 语句的 true 分支或者 false 分支。

第一个节点为含有程序第一条语句的基本块，称为首节点；从基本块 i 到基本块 j 之间存在有向边，记作(i→j)，当且仅当满足以下两个条件之一。

(1)基本块 j 是程序中基本块 i 之后的相邻基本块，并且基本块 i 的出口语句不是无条件跳转语句 gotoL 也不是停止语句或返回语句。

(2)基本块 i 的出口语句是无条件跳转语句 goto L 或者条件跳转语句 if…goto L，并且 L 是基本块 j 的入口语句标号，即基本块 i 的出口语句的跳转目标地址指向基本块 j 的入口语句。

根据基本块的划分以及控制流图的构造方法可知，一个控制流图的首节点是唯一的，并且从首节点出发可以到达控制流图中的任何一个节点。

CFG 可表示为 G =(N, E, nentry, nexit)，其中 N 是节点集，程序中的每个语句都对应控制流图中的一个节点；边集 E = {< n_1, n_2 > | n_1, n_2 ∈N 且 n_1 执行后，可能立即执行 n_2}；nentry 和 nexit 分别为程序的入口和出口节点。CFG 具有唯一的起始节点 START 和唯一的终止节点 STOP。CFG 中的每个节点至多有两个直接后继。对于该类节点 v，其出边具有属性"true"或"false"，并且 CFG 中的任意节点 N 均存在一条从 START 经 N 到达 STOP 的路径。

对于图 4-10 左侧的程序和划分的基本块，可以构造图 4-10 右侧的控制流图。其中节点基本块的集合为{BBl, BB2, BB3, BB4}，首节点基本块是 BBl，有向边的集合为{(BBl→BB2)，(BB2→BB3)，(BB3→BB2)，(BB2→BB4)}。

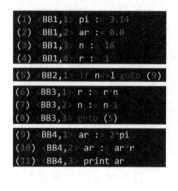
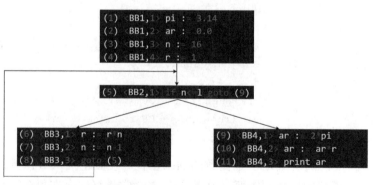

图 4-10　控制流图实例图-1

控制流图可以用来精确刻画一个程序的控制流程，即程序中所有基本块之间的执行顺序。在控制流图中，某一个基本块运行之后可以到达的所有基本块是该基本块的后继基本块，可以直接运行并到达某一个基本块的所有基本块是该基本块的前趋基本块。图 4-10 中，BB2 的前趋基本块包括 BBl 和 BB3，而 BB2 的后继基本块为 BB3 和 BB4。

划分基本块、构造程序流图之后，就可以利用这些来捕获程序中的基本特征，以此为基础开展各种各样的优化以及服务于目标代码的生成。

图 4-11 是一个控制流图的实例。首先读入 c 的取值，通过 switch 语句进行判断，case 事件的分支包含三条不同的程序路径。如果程序没有异常，那么 switch 语句的三个分支在语句"print(y);"处汇合。但是当 c 被赋值成不为 NULL 或 YES 的值时，在 default 分支中，语句"y=c->next;"可能触发一个异常。在该情况下，图 4-11 所示的控制流图无法准确描述程序的执行路径。

控制流图是程序依赖图中数据依赖和控制依赖信息的载体，控制流图的节点中包含对应的数据依赖和控制依赖信息的域。控制流图除了是程序依赖图的基础，也是进行

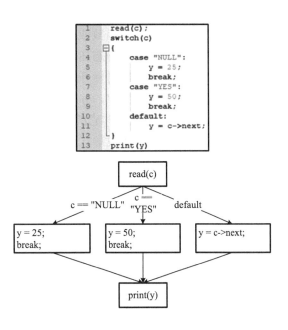

图 4-11　控制流图实例图-2

程序安全性分析的基础，包含处理安全性漏洞必须访问和使用的数据。很多安全性漏洞与程序中复杂的控制流程有关，如某些存储泄露问题，就是控制流程未能到达释放存储空间操作所在的路径，存储分配和释放操作不匹配，造成内存泄露。

4.2.6　其他代码模型

1.　函数调用图

函数调用图是一种控制流图，表示一个计算机程序中函数之间的调用关系。每个节点表示一个函数，每条边(f, g)表示函数 f 调用函数 g。因此，调用图中的循环表示递归过程调用。一个程序的调用图是一个节点和边的集合，需满足如下原则。

(1)程序中的每个函数都有一个节点。

(2)每个调用点(Call Site)都有一个节点。调用点就是程序中调用某个函数的一个程序点。

(3)如果调用点 c 调用了函数 p，那么存在一条从 c 到 p 的边。

很多用诸如 C 语言编写的程序可以直接进行函数调用，因此每个调用目标可以静态地确定。在这种情况下，调用图中的每个调用点都恰好有一条边指向一个函数。但是，如果程序使用了函数参数或函数指针，一般来说，需要到程序运行时刻才能知道调用目标，而且实际上可能各次调用的目标都有所不同。那么，一个调用点可能连接到调用图中的多个甚至所有的函数。

调用图有动态和静态两种形态。动态调用图记录的是程序的一次执行，如一个分析器的输出。因此，一个动态调用图通常是精确的，但只能描述程序的一次运行。我们通常说的调用图是指静态调用图，表示程序每一次可能的运行过程。构造准确的静态调用图是一个难题，因此静态调用图算法通常得到的是近似结果，即发生的每个调用关系都在调用图中表示出来，

但是可能有一些调用关系在程序的实际运行中永远不会发生。

　　一般来说，当出现了对函数或方法的引用或指针时，要求对所有函数参数、指针、接收对象类型等的可能取值进行静态估计。要得到一个精确的估计值就必须进行函数间分析。这个分析从可以静态观察到的目标开始，迭代地进行。当发现一个新的调用目标时，分析过程就会把一条新边加入调用图中，并不断寻找更多的目标，直到收敛。

　　图 4-12 描述了一段代码和它的调用图的两种表现形式，第一种表现形式是上面描述的调用图的一个实例，第二种表现形式是其简化的版本。一般情况下，数据流分析通常使用调用图的第二种表现形式描述程序的调用结构。

```
1    int whoami(woid)
2    {
3        struct passwd *pw;
4        char *user = NULL ;
5
6        pw = getpwuid(); //调用点1
7        if (pw)
8            user = pw->pw_name;
9            else if ((user = getenv ("user")) == NULL) //调用点2
10           {
11               fprintf(stderr, "I don't know!\n"); //调用点3
12               return 1;
13           }
14           printf("%s\n", user); //调用点4
15           return 0;
16   }
17   int main(int argc, char **argv)
18   {
19       if (argc > 1)
20       {
21           fprintf (stderr, "usage: whoami\n"); //调用点6
22           return 1;
23       }
24       return whoami (); //调用点6
25   }
```

(a) 调用图源代码

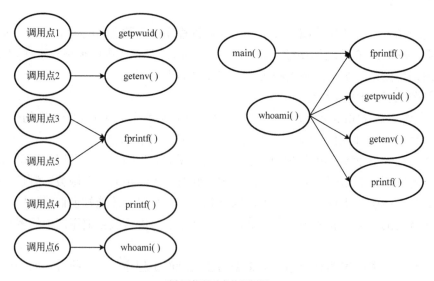

(b) 源代码对应的调用图

图 4-12　函数调用图实例

2. 程序依赖图

程序依赖图(Program Dependence Graph,PDG)是指将程序通过相应的生成工具表示成一个图的形式。其中,图的节点是代码语句和谓语表达式(或者是运算语句和操作语句),图的边根据对应节点表示的操作语句的情况表示数据依赖或者控制依赖。图的节点表示代码语句和谓语表达式的这种形式为一些类似向量化的转换提供了非常丰富的信息。对于绝大多数的 PDG 转化方式,图的节点被简化为两种类别:运算语句和操作语句。PDG 的边的依赖关系需要根据其对应节点的代码语句和谓语表达式的类型和源程序的语法意义来判断。

程序中依赖关系的产生源于两种完全不同的原因。第一种情况,在两个语句间,如果一个语句中出现的变量在另一个语句中也出现了,并且颠倒两个语句可能会导致另一个语句中该变量的值发生错误。那么,这两个语句之间就存在一种依赖关系。例如,给出如下两个语句:

A = B * C	S1
D = A * E + 1	S2

如果在执行 S1 语句之前先执行 S2 语句,可能会导致 S2 语句使用错误的变量 A 的值,那么说 S2 语句依赖于 S1 语句。这种类型的依赖关系称为数据依赖关系。

第二种情况,在一个语句和一个谓语表达式间,如果谓语表达式中变量的值能直接控制另一个语句的执行与否,那么它们之间也存在一种依赖关系。例如,在下面的语句中:

if (A) then	S1
B　= C * D	S2
endif	

因为 S1 中的变量 A 的值会决定语句 S2 的执行与否,所以 S2 语句依赖于谓语表达式 S1 中的变量 A。这种类型的依赖关系叫作控制依赖关系。

1) 数据依赖关系

数据依赖图(Data-Dependence Graph)包括从 q 到 p 的流依赖边,只有当如下条件都成立:

(1) p 是对变量 x 定值的节点。

(2) q 是使用变量 x 的节点。

(3) 控制流图可以通过一条没有变量 x 的其他定义的执行路径由 p 到达 q。也就是说,在程序的标准控制流图中存在一条路径,它能够使在 p 处 x 的定值到达 q 处 x 的使用。

数据依赖记录了节点之间定值和使用数据之间的相互影响、相互依赖关系,它是进行局部数据估值、谓词定值、循环和分支条件判定等的必要信息。

图 4-13 所示为数据依赖图的简单实例。

2) 控制依赖关系

控制依赖的概念最初由 Ferrante 等提出,它被用于模拟条件分支语句对程序行为的影响。控制依赖是程序控制结构的属性,因为它能够根据控制流图来严格地定义。直观地讲,一个语句 w 控制依赖于语句 u,如果语句 u 是一个影响语句 w 执行的条件。

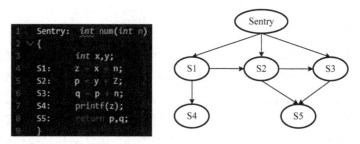

图 4-13　数据依赖图实例

控制依赖图（Control-Dependence Graph, CDG）是一种表达程序间控制依赖的有向图。图中的节点表示语句；边表示节点之间的控制依赖关系。控制依赖图由控制流图转化而来，对数据依赖图表示的程序间关系进行补充，记录了控制流流向某个控制流节点依赖的其他节点编号，是静态确定程序执行路径的必要条件。

图 4-14 所示为控制依赖图的简单实例。

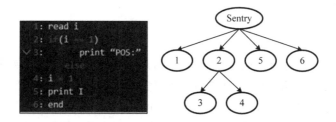

图 4-14　控制依赖图实例

程序 P 的控制依赖图是一个有向图，可用二元组 (S, E) 表示，顶点 S 集对应程序 P 中所有的语句，每条语句对应图中的一个顶点。另外还附加了一个用于表示程序入口的节点 Sentry。边集表示程序中语句之间两种基本的依赖关系，即 $E=E_c \cup E_d$，其中 E_c 为控制依赖边的集合，E_d 为数据依赖边的集合。若节点 S1 控制依赖于 S2，则语句节点 S1 和 S2 之间存在一条控制依赖边，同理，若 S1 数据依赖于 S2，则 S1 和 S2 之间存在一条数据依赖边。程序依赖图又可分为函数内的依赖图和函数间的依赖图。

如图 4-15 所示，右侧为函数 sum 对应的程序依赖图，虚线表示控制依赖边，实线表示数据依赖边，Sentry 表示函数的入口节点。程序代码中，语句 S4 中访问了在 S1 处定义的

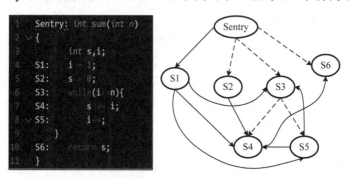

图 4-15　程序依赖图实例

变量 i 和在 S2 处定义的变量 s，因此 S4 数据依赖于 S1 和 S2，在依赖图上存在 S1→S4 和 S2→S4 两条数据依赖边，此外，语句 S5 定义了 i 的值并且从 S5 到 S4 的可执行路径上不存在对 i 的重新定义，因此 S4 也数据依赖于 S5。相应地，存在一条 S5→S4 的数据依赖边。条件语句 S3 决定了 S4 和 S5 的执行与否，因此依赖图上存在 S3→S4 和 S3→S5 两条控制依赖边。

3. 属性图

属性图的概念首先由 Rodriguez 提出，它的特征为有向、带标签、带属性、多重图。真实世界的实体可以用包含标签和属性的节点表示，标签标识节点的类型，实体间的关系用边来表示。属性图灵活性高，可以表示丰富的结构属性，并且可以方便地表示多种语义，在数据上附加元数据，数据库社区通常使用属性图模型来存储无模式数据。

属性图是由顶点(Vertex)、边(Edge)、标签(Lable)、关系类型及属性(Property)组成的有向图。顶点也称为节点(Node)，边也称为关系(Relationship)。在属性图中，节点和关系是最重要的实体。

所有的节点是独立存在的，为节点设置标签，那么拥有相同标签的节点属于同一个集合。节点可有零个、一个或多个标签。

假定 L 为标签(节点和边)的无限集，P 为属性的无限集，V 为原子值的无限集。其中，原子值表示整型、字符型、布尔型等原始类型的取值，与数组、结构等复合类型的取值相对。

关系通过关系类型来分组，类型相同的关系属于同一个集合。关系是有向的，关系的两端是起始节点和结束节点，通过有向的箭头来标识方向，节点之间的双向关系通过两个方向相反的关系来标识。关系必须设置关系类型，并且只能设置一个关系类型。

如图 4-16(a)所示的代码，将其属性类型一一列出，按照抽象语法树的结构画出其属性图，如图 4-16(b)所示。

# type	depth	value1	value2
func	0	int	foo
params	1		
param	2	int	y
stmts	1		
decl	2	int	n
op	2	=	
call	3	bar	
arg	4	y	
if	2	(n == 0)	
cond	3	n == 0	
op	4	==	
stmts	3		
return	4	1	
return	2	(n + y)	
op	3	+	

```
1    int foo(int y)
2    {
3        int n = bar(y);
4        if(n == 0)
5            return 1;
6        return (n + y);
7    }
```

(a)属性图实例源代码

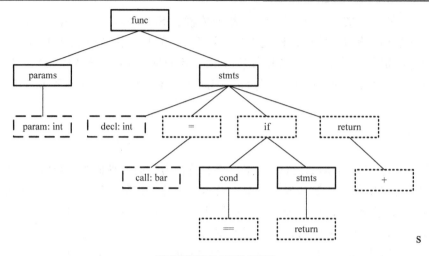

(b) 实例源代码对应的属性图

图 4-16　属性图代码实例

4.3　数据流分析原理

采用数据流分析技术对程序进行分析之前，需要首先使用词法分析、语法分析、控制流分析以及其他的程序分析技术对代码进行建模，将程序代码转换为抽象语法树、三地址码等代码中间表示，并获得程序的控制流图、调用图等；然后使用正向/逆向分析、函数内和函数间分析对程序代码的中间表示进行分析。如果分析的目的是检测程序漏洞，那么分析过程中会结合漏洞规则分析，确定程序是否存在漏洞。漏洞规则分析通常是基于历史漏洞总结或者安全编码规定，描述程序变量的性质、状态或者取值的约束，规定当程序存在漏洞时变量的性质、状态、取值满足的条件。在分析变量的性质和状态时，通常使用状态机模型；分析变量的取值时，采用和变量取值相关的分析规则，如图 4-17 所示。

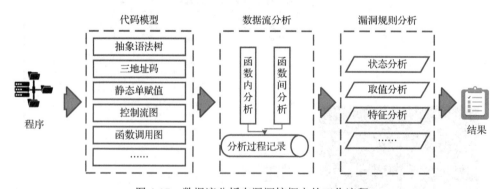

图 4-17　数据流分析在漏洞挖掘中的工作流程

4.3.1　程序建模

程序建模过程是将源代码表示为上述代码模型的过程，包括代码解析和辅助分析两个部分。其中代码解析过程是指词法分析、语法分析、中间代码生成以及函数内的控制流分析等基础的程序代码分析过程。辅助分析主要包括控制流分析等为数据流分析提供支持的分析过程。

在代码解析过程中，词法分析读入组成源程序的字符流，并将它们组织成有意义的词素序列。对于每个词素，词法分析器产生一个词法单元。词法单元描述抽象符号和符号表的对应，如<id, 7>表示一个变量并且变量名在相应的符号表的序号是 7，而<+>表示一个加法运算符号。

图 4-18 所示为编译器对源代码的部分解析过程，通用编译器基本都包含该过程。其中，词法分析、语法分析及中间代码生成是编译器解析源代码的关键环节。编译器在源代码编译过程中得到的中间表示及其他数据结构可以辅助数据流分析检测程序漏洞。

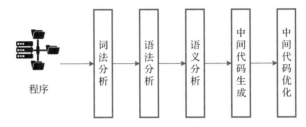

图 4-18　编译器对源代码的部分解析过程

编译器生成的中间表示以及其他数据结构通常能正确地反映程序代码的意图。但是，对于使用解释型语言或者脚本语言编写的程序，由于解释器负责对代码解释执行，无须编译器的参与，如 JavaScript、PHP 等，该类语言的数据流分析可以直接使用这些工具的前端解析器完成。

程序建模的另一个目的是构建控制流图和调用图，为更准确的数据流分析提供支撑。

1）控制流图构建

通过函数内的控制流分析，程序分析系统可以构建函数内控制流图。如果采用抽象语法树实现控制流分析，那么可以在抽象语法树的表示中增加表示控制流关系的边。编译器优化中涉及的常量传播、死代码消除、活跃变量分析等均需要函数内控制流图的辅助。如果采用三地址码实现控制流分析，则需要根据其中的控制转移语句来构建控制流图：首先线性分析程序语句，识别其中的控制转移语句，据此将代码划分为多个基本块；然后根据控制转移语句中的跳转目的地址，将基本块连起来，完成控制流图的构建。

2）调用图构建

程序调用图的构建需要分析函数间的调用关系，如果程序中没有使用函数指针，仅通过分析函数的签名即可静态确定某个调用点调用的函数，在该情况下，调用图中的每个调用点恰好有一条边指向一个函数调用。但是如果程序使用了函数指针，通常需要在程序运行时才能准确地确定被调函数的位置。静态分析只能得到一个近似的结果，即估计出调用点可能调用的所有函数，此时该调用点将连接到调用图中的多个函数。该问题在面向对象程序设计中更为突出，当存在子类重写父类函数时，某个调用点上使用的函数可能是多个不同函数中的任意一个。需要分析该调用点的接收对象类型来判定具体调用哪个函数。采用上下文敏感的分析可以较为准确地构建调用图。上下文敏感的分析技术分析程序中变量指向的对象，进而得到变量的类型，以此构建程序的调用图，并利用已有的调用图做进一步的上下文敏感的分析。

4.3.2　函数内分析

经过代码解析后，程序通常被表示为抽象语法树或者三地址码的形式。数据流分析需要对这些结构进行分析，找到分析规则关注的程序语句对应的程序操作，利用规则查找程序中可能存在的漏洞。分析过程中通常需要按照一定的方式遍历程序代码。

函数内数据流分析的工作流程如图 4-19 所示，分为获取程序语句和分析程序语句两个部分。此外，确定分析程序语句的顺序也是函数内分析的关键前提，在数据流分析中，可利用程序语句的存储位置或者根据控制流图依次确定待分析的每一条程序语句。

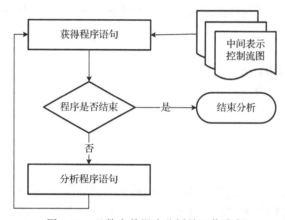

图 4-19　函数内数据流分析的工作流程

对于函数内的代码，流不敏感的方式通常按照语句的存储位置遍历函数内的程序语句。流敏感和路径敏感的方式都会用到程序的控制流图，按照控制流图描述的程序控制流路径分析程序的语句。如果需要分析跨函数的程序代码或者程序的整体执行过程，通常按照一定的顺序分析调用图中的函数节点对应的函数内代码。

对于图 4-20 所示的控制流图，流不敏感分析可以按照基本块的存储顺序依次分析 A、B、C 和 D，前面的分析结果不会影响后续的分析，如分析 C 时，不需要兼顾 B 的分析结果；流敏感分析对 B 和 C 的分析结果进行汇总，作为 D 分析的前提条件；路径敏感分析需要分析图 4-20 中的两条程序路径，即 A→B→D 和 A→C→D。

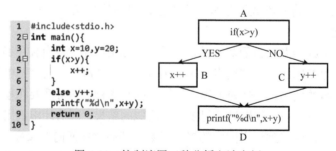

图 4-20　控制流图三种分析方法实例

在分析函数内数据流时，对于给定的程序，分析涉及以下两个步骤。

(1)发现单个语句对程序的影响。

(2)将这些跨程序段的影响相互关联。

步骤(1)称为局部数据流分析，仅对基本块执行一次。步骤(2)构成全局数据流分析，可能需要多次循环遍历 CFG 中的基本块。

对局部数据流分析来说，数据流信息与基本块的入口和出口有关。对于基本块 n，入口点和出口点用 Entry(n) 和 Exit(n) 表示，表示基本块 n 中执行第一条语句之前和执行最后一条语句之后程序的可能状态；与其关联的数据流信息用 In_n 和 Out_n 表示；局部数据流信息通常用 Gen_n 和 $Kill_n$ 表示，Gen_n 表示在基本块 n 中生成的数据流信息，而 $Kill_n$ 表示在基本块 n 中失效的数据流信息。

一个基本块(即 Gen_n、$Kill_n$、In_n 和 Out_n)的局部和全局数据流信息之间，以及跨不同基本块的全局数据流信息之间的关系，可以用数据流方程表示。通常，该方程有多个解。数据流方程具有一种通用形式，但是也可以针对每种分析进行定制。这种通用形式的定制涉及数据流的方向、汇合操作以及根据 Gen_n 和 $Kill_n$ 组件定义的流函数。可以使用按位运算 AND 和 OR(或设置运算 ∩ 和 ∪)实现所有流功能。为了获得这些方程的解，用一个值初始化每个数据流变量，然后迭代这些方程，直到每个数据流变量的值收敛。

接下来对局部数据流信息和全局数据流信息进行介绍。

1. 局部语句的影响

局部数据流分析过程需要根据当前变量的状态、取值，以及分析规则更新记录。数据流变量通过方程式进行关联，这些方程式可以在程序点处求解以获得数据流值。而变量的分析包括活跃变量分析和到达定值分析。

定义 3(活跃变量分析定义)　如果某条从程序点 u 到 End 的路径包含变量 x(x∈Var, Var 是基本块 n 内所有变量的集合)的使用，而 x 在定义之前没有使用，则变量 x 在程序点 u 处是活跃的，否则是非活跃的。

因此活跃变量的数据流方程为

$$In_n = (Out_n - Kill_n) \bigcup Gen_n$$

$$Out_n = \begin{cases} BI & n \text{ is End block} \\ \bigcup_{s \in SUCC(n)} In_s & \text{otherwise} \end{cases}$$

其中，BI 表示 Exit(End) 处的活跃度；Gen_n 和 $Kill_n$ 不必是互斥的；∪ 表明 Exit(n) 处的活跃信息是 Entry(s) 处活跃信息的超集，其中 s 是 n 的后继。

活跃变量分析本质上涉及确定是否在将来使用某个变量，相对简单，不需要考虑指针解引用。活跃变量分析主要用于寄存器分配和死代码消除。而到达定值分析用于构造 use-def 和 def-use 链，这两个链将定值与其使用关联起来。

定义 4(到达定值分析定义)　设变量 x∈Var、定义 di∈Defs(基本块内所有定义的集合)，如果 di 出现在从 Start 到程序点 u 的某条路径上且该路径上不存在 x 的任何其他定值，则变量 x 的定值 di 到达程序点 u。

到达定值分析的数据流方程为

$$In_n = \begin{cases} BI & n \text{ is Start block} \\ \bigcup_{p \in pred(n)} Out_p & \text{otherwise} \end{cases}$$

$$Out_n = (In_n - Kill_n) \bigcup Gen_n$$

其中，BI 表示 Exit(End) 处的活跃度。到达定值分析通过未初始化变量分析来捕获未定义变量的传递，也可以用于执行复制传播。

如图 4-21 所示的控制流图，其中的变量主要是 {a, b, c, d}，定义 {a1, b1, b2, c1, c2, d1, d2}，表达式 {a*b, a−c, b*c, b+c, a+b, a+c, a−b}。其中变量 c 不仅在 Gen_{n3} 中，也在 $Kill_{n3}$ 中。由于变量涉及反向流动，采用反向遍历 CFG 的方式，使用∅初始化并假设所有变量都为局部变量。

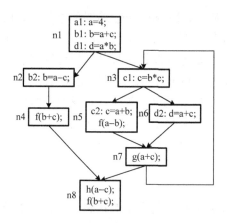

图 4-21　控制流图的活跃变量分析

对控制流图进行活跃变量分析，结果如表 4-2 所示。

表 4-2　活跃变量分析结果表

基本块	局部信息		全局信息			
			第一次迭代		第二次迭代	
	Gen_n	$Kill_n$	Out_n	In_n	Out_n	In_n
n8	{a, b, c}	∅	∅	{a, b, c}	∅	{a, b, c}
n7	{a, c}	∅	{a, b, c}	{a, b, c}	{a, b, c}	{a, b, c}
n6	{a, c}	{d}	{a, b, c}	{a, b, c}	{a, b, c}	{a, b, c}
n5	{a, b}	{c}	{a, b, c}	{a, b}	{a, b, c}	{a, b}
n4	{b, c}	∅	{a, b, c}	{a, b, c}	{a, b, c}	{a, b, c}
n3	{b, c}	{c}	{a, b, c}	{a, b, c}	{a, b, c}	{a, b, c}
n2	{a, c}	{b}	{a, b, c}	{a, c}	{a, b, c}	{a, c}
n1	{c}	{a, b, d}	{a, b, c}	{c}	{a, b, c}	{c}

可以观察到在第二次迭代中计算的数据流值与第一次迭代中计算的值相同，表明收敛。上述活跃变量的遍历分析可以在数据流分析中消除无用代码和进行寄存器分配。例如，图 4-21 中的变量 d 在任何地方都是无效的，因此可以安全地消除 d 的所有赋值。通过遍历可以得到活跃变量 c 的一些路径是 (n5, n7, n8)、(n3, n6, n7, n8)、(n1, n2, n4, n8)。

赋值标签由变量名和实例号组成，定义 a0、b0、c0、d0 分别表示特殊定义 a=undef、b=undef、c=undef、d=undef。对其进行到达定值分析，结果如表 4-3 所示。

表 4-3　到达定值分析结果

基本块	局部信息		全局信息			
			第一次迭代		第二次迭代	
	Gen_n	$Kill_n$	In_n	Out_n	In_n	Out_n
n1	{a1,b1,d1}	{a0,a1,b0,b1,b2,d0,d1,d2}	{a0,b0,c0,d0}	{a1,b1,c0,d1}	—	—
n2	{b2}	{b0,b1,b2}	{a1,b1,c0,d1}	{a1,b2,c0,d1}	—	—
n3	{c1}	{c0,c1,c2}	{a1,b1,c0,d1}	{a1,b1,c1,d1}	{a1,b1,c0,c1,c2,d1,d2}	{a1,b1,c1,d1,d2}
n4	∅	∅	{a1,b2,c0,d1}	{a1,b2,c0,d1}	—	—
n5	{c2}	{c0,c1,c2}	{a1,b1,c1,d1}	{a1,b1,c2,d1}	{a1,b1,c1,d1,d2}	{a1,b1,c2,d1,d2}
n6	{d2}	{d0,d1,d2}	{a1,b1,c1,d1}	{a1,b1,c1,d2}	{a1,b1,c1,d1,d2}	—
n7	∅	∅	{a1,b1,c1,c2,d1,d2}	{a1,b1,c1,c2,d1,d2}	—	—
n8	∅	∅	{a1,b1,b2,c0,c1,c2,d1,d2}	{a1,b1,b2,c0,c1,c2,d1,d2}	—	—

可以观察到在第一次迭代中到达 Exit(n7) 的定值必须传播到需要额外迭代的 Entry(n3)。通过遍历得到到达定值变量 c 的路径是 (n5, n7, n3)、(n3, n6, n7, n8) 和 (n3, n6, n7, n3)。

上述两个定义通常作用于对程序数据流影响较大的语句中，通常影响数据流分析的语句有三类：赋值语句、控制转移语句和函数调用语句。

1）赋值语句

赋值语句通常会改变程序变量的状态或者取值。在分析过程中，可以根据分析规则将关注的变量的状态或者取值记录下来。例如，在如下代码中，语句“int c=2;”表示整型变量 c 的初始化赋值操作，将整型变量 c 的状态记录为已初始化赋值，保存至 Var 集合中。

```
#include <stdio.h>
int main()
{
    int a;
    int c=2;
    scanf("%d",&a);
    if(c<a)
        c=a;
    return 0;
}
```

2）控制转移语句

分析变量的状态或者取值时，需要考虑控制转移语句中的路径条件。例如，在上述代码片段中，if 条件语句约束了变量的赋值操作，只有在整型变量 c 小于 a 时，变量 c 才会被重新赋值。对于通过变量的状态来判定指针使用是否合法，需要兼顾该类情况。

3）函数调用语句

对函数调用语句的分析，需要根据函数名识别其语义或根据调用图进行函数间的分析。如在上述代码片段中，scanf() 函数对整型变量 a 进行赋值操作，根据名称即可识别出其语义。将代码语义和漏洞规则分析联系起来，能更加精确地定义数据流分析过程中如何记录、记录哪些信息。此外，通过函数名也可以识别其调用的是否是第三方库函数。如果要分析非第三方库函数的代码，需要进行函数间分析。如果要分析函数体中实现的代码，就要涉及函数间分析。

另外对函数调用语句的分析还包含函数返回值，根据上述操作语句利用控制流图遍历计算 Gen_n 和 $Kill_n$，利用数据流方程获取基本块的输入、输出信息。

上述介绍的赋值、控制转移，以及函数调用语句对局部数据流分析的影响，是从程序的执行结构的角度进行分析的，但是另一种语句即表达式，也对局部数据流有至关重要的影响。表达式通常完成数据的计算，改变数据的值。

定义 5（可用表达式分析定义）　假设表达式 $e \in Expr$，如果从 Start 到 u 的所有路径都包含 e 的计算并且该计算后面没有任何操作数的赋值，则 e 在程序点 u 处是可用的。

可用表达式分析的数据流方程为

$$In_n = \begin{cases} BI & n \text{ is Start block} \\ \bigcap_{p \in pred(n)} Out_p & \text{otherwise} \end{cases}$$

$$Out_n = (In_n - kill_n) \bigcup Gen_n$$

其中，BI 表示涉及局部变量的表达式在开始时不可用，因为局部变量随函数调用而存在。

在上述活跃变量、到达定值和可用表达式分析中都会发现一组路径，发现的路径用于获取程序的数据流、控制流信息。局部数据流计算将全局分析与中间表示(IR)隔离开来，因为前者需要检查 IR 语句。实际上，编译器中的 IR 异常复杂，需要跨编译器的不同阶段存储有关每条语句的大量信息。因此，局部数据流计算既烦琐又容易出错，而全局数据流分析相对更简单。

2. 局部关联分析

在获得程序内单个语句的影响后，需要将程序基本块等程序之间的各种语句的影响相互关联，通常通过控制流图遍历来完成。

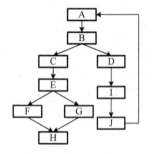

控制流图遍历是函数内数据流分析的基本环节，有深度优先遍历(Depth-First Traversal)和广度优先遍历(Breadth-First Traversal)两种方式。深度优先遍历是从控制流图的某个节点(通常为入口节点)开始分析该节点，再分析该节点的后继节点。如果某个节点有多个后继节点，则选择优先分析其中一个后继节点，其他后继节点作为路径分支被暂时记录下来。如果不需要对某个节点及其后继节点进行分析，则返回最近的分支继续进行深度优先遍历。图 4-22 所示的控制流图遍历中，如果从 A

图 4-22　控制流图遍历实例

开始进行深度优先遍历，遍历的顺序是 A、B、C、E、F、H、G、D、I……可以使用递归调用算法实现深度优先遍历。

广度优先遍历是从某个节点开始，如果当前节点有多个后继节点，依次将这些后继节点加入队列中，然后分析队列的第一个元素，分析完成后，将第一个元素从队列中删除。广度优先遍历的结果是 A、B、C、D、E、I、F、G、J、H。当程序控制流图中存在循环时，如果不加限制地使用深度优先或者广度优先控制流图遍历，分析不会自动停止。常用的解决方法是计算不动点，如果在分析中记录的信息不再变化，即存在一个分析的不动点，分析停止即可解决上述问题。当不动点不存在时，可以限制分析循环的次数。

控制流图遍历分析过程中，对于每个被分析的基本块，需要保存相应的分析结果，为后续分析使用。在深度优先遍历过程中，使用基本块摘要来存储分析结果。基本块摘要由前置条件（如 In_n）和后置条件（如 Out_n）两部分组成，前置条件记录对基本块进行分析前已有的分析结果，并决定后续分析结果，如分析变量状态时记录的变量状态等信息。在分析基本块之前，首先计算该基本块的前置条件，比对已有的前置条件和计算得到的前置条件，如果相同，则不需要再进行分析。

函数内分析指在每一个函数中进行分析，这些分析保守地假设被调用的函数有可能改变函数可见的所有变量的状态，并且它们还可能产生某种副作用，如改变函数可见的任何变量的值，或导致调用栈释放的异常。

4.3.3　函数间分析

在函数内分析时，如果遇到函数调用语句，需要进行函数间分析，该分析流程需要根据调用图进行。使用调用图进行函数间分析的目的是解决分析过程中调用语句和被调用函数之间的参数传递方式、别名问题以及代码优化问题。调用图是表示函数调用关系的有向图，如果没有函数参数，调用图比较容易构造。但如果有参数，则需要在构造调用图之前判定函数参数和具体函数之间的对应关系。

函数间分析处理的是整个程序，将信息从调用者传送到被调用者，或者反向传送。例如，在对内联函数进行分析时，完成分析之后需要回到原来的程序段继续分析。因此，需要在分析调用语句前保留当前的分析状态，以便返回时使用。显然，使用递归调用可以实现上述分析过程。但如果将大量的状态信息保存到栈中，通常会产生空间爆炸问题，使分析深度受限。

函数间分析的流程通常如下：首先，根据输入、输出值提取并计算摘要流函数的摘要信息，该类函数与上下文无关并且已被参数化，如库函数 printf() 等；其次，从函数调用的上下文中计算函数的数据流传递信息；最后，分析该函数的主体。通常可以把函数间数据流分析分为两大类，即基于函数方法的和基于值的函数间数据流分析。

1. 基于函数方法的函数间数据流分析

基于函数方法的函数间分析首先提取摘要流函数，对于一段路径 r，其摘要流函数 $f_r : L \to L$ 可以按照 Gen_r 和 $Kill_r$ 分量的方式建模，如下所示：

$$f_r(x)=(x - Kill_r(x)) \bigcup Gen_r(x)$$

其中，x 表示函数间传递的数据流信息，即路径 r 从 s 中继承的数据流信息；而摘要流函数 $f_r(x)$ 表示路径 r 在 s 处合成的数据流信息。尽管 Gen_r 和 $Kill_r$ 的概念与 Gen_i 和 $Kill_i$ 相似，但由于函数的执行可能涉及控制转移，而基本块需要严格地按顺序执行，因此存在一些差异。因此，需要区分定义 May 和 Must 的属性。例如，在进行活跃变量分析时，$Kill_r$ 必须确保沿着 r 中的路径修改变量，用 $MustKill_r$ 表示，而 $MayKill_r$ 表示一个变量可沿着某些路径被修改，但不一定是 r 中的路径。

如图 4-23 所示，其中 x 表示函数 R 从 s 的调用点 C_i 处继承的数据流信息；x' 表示函数 R 在 s 的调用点 R_i 处合成的数据流信息。函数间数据流信息对比函数内数据流信息，继承的数据流信息可以近似为 BI，合成的数据流信息可以近似为 Gen(x) 和 Kill(x)。根据 BI、Gen(x) 和 Kill(x)，利用活跃变量、到达定值等数据流分析方程进行计算。

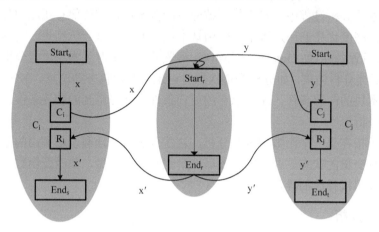

图 4-23　函数调用时的数据流分析实例

数据流分析收集从 $Start_r$ 到 End_r 路径上失效的变量，计算出的集合不包含 r 的局部变量。因此基于函数方法的函数间数据流方程为

$$In_n = \begin{cases} BI & n \text{ is Start block} \\ \bigcap_{p \in pred(n)} Out_p & otherwise \end{cases}$$

$$Out_n = \begin{cases} In_n \bigcup MustKill_s & n \text{ is a call to s} \\ In_n \bigcup Gen_n & otherwise \end{cases}$$

其中，$MustKill_s = Out_{Ends}$，对 $MayKill_r$ 来说，与数据流方程类似，In_n 中的运算符改为 $\bigcup$。

按照上述方法，可对路径上的跨函数数据流进行建模分析，提取活跃变量和非活跃变量，进行可用表达式分析等，确定变量的传递关系。

同基本块的摘要流一样，函数的摘要流也可包含前置条件和后置条件两部分。在使用函数的摘要流进行函数间分析时，可以为每个待分析的函数计算一个前置摘要流函数，在分析完该函数之后得到它的后置条件。函数摘要流的使用方式与基本块的摘要流不同，当新计算的前置条件与已经记录的前置条件匹配时，仍然需要分析函数调用语句之后的代码。这时，后置条件用于更新分析的状态。例如，函数调用语句"swap(p, q);"实现指针变量 p 和 q 的指向内容的互换，如果分析中记录的前置条件为 p 被分配空间，q 已释放，后置条件为 q 被分配空间，p 已释放，则对于上述基于函数方法的函数间数据流分析，如果前置条件匹配，则使用后置条件描述的变量的状态继续分析。

例如，如下程序，其数据流分析如图 4-24 所示。

```
int a,b,c,d;
void main()
{   a = 5;
    b = 3;
    c = 7;
```

```
    read(d);
    p();
    a = a+2;
    print(c+d);
    d = a*b;
    q();
    print(a+c);
}
void p()
{   b = 2;
    if (b<d)
        c = a+b;
    print(c+d);
}
void q()
{   a = 1;
    p();
    a = a*b;
}
```

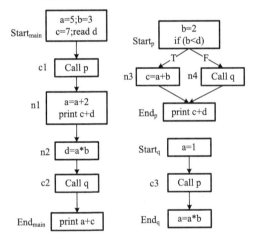

图 4-24　基于函数方法的数据流分析实例

　　程序内函数 p 和 q 的数据流信息的计算如表 4-4 所示。因为 p 和 q 是相互递归的，所以它们的数据流值相互依赖。在分析 p 时，假设 $MustKill_q$ 为 {a,b,c,d}，因此 $MustKill_p$={b,c}，然后在 p 的第二次迭代中计算 $MustKill_q$ 得到 $MustKill_q$={a,b,c}。虽然它会导致 Out_{c4} 中的更改，但 Out_{End_p} 不会更改。因此，$MustKill_p$ 和 $MustKill_q$ 都不会改变。

　　$MayKill_q$ 的初始值是 ∅，当用它来计算 $MayKill_q$ 时结果为 {a,b,c}。但是，$MayKill_q$ 的迭代值不会导致 $MayKill_p$ 的值发生变化。注意到，尽管 c 是有条件计算的，但它包含在 $MustKill_p$ 中。这是因为从 $Start_p$ 到 End_p 的每条路径都必须经过 n3，即使执行边 $Start_p$→c4，对 q 的递归调用的唯一解开方式也是执行涉及 n3 的路径。由于只有一条路径通过函数 q（具有不同的递归深度），因此 $MustKill_q$=$MayKill_q$。另外注意到，a 包含在 $MayKill_p$ 中，但不包含在 $MustKill_p$ 中。

表4-4　函数 p 和 q 的数据流信息的计算

函数	节点	MustKill				MayKill			
		Iteration #1		Changes in Iteration #2		Iteration #1		Changes in Iteration #2	
		In	Out	In	Out	In	Out	In	Out
p	Start$_p$	∅	{b}			∅	{b}		
	n3	{b}	{b,c}			{b}	{b,c}		
	c4	{b}	{a,b,c,d}		{a,b}	{b}	{b}		{a,b,c}
	End$_p$	{b,c}	{b,c}			{b,c}	{b,c}	{a,b,c}	{a,b,c}
		MustKill$_p$=End$_p$={b,c}				MayKill$_p$=End$_p$={a,b,c}			
q	Start$_q$	∅	{a}			∅	{a}		
	c3	{a}	{a,b,c}			{a}	{a,b,c}		
	End$_q$	{a,b,c}	{a,b,c}			{a,b,c}	{a,b,c}		
		MustKill$_q$=End$_q$={a,b,c}				MayKill$_q$=End$_q$={a,b,c}			

2. 基于值的函数间数据流分析

基于值的函数间数据流分析方法针对上下文敏感和流敏感分析，不涉及摘要流函数的预计算。它将程序视为具有不同路径的单个大型函数，而不是独立函数的集合。从程序的角度来看，函数间数据流分析可以简化为识别和遍历信息流路径的节点。唯一的区别是，这些信息流路径是函数间的，而不是函数内的，因此需要使用上下文敏感分析。通过在调用序列中的每个调用点将调用上下文 σ 的长度限制为 1 来实现上下文敏感分析。

基于值的函数间数据流分析需要利用超图，当在函数间有效路径分析中遇到函数调用语句时，将被调用函数的标签以及它的前置条件放入超图队列，然后继续分析。在对某个函数的分析结束后，从队列中取出一个元素进行分析。需要注意的是，如果对某个函数的分析结果影响到调用它的函数，需要对调用它的函数中的相关调用点之后的部分代码重新进行分析。其中有关函数间有效路径的定义如下。

定义 6　如果从 Start$_{main}$ 到超图中的基本块 n 的路径满足以下条件，则是函数间有效路径。

(1) 对于路径中的每个边 End$_r$ → R$_i$，路径中都有匹配的边 C$_i$ → Start$_r$。

(2) 如果从 C$_i$ 到 R$_i$ 的子路径不包含任何其他调用或返回节点，则在用单个(虚拟)边代替该子路径后，简化后的路径在函数上是有效的。

在底层仅由函数内的边组成的路径是有效的函数间路径。同样，没有返回边的路径也是有效的函数间路径。有效性约束只在遇到返回边时出现，因为出现在路径中的返回边必须对应路径中的最后一个调用边。此约束有助于确保来自被调用函数的数据流信息传播回正确的调用函数。

基于值的函数间数据流分析是根据数据流值定义的，数据流值是<σ,x>形式的对，其中 σ 表示上下文信息，由调用点的字符串 $c_1 \cdots c_k$ 表示；x∈L 是实际的数据流值。

需要注意的是，由于程序中可能存在递归调用，通常不能对每个函数保存其完整的调用串。这个完整的调用串是从程序入口开始到函数被调用之间的调用点序列。实际分析中，可以根据调用串选择不同的分析精度。例如，可以选择只使用调用串中最直接的 k 个调用点来区分上下文，而不是使用整个调用串来提高分析结果的质量。这个技术称为"k-界限上下文控制流分析技术(k-CFA)"，上下文不敏感的分析就是 k-CFA 在 k=0 时的特例。如果不选择一个固定的 k 值，另一种可行的方法是将所有无环的调用串直接作为函数的摘要。所谓无环的调用串就是不包含递归调用的调用串。对于所有带有递归调用的调用串，可以把所有递归环都缩成一点，以便限定需要分析的不同上下文的数目。使用这种方案时，即使对于不存在递归调用的程序，仍可以看作一点，因为不同调用上下文的数目和程序中的函数数目呈指数关系。

4.3.4　漏洞规则分析

漏洞规则分析是在数据流分析过程中进行的，分析疑似存在漏洞的代码，或者对程序中重点分析的对象，根据预设的漏洞检查每一步分析步骤是否违反规则，如果违反规则，则说明可能存在漏洞。

程序漏洞通常和变量的状态或者取值有关。例如，在分析 C 语言程序是否存在指针多次释放漏洞的现象时，通常将该指针变量在程序中被释放的次数作为指针变量的状态，当指针变量被释放两次或者两次以上时，认为程序存在指针多次释放漏洞的现象。检测数据访问是否越界可以利用数据流分析方法分析数组下标的可能取值，检查可能的取值是否处于安全范围，以此判断程序对数组的访问是否越界。

使用数据流分析可以静态地分析变量的状态和变量的可能取值，此时程序漏洞的检测规则是针对变量的状态或者取值确定的。通常使用状态自动机描述和程序变量状态相关的漏洞规则分析，自动机的状态和变量相应的状态对应。在一定的条件下，变量的状态会发生转换，当变量处于某个不安全的状态时，检测系统可认定程序存在漏洞。和变量取值相关的检测规则依据变量取值的记录规则以及特定条件下变量取值需要满足的约束来确定。

1) 规则状态自动机模型

使用有限状态自动机可以描述程序漏洞，程序变量是状态的一个实例，实例和状态对应，操作和转换对应，程序语句决定变量的状态转换。程序存在漏洞的表现形式可以看作变量处于某种特殊的状态。通常情况下，将反映程序存在漏洞的变量状态定义为状态自动机的接受态。

2) 变量取值规则

在特定的程序点，变量的取值范围需要满足一定的约束，否则认为程序在该程序点可能存在安全问题。如 C 语言程序中常用的 strcpy() 函数，需要确定第一个参数指向的内存空间的长度大于第二个参数表示的字符串的长度，否则程序存在缓冲区溢出漏洞。检测缓冲区溢出漏洞需要对变量的取值范围(分配内存的大小)进行分析和判断。

和变量取值相关的检测规则描述了对于特定形式的程序语句，语句中使用的变量需要满足怎样的约束才能说明程序是安全的。如下代码所示是检测 C 语言程序缓冲区溢出漏洞的变量取值规则。

```
#include<stdio.h>
#include<string.h>
char name[]="aaaaaaaaaa";
int main()
{
```

```
char output[8];
strcpy (output,name);                    //可能存在缓冲区溢出漏洞
return 0;
}
```

上述规则表示：对于"char output[8];"，需要记录数组变量 output 的长度为 8；对于 strcpy（）语句，需要根据记录的信息检查此时是否满足参数长度的比较条件，若不满足安全条件，则认定存在安全问题。

检测规则可以以文件或硬编码的形式存在。以文件形式描述检测规则，有利于规则的更新与维护，通过修改文件即可添加或者修改检测规则。添加或者修改硬编码形式的规则相对复杂。首先，需要漏洞分析系统的对应源代码开源，通过修改其代码达到修改漏洞分析规则的目的；其次，还需要将漏洞分析系统重新编译，使其可以根据修订的规则对程序进行检测。通常 Fortify SCA 等商业工具使用 XML 格式的文件记录检测规则，对漏洞做进一步的判定。

4.4　数据流分析的应用

作为一种基本的程序分析方法，数据流分析在许多领域均有应用。本节介绍数据流分析技术在辅助程序优化和漏洞相关领域中的应用。首先介绍其在辅助程序优化中的应用，其次介绍其如何辅助漏洞分析。

4.4.1　辅助程序优化

数据流分析是一个获取有关程序运行信息的过程，用于程序优化中的堆内存使用，使其快速释放堆空间。如下所示代码，其优化过程如图 4-25 所示。

```
i=m-1;j=n;v=a[n];
while(1){
    do i=i+1;while(a[i]<v);
    do j=j-1;while(a[j]>v);
    if(i>=j) break;
    x=a[i];a[i]=a[j];a[j]=x;
}
X=a[i];a[i]=a[n];a[n]=x;
```

通过数据流分析中的可用表达式对优化过程进行分析，首先进行公共表达式消除。例如，B_5 块中的表达式 t6=4*i、t7=4*i、t8=4*j 与 t10=4*j 属于局部公共子表达式，B_2 中的 t2=4*i 与 B_5 中的 t6=4*i 属于全局公共子表达式。对公共子表达式进行消除，最后的控制流图如图 4-26 所示。

注意：a[t1]不能作为公共子表达式，因为控制离开 B_1 进入 B_6 之前可能进入 B_5，而 B_5 有对 a 的赋值，因此无法将 a[t1]直接作为公共子表达式。

然后采用活跃变量分析，消除程序中的死代码，去除对方的赋值。如图 4-26 所示，B_5 中的 x=t3，a[t2]=t5，a[t4]=x，x 属于死变量，通过分析可消除 x，得到 a[t4]=t3。最终控制流图如图 4-27 所示。

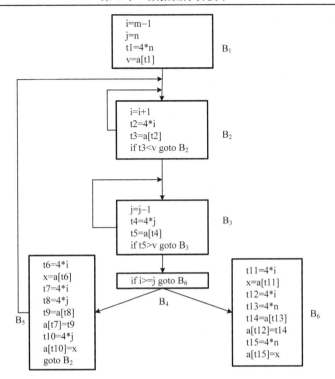

图 4-25　数据流分析辅助程序优化-1

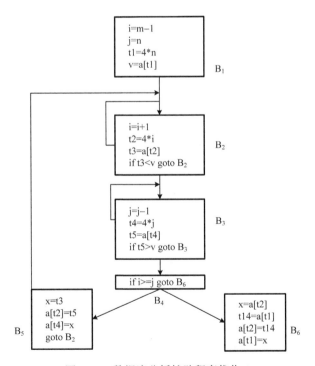

图 4-26　数据流分析辅助程序优化-2

采用函数间数据流分析与到达定值分析对程序中的变量进行归纳，如 B_2 中的 t2=4*i 与 B_3 中的 t4=4*j，在每次循环开始时都是首先对 i 进行加 1，对 j 进行减 1 的操作，可以理解为每次进行±4,因此可以将其提取到 B_1 中,并将乘法改为加、减法。最后的程序控制流图如图 4-28 所示。

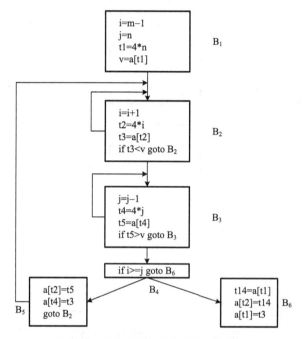

图 4-27　数据流分析辅助程序优化-3

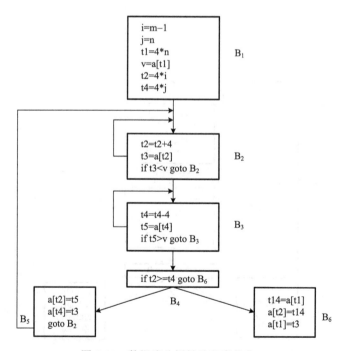

图 4-28　数据流分析辅助程序优化-4

　　因此采用数据流分析对程序进行优化,可以降低程序的复杂度,使程序执行更加快速、准确。数据流分析技术对分析程序行为来说是一项有力的技术。然而,大量的工作都是对顺序化的程序进行分析,对并发程序进行数据流分析的工作很少。因此,数据流分析技术今后的发展除了要研究出更有效、更准确、更快速的算法,还要开发出并发程序的数据流分析技术。

4.4.2　检测程序漏洞

数据流分析方法可应用于多种类型漏洞的检测中,本节介绍如何用其检测指针误用漏洞。

对已释放的指针变量再次释放或再次使用是两种比较常见的指针误用。如下代码存在指针释放后再次释放(Double Free)的漏洞。

从第 21 行开始阅读代码,首先对指针 p 进行分配内存操作,然后调用 testfunc() 函数,进入函数 testfunc() 分析(深度优先的数据流分析),其调用宏定义 FREE_MEM() 函数。该函数根据变量 x 与 SYS_NULL 的值是否相等进行判断。不相等时,释放函数的参数 x,同时将 SYS_NULL 的值赋给 x。继续回到上一层函数 testfunc() 分析,第 18 行,返回指针 p 指向的值。回到主函数 main() 分析,第 25 行,调用 FREE_MEM() 函数。通过上面的分析,指针 p 被释放后,传入 main() 函数,指针 p 指向的是一个不确定内容的地址空间,如果执行第 10 行代码,即调用一个已经被释放的指针,再次对指针进行释放操作,则会发生异常(出现指针释放后重复释放的问题)。

```
1    #include <stdio.h>
2    #include <string.h>
3    #include <stdlib.h>
4
5    #define SYS_NULL 0
6    #define FREE_MEM(x)
7    {
8    if(SYS_NULL != x)
9    {
10   free(x);
11   x=SYS_NULL;
12   }
13   }
14
15   int testfunc(char *p)
16   {
17   FREE_MEM(p);
18   return *p;
19   }
20
21   int main()
22   {
23   char *p = (char *)malloc(10);
24   testfunc(p);
```

```
25    FREE_MEM(p);
26    return 0;
27    }
```

上述描述的是人工分析的程序执行情况，如果按照数据流分析的方法来分析上述代码，则需要首先进行代码解析，将代码表示为三地址码的形式，构造每个函数的控制流图，如图 4-29 所示。然后构造程序的调用图，如图 4-30 所示。

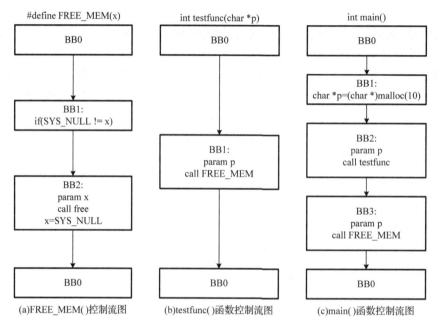

图 4-29　数据流分析辅助漏洞挖掘实例控制流图

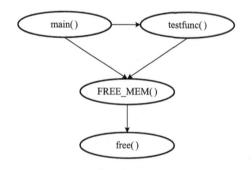

图 4-30　数据流分析辅助漏洞挖掘实例调用图

为了检测指针误用漏洞，采用如下所示检测规则。其中记号 v 表示任意的程序变量。如果变量被分配空间，将变量的状态记为 start；如果变量处于 start 状态时被释放，则将变量的状态记为 free；如果变量处于 free 状态并且变量被使用，将变量的状态记为 UseAfterFree；如果变量处于 free 状态并且变量被释放，则将变量的状态记为 DoubleFree。

```
v 被分配空间 → v.start
v.start:{kfree(v)} → v.free
```

```
v.free:{*v} → v.UseAfterFree
v.free:{kfree(v)} → v.DoubleFree
```

在分析 FREE_MEM () 函数前，假定 x 已被分配了空间，由于变量 x 不是指针变量，不用记录其状态，具体的分析过程如下。

(1)分析函数 main ()，在 BB1 中，为变量 p 分配空间，记录状态为 start。在 BB2 中，变量 p 作为函数 testfunc () 的参数，调用 testfunc () 函数，下一步转向分析 testfunc () 的代码。

(2)记函数 testfunc () 的前置条件为变量 p 已被分配了空间，处于 start 状态。BB1 的前置条件和函数 testfunc () 的前置条件相同。将变量 p 作为 FREE_MEM () 的参数，并调用 FREE_MEM () 函数，下一步转向分析 FREE_MEM () 函数的代码。

(3)记函数 FREE_MEM () 的前置条件为变量 p 已被分配了空间，处于 start 状态。BB1 的前置条件和函数 FREE_MEM () 的前置条件相同。由于 BB1 未改变任何变量的状态，因此其后置条件和前置条件相同。

(4)继续分析函数 FREE_MEM () 的代码。在 BB2 中，BB2 的前置条件为变量 p 处于 start 状态。BB2 中的变量 p 被释放，并将 SYS_NULL 的值赋给变量 p，此时变量 p 的状态为 free，然后返回 testfunc () 函数。

(5)此时函数 testfunc () 的前置条件为变量 p 处于 free 状态，但指针 p 指向的是 FREE_MEM () 函数的变量 p 的地址，变量 p 仍处于 start 状态。testfunc () 函数将变量 p 返回，进入 main () 函数的 BB3。此时 BB3 的前置条件为指针 p 指向变量 p 的地址，并不为空，处于 start 状态。将变量 p 作为 FREE_MEM () 函数的参数，调用 FREE_MEM () 函数，下一步转向分析 FREE_MEM () 函数的代码。

(6)记函数 FREE_MEM () 的前置条件为指针 p 已被释放，处于 free 状态。由于 BB1 未改变任何变量的状态，因此其后置条件和前置条件相同。在 BB2 中，BB2 的前置条件为变量 p 处于 free 状态。当再次释放变量 p 时，根据分析规则将变量 p 的状态记为 DoubleFree。

综上，可以发现代码的第 18 行和第 10 行可能出现指针误用的情况。

4.5　本　章　小　结

本章介绍了数据流分析技术，数据流分析技术有许多应用，可以单独作为一种漏洞检测方法，也可以作为其他技术的辅助，如该技术改进后可以作为污点分析技术的基础。

4.6　习　　　题

(1)列举 6 种以上数据流分析中常见的代码分析模型。

(2)判断表述"抽象语法树通常用于代码的语法检查"的正误，并说明理由。

(3)使用数据流分析方法判断下述代码是否存在缓冲区溢出漏洞，并给出分析的过程。

```
#include <stdio.h>
#include <string.h>
int main()
{
```

```
    char *str = "AAAAAAAAAAAAAAAAAAAAAAAA";
    vulnfun(str);
    return;
}

int vulnfun(char *str)
{
    char stack[10];
    strcpy(stack, str);
}
```

第 5 章 污点分析技术

污点分析是数据流分析的一种特殊形式，可以检查哪些变量能够通过用户输入进行修改，并且可以检查程序发生崩溃时用户控制的寄存器和内存信息。按照是否需要执行被测程序，可以分为静态污点分析技术和动态污点分析技术两种，本章分别进行介绍。

5.1 污点分析概述

污点分析(Taint Analysis)是一种跟踪并分析污点信息在程序中流动的技术。与数据流分析的定义"获取特定数据沿着程序执行路径流动的信息分析技术"进行对比可以发现，两者的区别在于是特定数据还是污点信息。与数据流分析类似，污点分析技术也可以应用在许多与安全相关的领域中，包括引导模糊测试、自动化漏洞挖掘、信息泄露检测和恶意软件行为分析等。

在漏洞挖掘领域中，使用污点分析技术将待分析的数据标记为污点数据(Tainted Data)，跟踪和污点数据相关的信息流向，可以检测出某些关键的程序操作是否被污点数据影响，进而挖掘程序中潜在的漏洞。例如，使用污点分析技术可以挖掘缓冲区溢出、SQL 注入等多种类型的漏洞。此外，也可以将污点分析与模糊测试相结合，利用污点分析指导模糊测试生成种子文件，提高效率。

在使用污点分析技术时，常将不可信的数据作为污点数据，不可信的数据通常由用户指定，既可以来自程序的外部输入，如用户通过键盘的输入、程序网络接收的数据，以及通过信号采集设备采集的数据等，也可以根据分析的需要，将程序内部使用的数据标记为污点数据。在分析程序是否存在隐私泄露时，可将程序使用的用户隐私数据作为污点数据。

5.1.1 基本概念

污点在字面上的意思是受到污染的信息或者"脏"信息，污点分析的对象是污点信息流。污点信息流最早由 Denning 于 1976 年提出，Denning 在为程序变量赋予安全类别的基础上提出了基于格的理论模型。

定义 1 集合 S 上的偏序关系 $\sqsubseteq$ 是 $S \times S$ 的关系，即

(1)自反性。对于所有的元素 $x \in S: x \sqsubseteq x$。

(2)传递性。对于所有的元素 $x, y, z \in S: x \sqsubseteq y, y \sqsubseteq z$，所以 $x \sqsubseteq z$。

(3)反对称性。对于所有的元素 $x, y \in S: x \sqsubseteq y, y \sqsubseteq x$，所以 $x = y$。

$(S, \sqsubseteq)$ 表示一个偏序集，是具有偏序关系 $\sqsubseteq$ 的集合 S。而格是一个偏序集二元组，判断带有安全类型的变量间是否可以进行传递。

污点分析的理论模型是 S 集合上的格，当污点数据传递到非污点数据时，非污点数据将变为污点数据。

　　根据是否需要执行被测程序，污点分析可分为动态污点分析和静态污点分析，二者均包括以下 3 个部分。

　　(1)污点引入。识别污点信息在程序中的产生点并对污点信息进行标记。

　　(2)污点跟踪。利用特定的规则跟踪分析污点信息在程序中的传播过程。

　　(3)污点检查。在一些关键的程序点检查关键的操作是否会受到污点信息的影响。

　　通常将污点引入的点称为 source 点，污点检查的点称为 sink 点。识别程序中 source 点和 sink 点的分析规则分别称为 source 点规则和 sink 点规则。source 点规则、sink 点规则以及污点信息的传播规则称为污点分析规则。

　　在传统的污点分析中，将从程序外部输入的所有数据和系统调用的 API 等统一认为是 source 点，通过手工标记的方法进行规则分析。当前比较先进的方法是采用机器学习技术自动识别程序的 source 点和 sink 点，并利用神经网络进行规则传播分析。

　　图 5-1 是一个针对源代码的污点分析过程的实例。在这个实例中，将 scanf() 所在的程序点作为 source 点，将通过 scanf() 接收的用户输入数据标记为污点数据，因此，通过 scanf() 接收的变量 x 是被污染的。如果在污点传播规则中规定"如果二元操作的操作数是被污染的，那么二元操作的结果也是被污染的"，那么对于"b=a+6"，由于 a 是被污染的，所以 b 也是被污染的。一个被污染的变量如果被赋值为一个常数，其污点信息将被消除。如赋值语句"a=10;"，将 a 从污染状态转变为未污染状态。将循环语句 whlie 所在的程序点标记为 sink 点，如果污点分析规则规定"循环的次数不能受程序输入的控制"，那么需要检查变量 b 是否是被污染的，如果是被污染的，那么程序可能出现异常。

```
1    ......
2    scanf( "%d, &a);   //source点
3    ......
4    b = a + 6;
5    ......
6    a = 10;
7    ......
8    while(i<b)        //sink点
```

图 5-1　源代码污点分析实例

　　图 5-1 描述的污点分析本质上是一个数据流分析的过程。在实际的污点分析过程中，常常只关心污点信息的数据传递的过程，将分析的对象集中在污点数据上。以上分析过程也可看作对程序中部分数据依赖关系的分析，即在程序中找到依赖于污点数据的其他数据。

　　但是，污点信息不仅可以通过数据依赖的形式传播，还可以通过隐式控制依赖关系和复杂的外部库调用传播。例如，在图 5-2 所示的检测缓冲区溢出漏洞的代码中，变量 bits 的取值控制依赖于变量 taint_data 的取值。如果在污点分析中，变量 taint_data 是被污染的，考虑到信息在控制依赖上的传播，变量 bits 也应该是被污染的。另外，buffer 不仅受到 taint_data 的数据依赖的影响，也受到其控制依赖的影响，在分析 sink 点时要同时兼顾两者。

```
1    …   //extra code
2    taint_data = fread();     //source
3    buffer[256];
4    taint_size = len(taint_data);
5    index = 0;
6    while (index < taint_size) {
7        buffer[index] = taint_data[index];   //sink
8        index++;
9        bits += 8;
10       }
11   …
```

图 5-2　污点分析检测缓冲区溢出漏洞实例

在分析程序中的信息流时，常常将通过数据依赖传播的信息流称为显式信息流，将通过控制依赖传播的信息流称为隐式信息流。一个完整的污点分析应包含显式信息流分析和隐式信息流分析。相对于显式信息流分析，隐式信息流分析更加受到关注，对隐式信息流处理不当会导致过污染(Over-Taint)和欠污染(Under-Taint)问题。程序中本应被标记的污点信息没有被标记导致分析结果遗漏称为欠污染；而程序中不应该被标记的数据被标记导致传播过程中引入过多误差称为过污染。

综上可知，污点分析最易应用于隐私数据泄露检测、系统安全漏洞挖掘等领域。将污点分析用于程序漏洞挖掘中，本质上是将程序是否存在某种漏洞的问题转化为污点信息是否会被 sink 点上的操作使用的问题。通常将使用污点分析可以检测的程序漏洞称为污点类型的漏洞，如 SQL 注入漏洞、跨站脚本漏洞以及命令注入漏洞等。

5.1.2　动、静态污点分析的异同

污点分析可分为静态和动态两种，静态污点分析与数据流分析相似，需要静态逆向分析程序，对程序进行建模，通过分析源代码或二进制代码中的语句和指令之间的依赖关系，快速定位污点在程序中的所有位置，判断污点标记的所有传播路径。但是由于静态逆向分析程序的准确度有限，因此静态污点分析的精度较低，通常需要人工对分析结果进行复查确认。面向二进制软件的静态污点分析技术主要是在 IDA 等反编译工具对二进制代码反编译的基础上，对外部输入等可能存在污点的信息进行标记，分析其在程序中的传播过程，判断是否能够到达 sink 点。

动态污点分析是在程序运行的基础上，对数据流或控制流进行监控，实现对数据在内存中的显式传播、数据误用等的跟踪和检测。可以借助程序插桩，结合定制的硬件实现对污点标记的跟踪。根据流的不同，动态污点分析技术可以分为基于数据流的污点分析和基于控制流的污点分析。前者主要通过标记来自外部的污点数据并跟踪数据在内存中显式传播的方法，来检测程序执行的特征，主要的代表工具有 Triton 和 TaintCheck 等。后者是对数据流分析的补充，在外部污点数据标记、数据显示传播跟踪、数据误用检测等操作的基础上，基于程序控制流图，使用特定算法对隐式信息流的传播过程进行监控和分析，主要的分析工具有 Dytan 等。

根据使用范围的不同，动态污点分析技术可以分为用户进程级的动态污点分析和全系统级的动态污点分析。用户进程级的动态污点分析用于追踪并监视进程中的数据使用和程序执行流，代表工具有 TaintCheck。全系统级的动态污点分析需要跟踪操作系统内核，进行系统级的监视，其又可分为基于软件和基于硬件的全系统跟踪两种。基于软件的动态污点分析大多建立在虚拟机之上，是对虚拟机的扩展，通过位图映射来标识相应的物理内存和寄存器是否被污染，每字节的内存和每个寄存器用一位或者一字节(两种实现都可以)来标记，如BitBlaze。该方法的缺点是效率较低，因此为了提高运行效率，研究人员设计了基于硬件的动态污点分析工具，如 Minos。

动态污点分析技术是在程序运行时进行数据传播、数据误用等检测。其优点是拥有较低的误报率，因为动态污点分析发生在程序运行期间，污点标记的传播路径是实际可达的，避免了静态污点分析中检测出的非可达路径等误报问题。但也存在一些不足，如图 5-3 所示为动、静态污点分析的异同。

(1)动态污点分析技术的漏报率较高。程序多次运行时，由于每次执行的输入数据可能不同，其执行过程都可能发生变化。因此，动态污点分析技术单次的分析结果可能仅覆盖程序的部分代码，无法挖掘未覆盖的代码中存在的问题，漏报率高。

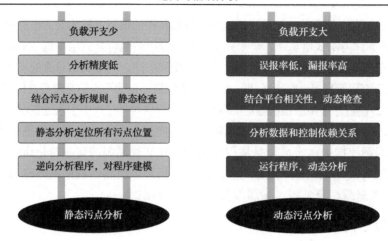

图 5-3 动、静态污点分析的异同

（2）动态污点分析技术的平台相关性高。因为程序需要在运行时进行检测，动态污点分析技术需要提供相应的运行平台，因此特定的动态污点分析工具只能解决特定平台上运行的程序，如不同操作系统、不同固件设备等，均需要不同的动态污点分析工具。但是静态污点分析技术由于只关注程序的代码，其平台相关性的要求较低。

（3）动态污点分析技术的资源消耗大，包括空间和时间上的开销。从空间角度来看，程序动态运行时进行污点标记的传播和分析比静态污点分析时所需的内存资源普遍要高。同时，由于动态污点分析技术要多轮执行才能够提高代码覆盖率，时间开销更大。

虽然动态污点分析技术存在一定的不足，但由于其具有低误报的优势，依然是近年来主流的软件分析技术。该技术既可以用于检测软件是否具有恶意行为，也可以用于漏洞挖掘。

从 2005 年 Benjamin Livshits 和 Lam 提出使用上下文敏感的别名分析通过污点分析技术检测 Java 应用程序漏洞开始，到 2017 年 TaintMan 的开发，针对 Android 设备静态插入污点执行代码，强制应用程序引用已检测的类库进行数据流跟踪。目前已经有大量的静态和动态污点分析工具开发出来并应用于漏洞挖掘领域，如 DTA++、TanitDroid、Libdft 等，图 5-4 列举的是从 2005 年至 2017 年，研究人员提出的一些污点分析技术和工具。

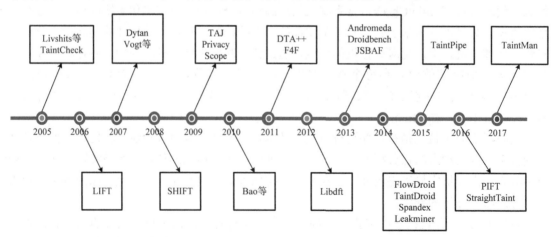

图 5-4 近年来动态污点分析研究脉络图

5.2 静态污点分析

采用静态污点分析技术对应用程序进行污点分析时，需要首先对程序代码进行解析，获得程序代码的中间表示，在中间表示的基础上构建静态污点分析需要的控制流图、调用图等，将程序分析转化为静态的依赖关系分析。上述操作完成后，根据污点分析规则，利用静态污点分析检查程序是否存在污点类型的安全缺陷，并得到分析结果。根据分析方式的不同，静态污点分析可以分为正向静态污点分析和反向静态污点分析两种。

5.2.1 正向静态污点分析

正向静态污点分析可看做是一种特殊的数据流分析。按照程序正向逻辑执行的顺序，对分析人员关注的变量进行污点标注，当执行到所关注的语句时，进行污点检查，判断污点传播是否可能导致程序出现异常。图 5-5 描述了正向静态污点分析过程。

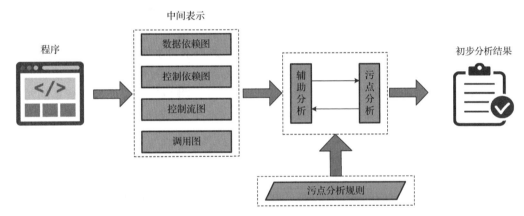

图 5-5 正向静态污点分析流程图

如图 5-5 所示，辅助分析是数据流分析过程中采用的一个环节。由于辅助分析和污点分析在分析方法上有一定的相似性，所以两个过程可以同时进行。在分析流程中，污点分析和辅助分析交替进行。

根据分析范围，可将正向静态污点分析分为函数内分析和函数间分析，前者仅分析函数内部语句和变量，忽略函数调用语句；后者在函数内分析的基础上，将函数调用圈定为一条语句，分析函数之间的污点传播关系。

1. 函数内分析

在函数中，按照代码的逻辑先后顺序分析函数内的每一条语句或者指令，跟踪污点信息的流向，具体分析过程如下。

1)污点信息记录

为了记录污点信息，通常为待分析的变量添加一个污染标签。最简单的污染标签是二进制标签，仅能表示变量是否是被污染的。例如定义二进制位的取值为 1 时，变量是被污染的，取值为 0 时，变量未被污染。也可以使用数据结构更加复杂的标签标示方法，如采用数组、结构体，或者链表等数据结构，不仅可以记录变量是否是被污染的，还可记录变量的污染信息来自 source 点中的哪部分数据。

2）程序语句分析

在污点分析过程中，由于能够影响变量污点传播关系的语句通常为变量或者表达式赋值语句，影响程序逻辑关系的分支语句，以及改变程序逻辑流的函数调用语句，因此在正向静态污点分析过程中重点关注赋值语句、分支语句以及函数调用语句三类程序语句。

（1）赋值语句。对于常见的变量赋值语句，如 "x=y"，当使用污点标签记录法来记录污点传播关系时，仅需将变量 y 的污点标签值拷贝给变量 x 的污点标签值即可。总之在分析简单赋值语句后，记录语句左端的变量和右端的变量具有相同的污染状态。程序中的常量是未被污染的，如果一个变量被赋值为常量，则无论赋值前变量是否被污染，赋值后，变量的污点状态均是未被污染。对带有一元操作的赋值语句的处理过程和上述过程是类似的。

对于包含运算关系的表达式赋值语句，如果赋值语句右端的操作数有一个是被污染的，那么被赋值的变量是被污染的。例如，对于语句 "x=y*z;"，如果变量 y 和 z 中有一个变量是被污染的，则不论另一个变量是否被污染，该语句执行后，变量 x 均是被污染的。如果使用布尔型的标签记录污染信息，可以简单地将 x 的污染标签标记为真，如果使用复杂的污染标签区分不同的污染源，那么要计算 x 的污染标签的取值是来自 y 还是 z。污染标签采用直接映射法进行记录时，当变量的某一个 bit 位被污染时，则将对应的 bit 位置 1。对于带有二元操作的赋值语句，对两个操作数的污染标签进行或运算，将结果作为被赋值变量的污染标签。如两个操作数的污染标签的值是 1010 和 0101，则经过异或操作后，被赋值变量的污染标签就是 1111。

如果赋值语句右端的两个操作数都是被污染的，在一些特殊情况下，被赋值的变量并不是被污染的。例如，对于语句 "x=y−y;"，即使变量 y 是被污染的，由于变量 x 的取值为 0，变量 x 不是被污染的。再如对于语句 "x=y+z;"，如果在该语句所在的程序路径上，存在 "z=−y" 或者 "z=−y+10" 之类的赋值语句，变量 x 的取值可能是 0 或者 10 这样的常量，那么应该认为变量 x 是未被污染的。

对于和数组元素相关的赋值，如果可以通过静态分析确定数组下标的取值或者取值范围，那么可相对精确地判断数组中的哪个或者哪些元素是被污染的。

对于包含指针操作的赋值语句，可借助指向分析法分析的结果分析变量的污染情况。需要注意的是，通常规定指针变量的取值不能来自程序的输入。例如，对于指针运算 "a=a+b;"，如果变量 b 的取值来自一个程序的外部输入，则 b 的取值是用户可控的，那么攻击者可以通过控制 b 的值，造成程序出现越界访问的现象。

（2）分支语句。在分析分支语句时，首先要考虑路径条件可能包含对污点数据的限制，在实际分析中需要识别这种限制污点数据的条件。

对于由循环判断条件导致的程序路径分支，通常规定循环变量的取值范围不能来自输入数据，或者说循环变量的取值范围不能受到输入的控制。在污点分析中，可以规定循环的上界是不能被污染的。如下代码所示的 for 循环，如果变量 x 是可被污染的，则攻击者可将 x 赋值为极大值，造成程序计算资源的浪费。

```
for ( i = 1; i < x; i++)
{
```

```
    printf("Taint Analysis!\n");
}
```

(3) 函数调用语句。对于函数调用语句，可以使用函数间分析或者直接使用函数摘要流进行分析。污点分析使用的函数摘要流主要描述怎样改变与该函数相关的变量的污染状态，以及对哪些变量的污染状态进行检查。涉及的变量可以是函数使用的参数、参数的字段或者函数的返回值等。

应用程序通常会使用大量的系统函数或者第三方库函数，如 Java 程序使用很多类库中实现的方法，此时无法通过人工的方式为所有系统的实现过程构建污点分析需要的摘要。通常是先为程序中常用的系统函数构建摘要，分析过程中如果遇到没有摘要的系统函数，单独分析该部分代码。

3) 代码遍历

在函数内分析中，需要考虑程序代码的遍历方法。通常使用流敏感或者路径敏感的方式进行遍历，在遍历过程中分析函数内代码。常用的代码遍历算法包括深度优先遍历和广度优先遍历算法。需要指出的是，现有分析方法的代码遍历通常是局部遍历，难以做到程序的完全遍历，因此不动点遍历法也经常被使用。

图 5-6 所示代码中，条件语句对数组变量 a[j] 的取值进行判断，如果 a[j] 的取值是 a~z 的小写英文字母，程序将其赋值给数组 b[i]，否则将 b[i] 的取值置空。如果 a[j] 是被污染的，那么在两条程序路径上，b[i] 的状态分别是被污染的和未被污染的。

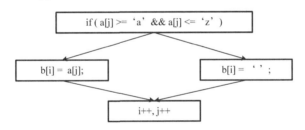

图 5-6　采用流敏感的方式实现正向静态污点分析

分析过程中使用流敏感的方式和使用路径敏感的方式，准确度差异较大。当使用路径敏感的方式时，则需要关注路径条件，如果路径条件中涉及对污染变量取值的限制，则路径条件可能对污染数据进行了净化，为了提高分析的精确度，还需分析路径条件对污染数据的限制，如果在一条路径上，该限制能保证数据不会被攻击者利用，则可将相应的变量状态记为未被污染。

2. 函数间分析

污点分析从程序中的 source 点开始，利用程序的控制流图和调用图，分析程序可能的执行路径上是否存在污点信息被传播到 sink 点的情况。当循环上限较大，或者程序分支较多时，比如密码函数中，可能会出现分析路径爆炸的问题，因此需要限定函数间分析的深度，如限制循环分析的次数。

在数据流基础上进行的函数间污点分析与数据流分析中介绍的函数间分析是类似的，在分析中为每一个函数构建一个污点分析的摘要，并利用已有摘要进行函数内分析。此外，还可以使用自顶向下的分析方法，利用队列记录待分析的函数，每次从队列中取出一个函数，并对该函数进行函数内分析。

5.2.2　反向静态污点分析

为了降低函数间分析的路径开销，可以将控制依赖于它的语句全部进行污点标记，然后采用反向静态污点分析的方法进行。它首先利用程序的中间表示、控制流图和调用图构造完整的或者局部的程序依赖关系。分析程序依赖关系之后，根据污点分析规则，检查 sink 点处的敏感操作是否依赖于 source 点。

程序依赖图是一个有向图，节点是程序语句，有向边表示程序语句之间的依赖关系。程序依赖图的有向边包括数据依赖边和控制依赖边。图 5-7 是一个局部的程序依赖图的实例。

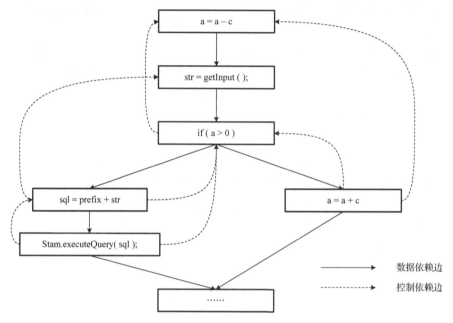

图 5-7　局部程序依赖图实例

对于规模较大的程序，通常难以准确、完整地计算程序的依赖关系，根本原因是静态分析的不可判定性。此外，存储大量的依赖关系需要较大的存储空间，计算依赖关系也需要大量的时间开销，在空间和时间的消耗上不能满足实际分析的需要。因此，需要按需构建程序依赖关系，并且优先考虑和污点信息相关的程序代码，如可优先分析包含 source 点的程序代码。

在分析程序依赖关系之后，可以利用依赖关系检查 sink 点处的敏感操作是否依赖于 source 点。此外，也可以利用程序切片技术，将一些语句提取出来，进而达到污点分析的目的。对于图 5-7 中的代码，可以使用逆向切片的方法，从语句"Stam.executeQuery（sql）；"开始，将相关的语句提取出来。

5.2.3　静态污点分析的应用

静态污点分析与静态数据流分析类似，本节内容主要以一段 Python 代码为例，介绍静态污点分析在实际场景中的应用。

```
1    def Taint_demo(username):
2      send_array = []
```

```
3        source_data = get_passwd(username)
4        source_message = "username=" + username + "|passwd=" + str(source_data)
5        send_array.append(source_message)
6        safety_message = encrypt(source_message)
7        send_array.append(safety_message)
8        for message in send_array :
9            send_message(message)
```

程序实现调用 get_passwd(username)来获取 passwd，之后合并成 username+passwd 序列加入到发送数组中等待发送。

该例中，将函数 get_passwd 接受参数 username 作为污点源，将程序接收这些数据的程序点作为污点分析的 source 点；相应的，对 username 操作的数据流为污点传播，其中 encrypt 函数为程序的净化点；将执行发送指令的 send_message 函数所在的程序点作为 sink 点。具体分析过程如下：

第 1 行：函数 Taint_demo 接收参数 username，username 等待程序调用。

第 3 行：函数 get_passwd(username)标记为污染源，其返回值 source_data 被污染。

第 4 行：变量 source_message 由 username 和 source_data 拼接组成，由于 username 和 source_data 都被污染，因此标记变量 source_message 为被污染变量。

第 5 行：将被污染变量 source_message 添加到待发送数组 send_array 中，同样的，send_array 数组也被污染。

第 6 行：该行代码对被污染数据 source_message 做无害化处理，经过 encrypt 函数的加密处理去掉去污点标记，此时变量 safety_message 无法被标记为污染。

第 7 行：与第 5 行相似，将可信变量 safety_message 添加到 send_array 中，此时 send_array 中包含两种数据：污点数据和可信数据。

第 9 行：程序的污点汇聚点，即 sink 点，函数 send_message 遍历 send_array 中的数据。通过前面的分析可知，send_array 中的数据已被污染，发现污点数据可从 source 点传播到 sink 点。

5.3　动态污点分析

动态污点分析是在程序执行过程中，跟踪、分析污点数据的传播过程。动态污点分析首先需要定义一个污染源（source 点），即污染数据的来源，通常是引入外部数据的那部分代码。污染数据通常由用户输入、文件或者网络引入。能够引入污染源的函数较多，如 read()、fscanf()、getParameter()等。通过监控污染源可以确定污染数据何时被引入程序中。其次还需要定义一个污染触发点（sink 点），即可能触发漏洞的危险代码。如果污染数据只被引入但是没有被触发，则污染数据无法构成威胁。常见的 sink 点函数一般都是系统函数，如命令执行、SQL 操作、strcpy()等。为了确定引入的污染数据是外部可控的，还需进行污染净化分析，通过收集输入验证等约束，采用简单的约束求解，移除外部不可控的污染数据。

总体上，动态污点分析技术可分为三部分：污点数据标记、污点动态跟踪和污点误用检查。

5.3.1　动态污点分析过程

1. 污点数据标记

程序攻击面是程序接收输入数据的接口集，一般由程序的入口点和外部函数调用组成。多数情况下，来自外部的输入数据通过程序攻击面被引入程序内，而在污点分析中，将这些数据标记为污点数据。程序攻击面根据输入数据来源的不同，可分为三类：网络输入，通常来自网络输入的数据是非可信数据；文件输入，对于文件解析类应用程序，被解析的文件也都来自外部输入，如果构造特殊的文件输入数据可能诱发攻击；输入设备输入，如果应用程序本身存在直接接收输入设备输入的接口，如键盘、鼠标、扫描接口等，也有可能为程序带来安全隐患。在动态污点分析中，通过对程序攻击面的识别，可以确认污点数据的来源。将来自程序攻击面的数据均认定为不安全数据，标记为污点数据。

在识别代码中的程序攻击面之后，需要使用特定的方式对通过程序攻击面被引入程序内的数据进行标记，即污点数据标记。经过标记的数据将会在污点动态跟踪过程中传播，并通过检查来确定是否出现污点误用的情况，如图 5-8 所示。

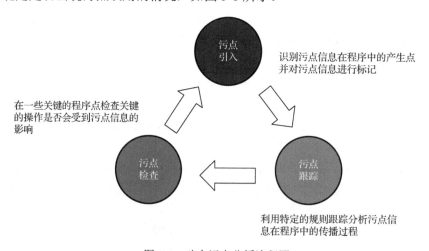

图 5-8　动态污点分析流程图

1) 污点数据获取

动态污点分析技术，首先需要关注污点数据的来源，即对污染源进行监控。从粒度上讲，监控可分为指令级监控和函数级监控，目前普遍采用的是关键函数监控。

在漏洞分析过程中，污点数据通常是软件系统接收的外部输入数据，在计算机系统中，这些数据可能以内存临时数据的形式存储，也可能以文件的形式存储。当软件系统需要使用这些数据时，一般通过系统调用来进行数据的访问和处理。以 Windows 系统为例，软件通过 Windows 系统的 API 来访问文件。因此只需要对文件访问的 API 进行监控，即可分析软件读取或者输出了哪些污点信息。由于 Windows 系统在不同层次提供了不同的 API 来访问文件，为了保证访问的可靠性，应采用底层的 API 函数。此外，由于网络是信息泄露的主要方式，也需要对网络进行监控。以下列出了实际操作时可监控的 API 函数。

(1) NtReadFile()。通常，不同语言编写的程序，读取文件时使用的函数是不同的。C 语言程序会使用 C 库中类似 fscanf() 等函数来读取文件，Windows 程序调用 kernel32.dll 中的 ReadFile() 函数来访问文件。但在 Windows 系统的 ntdll.dll 中存在一个没有被 Microsoft 文档记录的 API 函数 NtReadFile()。分析发现，该函数和内核函数 ZwReadFile() 具有相同的参数和功能，NtReadFile() 函数直接完成对文件访问的系统调用，即除非直接使用系统调用，否则每个程序必须通过该函数来访问文件。对比 ZwReadFile()，可以得到 NtReadFile() 的函数原型如下代码所示。

```
NtReadFile (
IN HANDLE                    FileHandle,
IN HANDLE                    Event OPTIONAL,
IN PIO APC_ROUTINE           ApcRoutine OPTIONAL,
IN PVOID                     ApcContext OPTIONAL,
OUT PIO_STATUS _BLOCK        IoStatusBlock,
OUT PVOID                    Buffer,
IN ULONG                     Length,
IN PLARGE_INTEGER            ByteOffset OPTIONAL,
INPULONG                     Key OPTIONAL );
```

其中，FileHandle、Buffer 和 Length 三个参数相对重要，FileHandle 是文件对象的句柄，Buffer 是读取的文件内容在内存中存放的起始地址，Length 是读取的文件内容的长度。根据上述信息可以确定文件的内容，以及可能被污染的内存地址的范围。

(2) NtWriteFile()。同 NtReadFile() 相似，程序向文件中写入数据的时候也必须调用 NtWriteFile() 函数(除非直接使用系统调用)。NtWriteFile() 的函数原型如下代码所示。

```
NtWriteFile(
IN HANDLE                    FileHandle,
IN HANDLE                    Event OPTIONAL,
INPIO_APC_ROUTINE            ApcRoutine OPTIONAL,
INPVOID                      ApcContext OPTIONAL,
OUT PIO_STATUS_BLOCK         IoStatusBlock,
OUT PVOID                    Buffer,
IN ULONG                     Length,
IN PLARGE_INTEGER            ByteOffset OPTIONAL,
INPULONG                     Key OPTIONAL);
```

通过分析文件对象的句柄读取的内存范围，能够分析出软件是否将污染数据写入本地文件中，进而推测软件可能将敏感数据保存在哪个文件中，可重点对该文件进行监控，进一步分析软件将用户敏感数据传播到了哪里。

(3) Send()。直观上，网络应该是用户敏感数据的最终流向。由于 Windows 程序通常使用 Socket 进行网络数据传输，监控 WinSock 的 API 能够较为准确地刻画出软件的网络行为。使用 WinSock 时，代码需要加载 WS2_32.dll 并调用其中的 send() 函数。因此监控该函数，可以有效地分析软件的网络行为。send() 函数的原型如下代码所示。

```
Int PASCAL FAR Send(
IN SOCKET    s,
```

```
IN const char   FAR *buf,
IN int len,
IN int flags );
```

send()函数中 buf 和 len 两个参数给出发送到网络中的数据内容和长度,对该段内存对应的影子内存中的污点映射进行查询,可判断程序是否存在污点信息泄露。参数 s 存储了接收数据的主机信息,发送的 IP 地址、端口等与网络相关的重要数据。

2)污点数据标记方法

识别出污点数据后,需要对污点进行标记,才能够监测污点的传播流程。本节使用污点生命周期的概念,即在该生命周期的时间范围内,污点有效。污点的生命周期起始于污点创建,生成污点标记;结束于污点删除,清除污点标记。

(1)污点创建。在高级语言层面,污点创建可表现为外部文件和网络数据的读取等操作。如使用 C 语言中的库函数 fscanf(FILE*stream, const char*format…)从外部读取一个用户提供的文件,该文件来源非可信,因此创建污点。在二进制程序中,当具有如下行为或操作时,进行污点创建:①将非可靠来源的数据分配给某寄存器或内存操作数,如"mov eax,buffer[ecx]";②将已经标记为污点的数据通过运算传播给某寄存器或内存操作数,如"add eax,edx"(其中 edx 为污点)。

例如,指令"mov eax,ecx"经过 Pin 插桩后如下代码所示,在执行指令的插桩分析历程之前需要完成很多工作,包括堆栈的切换、保存程序寄存器运行状态等,然后进行污点创建。在插桩分析历程结束后,还要进行堆栈和寄存器的状态恢复。

注意:在创建新污点时,如果指令执行前的目的操作数为污点,则指令执行后,在创建新污点前,还需删除原目的操作数的污点记录。

```
SAVE regs                        //保存寄存器状态,切换堆栈
SetTaint(T(eax),T(ecx))          //污点创建
Restore regs                     //恢复寄存器状态,还原堆栈
mov A,B                          //执行原始指令
```

(2)污点删除。污点删除即清除数据的污点标记,当二进制程序具有如下行为或操作时,则进行污点删除:①将非污点数据赋值给存放污点的寄存器或内存操作数,如 mov eax,030h(eax 为污点);②将污点数据赋值给存放污点的寄存器或内存地址,如 mov eax,edx(eax 和 edx 均为污点)。此时,原污点 eax 失效,将其删除,同时创建新的 eax 污点;③一些算术运算或逻辑运算操作可能清除污点,如 xor eax,eax(eax 为污点)。

2. 污点动态跟踪

污点动态跟踪是在污点数据标记的基础上,对程序进行指令级的动态跟踪分析,分析每一条指令的执行过程,直至覆盖整个程序的运行过程,并跟踪信息流的传播。

污点动态跟踪通常有三种实现方法:动态代码插桩、全系统模拟和虚拟机监控。三者的区别是:

(1)动态代码插桩可以跟踪单个进程的污点数据流动,在被分析程序中插入分析代码,跟踪污点信息流在进程中的流动方向。同时,由于 sink 点一般都在系统调用接口上,恢复操作系统级的对象信息也较为方便。该方法分析的污点信息只局限于该进程的用户态内存空间。

(2) 全系统模拟，利用全系统模拟技术分析模拟系统中每条指令的污点信息的扩散路径，可跟踪污点数据在操作系统内的流动。由于全系统模拟的优势并不明显，采用该方法的污点分析系统不常见。

(3) 虚拟机监控的效果最好，在虚拟机监控中增加分析污点信息流的功能，能够跟踪污点数据在整个客户机中各个虚拟机之间的流动，也可以分析污点数据在多个处理器甚至多个操作系统之间的流动过程。但是由于抽象等级过低，该方法很难获得操作系统级的对象信息。

污点动态跟踪需要影子内存 (Shadow Memory) 来映射实际内存的污染情况，记录内存区域和寄存器的污染情况。在对每条语句的分析过程中，污点跟踪工具根据影子内存判断是否存在污点信息的传播，将传播结果保存于影子内存中，进而追踪污点数据的流向。如图 5-9 所示，影子内存实现了对污点信息的记录，任何一个被标记为污点的数据在影子内存中都有对应的映射，当污点信息在系统内扩散时，影子内存中的污点映射也随之扩散，准确记录污点信息流的流动情况。

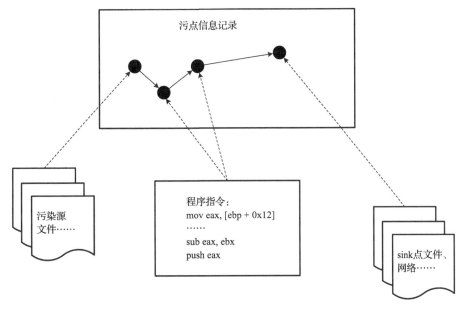

图 5-9　污点信息记录过程

污点跟踪不但要对数据的复制进行跟踪，也要分析程序对数据的处理。对于运算指令，只要有一个操作数是被污染的，该指令得到的结果也是被污染的，该类指令的所有目标寄存器和内存区域都被设置为被污染。使用这种方式，可以确保污点数据流动是正确的，不存在过污染 (Over-Taint) 或者欠污染 (Under-Taint) 的情况。

例如，对于 mov 指令 mov eax, ebx。如果 ebx 存放污点数据，指令执行后的内存地址 eax 也存放污点数据，这属于典型的信息流显式传播，需要跟踪操作数据的每条指令，以检测其操作结果是否也成为污点数据。当被监控程序运行时，截取其每一条指令，对其操作码和操作数进行分析，判断信息流的传播。

汇编指令分为三大类：数据移动指令 (load、store、move、push、pop……)、算术指令 (add、sub、xor……) 及其他指令 (jmp……)。数据移动指令和算数指令都将造成显式的信息流传播。一般来说，检测这种信息流传播的规则如下。

（1）对于数据移动指令，若源操作数是污点数据，则目的操作数也是污点数据。

（2）对于算术指令，任何操作数是污点数据，其结果也是污点数据。虽然算术指令也会影响处理器的条件标志位，但条件标志位不会影响判断结果，通常不跟踪标志位是否为污点数据。

（3）对于数据移动指令和算术指令，当程序代码中的值为立即数时，不被认为是污点数据，因为该值来自源程序或者编译器，而不是外部输入。

（4）特殊情况，如常函数，其输出不依赖于其输入。如"xor ebx,ebx"，该指令使 ebx 为 0，与 ebx 的初始值或是否被污染无关。因此分析过程需要识别出该类特殊情况，如"xor ebx,ebx"和"sub ebx,ebx"，同时对其结果进行污点标记修改。

为了记录污点数据的显式传播过程，需要对每个数据的数据移动指令或是算术指令执行前、后进行监控，当指令的另一个指令被污染后，把结果数据对应的影子内存设置为一个指针，指向源污点操作数指向的数据结构。也可以新建一个污点数据结构，记录相关的指令信息，并指向先前的污点数据结构。最简单的做法是将目的操作数对应的影子内存标记为污点。

如图 5-10 所示代码，在二进制程序的执行过程中，其影子内存也在同步进行更新，如第 1 条指令执行完毕后，需要将 ebx 地址处的污点信息传播到代表寄存器 eax 的影子内存中。

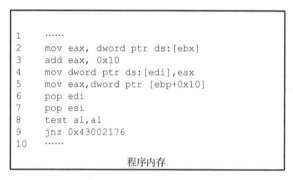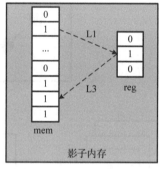

图 5-10　影子内存在污点分析中的作用

1）污点传播规则

当污点数据从一个位置传递到另一个位置时，认为产生了污点传播。因此，在污点分析中，需要关注以下几类指令，如表 5-1 所示。

表 5-1　动态污点分析重要指令

指令类型	指令操作
复制/移动类	mov、movs、lods、stos、xch 等
算术运算类	add、sub 等
逻辑运算类	and、xor 等
堆栈操作	push、pop 等
复制或移动类函数调用指令	memcpy、memmov、strcpy、strcat、strncpy、sprintf 等

对于复制或移动类指令，若源操作数中任一字节是被污染的，则将目的操作数的对应位置（或寄存器）标记为污点。即使在复制或移动操作执行前，目的操作数是一个污点，只要源操作数是污点，就会产生污点传播。在该情况下，虽然新产生的污点存放在原来污点的位置，但新污点的污点属性却不是由原来污点确定，而是由当前指令的污点传播关系确定。

对于算术运算类指令，除用于清零的特殊指令外，若某污点与一个非污点的常量数据进行算术类计算，则不会产生污点传播，因为计算结果的污点属性仍然取决于原来的污点，污点的存放位置也不会发生变化；若两个污点数据进行算术运算，由于计算结果取决于两个污点的属性，必定有一个污点的内容通过计算传播到了目的操作数，会产生污点传播，生成新的污点；若某个非污点的寄存器或内存操作数作为目的操作数与污点数据进行算术运算，则显然会产生污点传播。

逻辑运算类指令的污点传播情况与算术运算类指令的污点传播情况有些不同，而堆栈操作与复制或移动类函数调用指令的污点传播与复制或移动类指令的污点传播类似。"清零"类指令的执行结果始终为零，不会产生污点传播，但可能会引起污点删除。

综上所述，可将污点传播规则表示为如表 5-2 所示。

表 5-2　常见指令的污点传播规则

序号	指令类型	传播规则	示例
1	复制或移动类指令	$T(a) \leftarrow T(b)$	mov a, b
2	算术运算类指令	$T(a) \leftarrow T(b)$	add a, b
3	堆栈操作指令	$T(esp) \leftarrow T(a)$	push a
4	复制或移动类函数调用指令	$T(dst) \leftarrow T(src)$	call memcpy
5	"清零"指令	$T(a) \leftarrow false$	xor a, a

表 5-2 中，$T(x)$ 的取值分为 true 和 false 两种，取值为 true 时表示 x 为污点，反之则 x 不是污点。针对具体的指令格式，令 v_x 表示变量和参数，f_x 表示静态域，使用映射函数 $\tau(\cdot)$ 辅助污点传播，如表 5-3 所示。

表 5-3　污点传播关系表

指令格式	指令语义	污点传播规则	解释
const-op v_A C	$v_A \leftarrow C$	$\tau(v_A) \leftarrow \varnothing$	将 v_A 的标记清空
move-op v_A v_B	$v_A \leftarrow v_B$	$\tau(v_A) \leftarrow \tau(v_B)$	将 v_B 的标记赋值给 v_A
move-op R v_A	$v_A \leftarrow R$	$\tau(v_A) \leftarrow \tau(R)$	将返回值的标记赋值给 v_A
return-op v_A	$R \leftarrow v_A$	$\tau(R) \leftarrow \tau(v_A)$	设置返回值标记
move-op-E v_A	$v_A \leftarrow E$	$\tau(v_A) \leftarrow \tau(E)$	将异常处理变量的标记赋值给 v_A
throw-op v_A	$E \leftarrow v_A$	$\tau(E) \leftarrow \tau(v_A)$	设置异常处理变量标记
unary-op v_A v_B	$v_A \leftarrow \otimes v_B$	$\tau(v_A) \leftarrow \tau(v_B)$	将 v_B 的标记赋值给 v_A
binary-op v_A v_B v_C	$v_A \leftarrow v_B \otimes v_C$	$\tau(v_A) \leftarrow \tau(v_B) \bigcup \tau(v_C)$	将 $v_B \bigcup v_C$ 的标记赋值给 v_A
binary-op v_A v_B	$v_A \leftarrow v_A \otimes v_B$	$\tau(v_A) \leftarrow \tau(v_A) \bigcup \tau(v_B)$	将 $v_A \bigcup v_B$ 的标记赋值给 v_A
binary-op v_A v_B C	$v_A \leftarrow v_B \otimes C$	$\tau(v_A) \leftarrow \tau(v_B)$	将 v_B 的标记赋值给 v_A
aput-op v_A v_B v_C	$v_B[v_C] \leftarrow v_A$	$\tau(v_B[\cdot]) \leftarrow \tau(v_B[\cdot]) \bigcup \tau(v_A)$	将 v_A 的标记赋值给数组 v_B
aget-op v_A v_B v_C	$v_A \leftarrow v_B[v_C]$	$\tau(v_A) \leftarrow \tau(v_B[\cdot]) \bigcup \tau(v_C)$	将 v_B 的标记赋值给 v_A
sput-op v_A f_B	$f_B \leftarrow v_A$	$\tau(f_B) \leftarrow \tau(v_A)$	将 v_A 的标记赋值给域 f_B
sget-op v_A f_B	$v_A \leftarrow f_B$	$\tau(v_A) \leftarrow \tau(f_B)$	将 v_A 的标记赋值给 v_A
iput-op v_A v_B f_C	$v_B(f_C) \leftarrow v_A$	$\tau(v_B(f_C)) \leftarrow \tau(v_A)$	将 v_A 的标记赋值给域 f_C
iget-op v_A v_B f_C	$v_A \leftarrow v_B(f_C)$	$\tau(v_A) \leftarrow \tau(v_B(f_C)) \bigcup \tau(v_B)$	将（域 $f_C \bigcup$ 对象 v_B ）的标记赋值给 v_A

　　由于缺乏目标程序的源代码，对二进制程序进行污点分析的过程中存在一些局限性，主要包括以下几个方面。

　　(1)操作指令集不完备。由于 CPU 指令较多，目前大多数污点分析工具实现了对数据传输类指令、算数操作类指令、逻辑操作类指令和比较类指令等指令集合的污点分析，对于特殊的指令，如浮点运算指令、多媒体增强指令等，并没有进行污点分析，从而会导致分析不全面的问题。

　　(2)系统调用。目前程序执行轨迹跟踪仅在用户态空间进行分析，没有在内核层进行污点传播处理，会使污点分析不准确。

　　如图 5-11 所示为污点传播的过程，其中#1 和#2 为两个污染源，经过污点传播规则到达状态点 A、B、C、D、E、F 中，在各状态点中的数据只有未被污染(T)和被污染(F)两种表述形式，且数据的污染信息在程序指令的执行过程中同步更新(如 F 点完成污点合并操作)，每条指令执行完毕后，都要将源操作数的污染信息复制到目的操作数中，从而完成污点的传播过程。

2)污点数据结构提取

　　对于污点信息流，已经能够通过污点跟踪和函数监控进行污点信息流的流动分析，但是缺少对象级的信息，仅靠指令级的信息流动不能完全给出要分析的软件的确切行为。因此，需要在函数监控的基础上进行视图重建，如获取文件对象和套接字对象的详细信息。

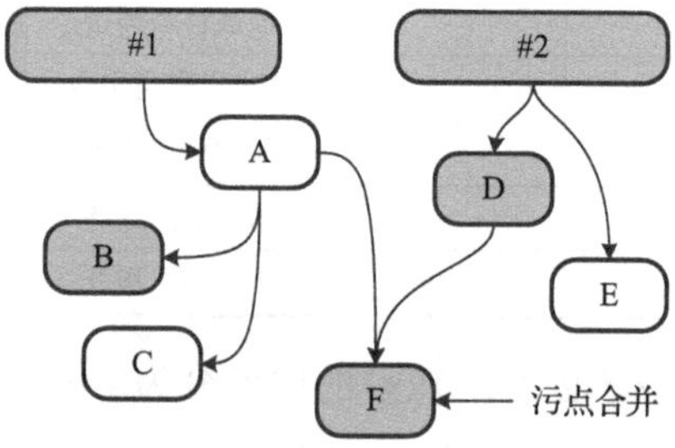

图 5-11　动态污点分析中污点传播过程示意图

　　以获取文件对象的详细信息为例，通过截取 NtReadFile() 和 NtWriteFile() 两个函数调用，可以得到文件对象的句柄。在 Windows 系统中，文件和其句柄一一对应，利用 Windows 系统提供的一些机制，可以通过文件句柄获取文件的信息。由于文件句柄是文件对象的底层表示，在 C 语言库中并没有可以直接获取文件名的函数。但是在 ntdll.dll 中有一个无文档的 API 函数 NtQueryInformationFile()，通过该函数可以获取一个文件句柄对应的文件对象的数据结构，如文件路径之类的信息。由于该函数没有文档记载，在 C++编程中不能如其他库函数一样通过使用.h 头文件和加载.lib 库来使用该函数。需要利用 LoadLibrary() 函数动态加载 ntdll.dll，并利用 GetProcAddress() 函数获取函数入口的内存地址，从而调用该函数。NtQueryInformationFile() 函数的原型如下代码所示。

```
NTSYSAPI NTSTATUSNTAPI
NtQueryInformationFile(
IN HANDLE                    FileHandle,
OUT PIO_STATUS_BLOCK         IoStatusBlock,
OUT PVOID                    FileInformation,
IN ULONG                     Length,
IN FILE_ INFORMATION_CLASS   FileInformationClass ); //执行原始指令
```

　　FileHandle 为文件的控制句柄，插桩 NtFileRead() 和 NtFileWrite() 函数可得到该句柄；IoStatusBlock 保存函数调用结果；FileInformationClass 存储该函数的返回值信息；Length 指

定 FileInformation 指针指向内存区域的大小。FileInformation 指针指向的区域存放待获取的文件内容，指针为 POBJECT_NAME_ INFORMATION 类型。

获取套接字对象的信息比获取文件对象的信息相对容易，可以利用套接字的编号获取传输对象的信息。直接利用 Winsock 提供的 getpeername()函数，可从中获取套接字对象传输对等方的 IP 地址。该函数的原型如下代码所示。

```
int PASCAL FAR
getpeername (
    IN SOCKET s,
    OUT struct sockaddr FAR *name,
    IN OUT int FAR *namelen );
```

其中，s 为插桩得到的套接字对象的编号；name 为该套接字的 IP 地址信息，包括 IP 地址以及网络端口号；namelen 是存储 IP 地址信息的内存区域大小。利用得到的 IP 地址信息，可以分析污染数据的最终流向。

3. 污点动态跟踪实现

根据漏洞分析的需求，污点分析应包括两方面信息：①污点的传播关系，对于任一污点能够获知其传播情况；②对污点数据进行处理的所有指令信息，包括指令地址、操作码、操作数及在污点处理过程中这些指令执行的先后顺序等。

在污点分析过程中，影子内存用于存放当前时刻存在的有效污点。所谓影子内存，是指在程序动态执行过程中，记录的某些真实内存的镜像。基于影子内存的污点分析技术的基本思想是将程序执行过程中产生的污点全部用影子内存的方式记录下来，以便分析各污点之间的动态传播关系。利用内存 hash 的方法来实现对影子内存中污点存放位置的快速查找。当遇到会引起污点传播的指令时，首先对指令中的每个操作数都通过污点快速映射查找影子内存中是否存在与之对应的影子污点，从而确定其是否为污点数据；然后根据前面介绍的污点传播规则得到该指令导致的污点传播结果，并将传播产生的新污点添加到影子内存和污点传播树中，同时将失效污点对应的影子污点删除。

对于一条指令是否涉及污点数据的处理，需要在污点分析过程中动态确定，因此，对处理污点数据的指令信息的记录，可以在污点分析过程中按指令执行的时间顺序以指令链表的形式进行组织。

污点传播及结果表示形式如图 5-12 所示。影子内存是真实内存中污点数据的镜像，用于存放程序执行的当前时刻所有的有效污点；污点传播树表示污点的传播关系；而污点处理指令链表则按时间顺序存储与污点数据处理相关的所有指令。

4. 污点净化规则

污点净化是指在处理某些指令时，尽管操作数的取值是被污染的，但是结果是不被污染的。从数据流分析的角度看，污点数据在指令执行后得到了净化。在污点分析过程中，对可能进行污点净化的指令做特殊考虑。如逻辑运算类指令的污点传播情况与其他指令不同，需要考虑结果是否依赖于被污染的输入数据。例如，常见的 and、or、xor 等指令。对于 and 指令，其运算表如表 5-4 所示。

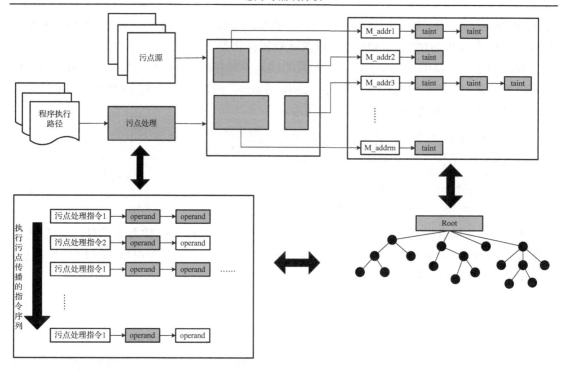

图 5-12　污点传播及结果表示形式示意图

表 5-4　and 指令真值表

A	B	A and B
0	0	0
0	1	0
1	0	0
1	1	1

如果 A 是被污染的，同时 B 不被污染，则结果是不被污染的，因为 A and B 的结果并不依赖于 A；如果此时 B 是被污染的，则结果是被污染的。

对于 or 指令，其运算表如表 5-5 所示。

表 5-5　or 指令真值表

A	B	A or B
0	0	0
0	1	1
1	0	1
1	1	1

对于 xor 指令，其运算表如表 5-6 所示。

5. 动态代码插桩

插桩指在被分析的程序的控制流中，插入用户定义的代码，从而对该程序的行为进行监控。插桩根据插桩时机的不同,可分为源代码插桩、编译时插桩、链接时插桩和运行时插桩。

表 5-6　xor 指令真值表

A	B	A xor B
0	0	0
0	1	1
1	0	1
1	1	0

在二进制程序分析中,由于分析目标的特殊性,普遍采用运行时插桩。运行时插桩也称动态插桩,是指在可执行程序运行时,插入二进制代码,对程序行为进行监控。动态插桩可以在没有源代码的情况下,通过加入额外的二进制代码,输出程序运行的状态信息等。

典型的插桩分析过程可分为两步:第一步是插桩操作,确定在何时、在何处插桩;第二步是分析操作,即"桩程序"实际执行过程中完成的操作。常用的二进制动态插桩引擎有 Valgrind 和 Pin。

Valgrind 是一款开源的动态插桩引擎,提供丰富的 API,方便用户实现自定义的插桩分析,支持基于 x86、AMD64 的 Linux 和 Darwin 系统,以及基于 ARM 的 Android 系统等。

Pin 是跨平台动态插桩工具,对原始的二进制程序进行插桩,且可以采用不同粒度的插桩,如函数级别、轨迹级别及指令级别等。Pin 支持基于 x86、x86-64 的 Windows、Linux、MaxOS 系统。整个动态插桩引擎包含三部分:插桩接口 API、虚拟机(Virtual Machine,VM)和代码缓存(Code Cache),如图 5-13 所示。Pintool 为用户自定义的插桩代码,借助 Pin 提供的插桩接口 API 插入用户的分析代码,虚拟机包含一个即时编译器(JIT Compiler)和一个模拟单元(Emulation Unit)。应用程序和插入的分析代码经过 JIT 编译后存入代码缓存,后续执行相同代码时可以直接利用缓存中的内容,不需要再经过编译过程,实现一次插桩多次执行,减少插桩操作的时间开销。模拟单元完成与主机系统的交互,包括内存管理、调度等。

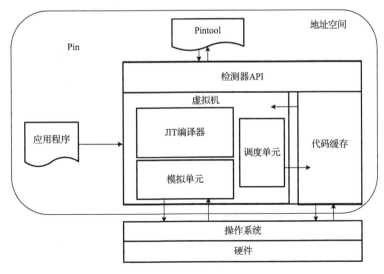

图 5-13　Pin 插桩框架结构图

　　Pin 和 Valgrind 采用的策略不同，Pin 直接在机器代码的基础上进行插桩，Valgrind 则首先将应用程序代码转换为 VexIR 中间语言表示，在此中间语言表示上执行插桩，然后将插桩后的中间语言表示编译为机器代码。

　　如图 5-14 所示的代码段，经过 Pin 插桩插入一些用户定义的代码，结果如右边所示。根据 inst 数组元素的值即可确定哪些代码被执行过。

```
1    void sci() {
2        int num = 0;
3        for (int i=0; i<100; ++i) {
4            num += 1;
5            if (i == 50) {
6                break;
7            }
8        }
9        printf("%d", num);
10   }
```
源代码

```
1    char inst[5];
2    void sci() {
3        int num = 0;
4        inst[0] = 1;
5        for (int i=0; i<100; ++i) {
6            num += 1;
7            inst[1] = 1;
8            if (i == 50) {
9                inst[2] = 1;
10               break;
11           }
12           inst[3] = 1;
13       }
14       printf("%d", num);
15       inst[4] = 1;
16   }
```
插桩后的代码

图 5-14　代码插桩示例

6. 污点误用检查

　　在正确标记污点数据并对污点数据的传播进行实时跟踪后，需要检查污点数据是否有非法使用的情况。

1) 污点敏感点

　　污点敏感点，即 sink 点，是污点数据有可能被误用的指令或系统调用点，可分为如下几种。

　　(1) 跳转地址。检查污点数据是否用于跳转对象，如返回地址、函数指针、函数指针偏移。攻击者可以利用污点数据覆盖这些对象，劫持程序控制流，使其转向攻击者的 shellcode 代码，或者程序的其他地方。通常污点数据在正常使用时，很少被用作程序跳转的对象。因此，检测污点数据是否被用作跳转对象可以准确地检测出攻击行为并且误报率很低。具体的操作是在每个跳转类指令(如 call、ret、jmp……)执行前进行监控分析，保证跳转对象不是污点数据所在的内存地址。

　　(2) 格式化字符串。检测污点数据是否被用作 printf() 家族中标准函数的格式化字符串参数。攻击者可以通过提供恶意的格式化字符串使程序泄露数据，或在任意指定内存写入任意值。具体的操作是在 printf() 家族函数执行前获取格式化字符串参数，如果该参数有污点数据，则可能存在攻击行为。

　　(3) 系统调用参数。可以检测特殊系统调用的参数是否为污点数据，该检测对捕获多数基于系统参数漏洞的攻击都非常有效。

2) 污点误用规则

在进行污点误用检查时，通常需要参照一些规则，这些规则在漏洞分析领域也称为漏洞模式。如对于函数原型"char*strcpy (char*dest，char*src)"，一般检查参数"src"是否被污染，而不是检查参数"dest"是否被污染，因为只有"src"被污染才可能导致缓冲区溢出漏洞。

常见的软件漏洞类型有缓冲区溢出(栈溢出和堆溢出)、整数溢出、命令注入、格式化字符串、SQL 注入、跨站点脚本等漏洞。此外，资源分配和释放函数配对问题(malloc/free，open/close 等)、空指针解引用问题、内存申请失败等也会引起漏洞。许多漏洞在形态上有相似之处，如都需要系统库函数来触发，这些函数一般用于执行特定的操作，如命令执行函数system、缓冲区内容复制函数 strncpy () 等。

对于二进制软件漏洞挖掘，要明确常见的安全漏洞在二进制代码上的表现形式。缓冲区溢出、格式化字符串、命令注入及 SQL 注入等漏洞都需要系统库函数来触发。若该库函数的关键参数受外界直接或间接地控制(即存在污点误用情况)，则会导致漏洞触发，表 5-7 列出了常见的可能导致缓冲区溢出漏洞的 C/C++的 sink 点函数及原型。

表 5-7　常见的 C/C++的 sink 点函数及原型

序号	函数名	系统库	原型
1	strcpy ()	MSVCR	char *strcpy (char *dest, char* src)
2	strcat ()	MSVCR	char *strcat (chare* dest, char* src)
3	strncpy ()	MSVCR	char *strncpy (char *dest, char* src, int len)
4	strncat ()	MSVCR	char *strncat (chare* dest, char* src, int len)
5	lstrcpy ()	KERNEL32	LPTSTR Istrcpy (LPTSTR IpString1,LPTSTR IpString2)
6	lstrcpyn ()	KERNEL32	LPTSTR Istrcpyn (LPTSTR IpString1,LPTSTR IpString2, int iMaxLength)
7	memcpy ()	MSVCR	void *memcpy (void*dest,void*sre,unsigned int count)
8	memccpy ()	MSVCR	void *memccpy (void*dest,void*sre, unsigned char ch, unsigned int count)
9	strccpy ()	MSVCR	char *streepy (char *output,const char *input)
10	strcadd ()	MSVCR	char*streadd (char *output,const char *input)
11	wescpy ()	MSVCR	Wchar_t*wescpy (wchar_t*strDestination,wchar_t*strSource)
12	wescat ()	MSVCR	Wchar_t*wescat (wchar_t*strDestination,wchar_t*strSource)
13	_mbccpy ()	MSVCR	void_mbecpy (unsigned char *dest,const unsigned char *sre)
14	_mbsnbcat ()	MSVCR	unsigned char * _mbsnbcat (unsigned char *dest, const unsigned char *src, size_t count)
15	_mbsnbcpy ()	MSVCR	unsigned char * _mbsnbcpy (unsigned char *strDest, const unsigned char *strSource, size_t count)
16	_mbsncat ()	MSVCR	unsigned char * _mbsncat (unsigned char *strDest, const unsigned char *strSource, size_t count)
17	_mbsncpy ()	MSVCR	unsigned char * _mbsncpy (unsigned char *strDest, const unsigned char *strSource, size_t count)
18	_tcscpy ()	MSVCR	tchar_t * _tcscpy (wchar_t *strDestination, wchar_t *strSource)
19	_tcscat ()	MSVCR	tchar_t * _tcscat (wchar_t *strDestination, wchar_t *strSource)
20	_mbscpy ()	MSVCR	unsigned char *_mbscpy (wchar_t *strDestination, wchar_t *strSource)

不同的语言和平台的漏洞模式种类不相同；对于不同的分析对象，漏洞模式在形态上也

不尽相同。在二进制层面，sink 点的 strncpy() 可能表现为_imp_strncpy() 或 strncpy()，因此需要总结收集，才能获取完整、准确的漏洞模式信息，以便更有效地指导自动化安全分析工具。

5.3.2　动态污点分析应用

本节以使用 Pin 插桩检测 UAF 漏洞为例介绍动态污点分析的应用。当一个指针在释放后又重新被使用会造成 UAF 漏洞，该漏洞在 C++程序中广泛存在。例如，变量 A 初始化后又进行释放操作，在之后初始化另一变量 B，其可能位于和 A 相同的内存区域，当再次调用 A 进行操作时，将会造成 UAF 漏洞。

如下代码所示的 C 程序，分配了一个 32 字节的内存，在第一次把 buf[0]赋值给 c 后，释放了 buf，然后又重新把 buf[0]赋值给 c 即会造成 UAF 漏洞。

```
1      int main(int ac, char **av)
2      {
3          char *buf;
4          char c;
5          if (!(buf = malloc(32)))
6              return -1;
7          c = buf[0];            //UAF not match
8          free(buf);
9          c = buf[0];            //UAF match
10         buf = malloc(32);
11         c = buf[0];            //UAF not match
       }
```

使用 Pin 在 malloc 和 free 函数处捕获所有调用，当执行 malloc 时将这些信息（如基址、大小）保存在列表中，并分配一个状态（allocate 或 free）。执行 free 操作后，将标志设置为 free。然后当执行 load 或 store 操作时，检查此地址是否在列表中并检查其标志。如果标志是 free 并且在 load 和 store 中具有访问权限，则出现了 UAF 漏洞。

使用 Pin 可以在触发符号时执行回调，当出现符号 malloc 或 free 时，初始化 Pin 符号并添加回调，如下代码所示。

```
PIN_InitSymbols();
if(PIN_Init(argc, argv)){
    return Usage();
}
```

然后在处理 handler image 时为特定符号添加回调。

```
VOID Image(IMG img, VOID *v)
{
  RTN mallocRtn = RTN_FindByName(img, "malloc");
  RTN freeRtn = RTN_FindByName(img, "free");
  if (RTN_Valid(mallocRtn)){
    RTN_Open(mallocRtn);
    RTN_InsertCall(
      mallocRtn,
      IPOINT_BEFORE, (AFUNPTR)callbackBeforeMalloc,
```

```
            IARG_FUNCARG_ENTRYPOINT_VALUE, 0,
            IARG_END);
        RTN_InsertCall(
            mallocRtn,
            IPOINT_AFTER, (AFUNPTR)callbackAfterMalloc,
            IARG_FUNCRET_EXITPOINT_VALUE,
            IARG_END);
        RTN_Close(mallocRtn);
    }
    if (RTN_Valid(freeRtn)){
        RTN_Open(freeRtn);
        RTN_InsertCall(
            freeRtn,
            IPOINT_BEFORE, (AFUNPTR)callbackBeforeFree,
            IARG_FUNCARG_ENTRYPOINT_VALUE, 0,
            IARG_END);
        RTN_Close(freeRtn);
    }
}
int main(int argc, char *argv[])
{
    ......
    IMG_AddInstrumentFunction(Image, 0);
    ......
    return 0;
}
```

在这些回调（load/store）中，保存并监视所有的分配操作，并检查目标地址/源地址是否都
已经分配或释放，最终的输出结果如下所示。

```
$ ../../../pin -t ./obj-intel64/Taint.so -- ./test
[INFO]          malloc(32) = 618010
[INFO]          free(618010)
[UAF in 618010] 7f0257cb9ccb: mov qword ptr [rbx+0x10], rdx
[UAF in 618010] 4005c9: movzx eax, byte ptr [rax]
[UAF in 618010] 7f0257cba77f: mov r8, qword ptr [r14+0x10]
[INFO]          malloc(32) = 618010
$
```

5.4　本　章　小　结

本章主要对污点分析的概念和应用进行了阐述，分别介绍了静态污点分析和动态污点分
析两种技术，二者在实现、应用方面均有一定的差异，并对动、静态污点分析在漏洞分析中
的应用进行了实例讲解。

5.5　习　　题

(1) 简述污点分析的三个基本环节。

(2) 各列举 4 条以上动、静态污点分析的相同点和不同点。

(3) 编写一个小型 C 语言程序，使 Pin 插桩工具向该程序插桩。

(4) 编写一个小型 C 语言程序，通过查找资料，使用 DynamoRIO 框架向该程序插桩。

第 6 章　符号执行技术

本章介绍符号执行的基本概念和原理，梳理符号执行的发展脉络，给出符号执行在漏洞挖掘分析方面的应用。然后介绍几种符号执行技术的对比分析，并阐述符号执行存在的难题和相关的缓解措施。

6.1　符号执行概述

符号执行是 20 世纪 70 年代中期引入的一种重要的程序分析技术，用于测试某个软件是否违反某些属性规约。通过符号执行技术，程序中的变量被表示为符号值和常量组成的计算表达式，程序的输出被表示为输入符号的函数，在具体执行过程中，可以探索程序在不同输入下能够执行的多个路径。在软件测试领域中，可以通过使用符号执行在给定的时间内探索尽可能多的不同程序路径。

符号执行技术在软件测试和程序验证中发挥着重要作用，并可以直接应用于程序漏洞的检测，也可用于辅助构造程序测试用例、程序静态分析中的路径可行性分析等。符号执行使用数学和逻辑符号对程序进行抽象，有两个方面的优势：①一次符号执行相当于常规执行有限个输入或无限多个输入(输入等价类)；②获得变量和路径条件的逻辑表达式，通过严谨的推理，可以得出程序的多种属性。

6.1.1　基本概念

符号执行的研究可以追溯到 20 世纪六七十年代，起源于程序有效性判定问题。当时关于程序有效性的研究主要集中在程序正确性证明和程序调试两个领域。

Floyd 在 1967 年给程序正确性下了一个定义：任何满足输入谓词的输入，在程序执行后都要满足输出谓词。并提出了一种证明程序正确性的方法即归纳断言法。该方法在程序中的适当位置插入中间断言，并用归纳法证明：如果输入谓词和中间断言成立，则输出谓词成立。与归纳断言法不同，建立中间断言需要对程序有足够精细的分析，因此中间断言很难适用于复杂的大型程序。此外，归纳断言法的证明需要建立一个包括所有的编程语言、操作系统和硬件在内的完备公理化系统，保证论证语句、断言和证明过程对于该公理化系统都是正确无误的，而建立这样的公理化系统也是极其困难的。

程序调试也可以用于程序有效性判定，但是程序调试无法找出程序中的所有错误，更不能证明程序是正确的。程序调试的关键是选取测试数据，对此研究人员先后提出语句测试、通路测试、整体结构测试和功能测试等方法。但是由于程序的错误类型多，大型程序的结构异常复杂，有效选取测试数据仍非常困难。不少研究者认为证明程序正确性是不可解的，而用程序调试保证程序正确性同样不可行。在这种背景下，符号执行应运而生。

符号执行是一种使用符号值代替具体值执行程序的技术，最先用于软件测试领域。符号是表示取值集合的记号，使用符号执行分析程序时，对于某个表示程序输入的变量，用符号表示其取值，该符号可以表示程序在此处接收的所有可能的输入值。

符号执行的基本分析过程如下：首先将程序中的一些需要关注但又不能直接确定取值的变量用符号(也称符号化)表示；然后逐步分析程序可能的执行流程，将程序中变量的取值表示为符号和常量的计算表达式，在遇到程序分支时，通过符号执行搜索每个分支，将分支条件加入路径约束条件中；最后，通过约束求解器对约束条件进行求解，验证约束的可解性，以判断该路径是否可达。

程序正常执行和符号执行的主要区别是：正常执行时，程序中的变量可以看作被赋予了具体的值，是真实的动态执行过程；而符号执行是一种虚拟执行，通常是静态的，程序中变量的值既可以是具体的值，也可以是符号值，在执行过程中符号值会被表示为运算表达式。

对于如下所示的代码，有 3 个 if 条件语句的存在，程序片段中存在 8 条不同的程序路径。如何得到程序执行永真路径的输入？

```
1  scanf("%d%d%d", &a, &b, &c);
2  if (a>2){
3     ......
4  }
5  if (a+6>5){
6     ......
7  }
8  if (b+c>3){
9     ......
10 }
```

使用符号执行的具体做法如下：符号执行将接收程序输入的三个变量 a、b、c 当作符号来处理，模拟程序的执行。当模拟过程中遇到条件分支语句(第 2 行)时，选择其中条件为真的分支继续模拟执行的过程，进而获得程序执行这条路径的条件是 a>2，同理，如果每次遇到条件分支，都选择条件为真的路径，则得到 a>2∧a+b>5∧b+c>3,对于满足上述条件的输入，如 a=3、b=3、c=3，程序将执行三个条件都为真的路径。

6.1.2　发展脉络

符号执行能够辅助程序验证和程序调试自动生成测试用例，但是与约束求解能力息息相关。而约束求解问题是 NP 难问题，在 21 世纪之前没有通用的算法。1976 年，最早的符号执行系统 EFFIGY 采用人工交互的方式，不是靠约束求解器判断路径是否可行，而是由人为选择路径执行。1987 年，Prether 在 *The path-prefix software testing strategy* 一文中提出路径前缀测试策略。研究者为了能够实际应用符号执行，需要抛开约束求解能力的限制，将符号执行技术和路径前缀测试策略结合起来，用于测试数据的自动生成。而时间证明，这些研究并没有得到广泛的认可和应用。因此，符号执行提出之后，很快进入停滞期。

进入 21 世纪后，随着约束求解能力的日益增强，以及可满足性理论(Satisfiability Modulo Theories，SMT)的逐渐成熟，结合符号执行与约束求解器来产生测试用例的输入成为一个比较热门且实用的研究方向。2007 年，斯坦福大学的 Cadar 等研发出了一个自动生成测试用例的符号执行工具 EXE(Execution Generate Executions)，该工具使用了 STP 约束求解器。EXE 能够遍历程序的所有路径，并且利用 STP 为可达路径的约束求出具体的测试输入。此外，EXE

在符号执行遇到危险操作(如指针解引用)指令时,能够依据当前执行路径的 PC,判定是否存在某个会触发 bug 的输入值。如果存在,EXE 能够求解出这个具体的输入值,并进一步通过具体执行该输入值来确认是否存在误报。但是,EXE 在约束求解上的时间开销过大,并且面临路径爆炸、环境交互等问题。

为了缓解这些问题给符号执行带来的影响,2008 年,Cadar 等又在 EXE 的基础上研发出一个能够面向复杂系统程序自动生成高代码覆盖率测试用例的静态符号执行系统 KLEE。KLEE 使用覆盖率优化搜索、随机路径搜索等启发式路径搜索策略,在尽可能覆盖所有路径的情况下,缓解路径爆炸带来的影响;使用查询优化和缓存约束求解结果等方式来减少约束求解器的时间开销;使用环境建模的方式来处理文件系统操作等优化环境交互问题。KLEE 累计检测出包括 Coreutils 和 BusyBox 等工具集在内的 56 个 bug。除了 EXE 和 KLEE,2007 年,Anand 等结合约束求解和符号执行技术为面向 Java 程序的模型检测工具 JPF(Java Path Finder)研发了具有符号执行功能的扩展版本 JPF-SE。

2005 年,Godefroid 等研发了第一个动态符号执行工具 DART(Directed Automated Random Testing)。动态符号执行(Dynamic Symbolic Execution,DSE)又叫 Concolic (Concrete & Symbolic 的合成) 执行。该方法将符号执行与程序具体执行相结合,首先让待测程序具体运行起来,当发现新的路径时,收集路径的约束条件,然后按照一定的路径选择策略(深度优先、广度优先、智能启发式等)对某个约束条件进行取反,构造出一条新的可行的路径约束,并用新约束结合约束求解技术产生新的程序输入。接着,符号执行引擎对新输入值进行一轮新的分析。在执行过程中,可以调用漏洞检测工具对该条路径进行检测,从而发现该路径上潜在的漏洞。如此,直到程序的所有可达路径空间被测试完。动态符号执行的优点是:①准确性高,误报率低;②检测速度快,系统开销低;③不需要被测程序的源代码,自动执行测试,不需要人工干预。尽管如此,动态符号执行本身完全依赖于执行信息,而没有利用静态信息,因此易出现循环陷入的情况,导致测试路径覆盖率不高。同时,由于无法获取被测程序的完整的控制流图,动态符号执行在针对特定目标点测试的覆盖率上无法与静态符号执行相比。无论是静态符号执行还是动态符号执行都存在路径爆炸和程序过程间分析的时间、空间花销巨大等问题。

DART 是为了满足向单元测试中写驱动,以及写与外部环境交互的工具代码等需求,能够实现程序自动接口的抽取、测试用例的生成、自动执行多条不同路径、检测程序崩溃和断言错误等功能的工具,但其在应用上仍有局限。2005 年,Sen 等研发了面向 C 语言的动态符号执行自动测试工具 CUTE(Concolic Unit Testing Engine),并开发了适用于 Java 程序的 jCUTE。这两款工具在 DART 的基础上,将动态符号执行技术扩展到了多线程应用程序,并且采用可处理指针操作的动态数据结构。2007 年,微软研究院的 Godefroid 等在对 DART 的进一步研究中研发了 SAGE(Scalable Automated Guide Execution)工具。SAGE 采用一种基于动态符号执行的白盒模糊测试技术,是对动态符号执行研究的又一次突破。SAGE 将动态测试生成技术从单元测试扩展到了全局测试,能够对拥有上百万条指令的大型应用程序进行解析,并对上亿条机器指令进行跟踪,从而发现 Windows 和 Linux 平台下的许多安全漏洞。2008 年,基于动态符号执行的白盒测试技术工具 Pex 被用于.NET 程序的测试用例自动生成。2010 年,为了减少不可执行的代码对程序测试覆盖率整体评估的负面影响,提高覆盖率统计的准确性,Baluda 等研发了动态符号执行工具 CREST,该工具能够预先对测试代码中的不可执行代码进行准确的识别和消除。2015 年,Chen 等在使用 CREST 的基础上对路径发散进行了实证研究，分析了造成这种现象的主要模式。外部调用、异常、类型强制转换和符号指针是动态符号执行的关键点，需由引擎精细处理以减少路径分歧的数量。Zhang 等提出了一种新的动态符号执行方法，该方法可以自动找到满足常规属性即可由有限状态机表示的属性（如文件使用或内存安全性）的程序路径。动态符号执行由有限状态机引导，因此会首先探索最可能满足该属性的执行路径分支。该方法利用静态和动态分析来计算要选择的探索路径的优先级，即在符号执行期间动态地计算当前执行路径已经到达的有限状态机的状态，而反向数据流分析用于静态地计算未来的状态，如果这两个集合的交集是非空的，则可能存在满足该属性的路径。

针对符号执行时程序过程间分析的时间、空间开销大的问题，2007 年，Godefroid 又提出了组合（Compositional）符号执行的思想，研发了基于 DART 思想的工具 SMART（Systematic Modular Automated Random Testing）。SMART 针对 DART 进行单元测试中的每个函数过程，都单独进行符号执行，记录其摘要信息，并根据这些信息来指导后续分析。求解和进行路径搜索时，可以复用这些摘要信息。组合符号执行为程序全局分析能力的提高做出了贡献，但是以牺牲精度为代价。此外，为了提高符号执行技术对循环程序的处理能力，2009 年，Saxena 等团队研发了符号执行工具 LESE（Loop-Extended Symbolic Execution），引入变量对符号执行中遇到的每一处循环的次数进行符号模拟，并对此类符号变量进行相关处理。

由于多数发行软件不公开源代码，因此需要研究能够直接针对二进制程序进行符号执行的方法。静态符号执行工具（包括 KLEE）不能处理二进制程序，而动态符号执行工具虽然不需要源代码，却无法获取被测程序完整的控制流图。对此，2008 年，Song 等研发了二进制分析平台 BitBlaze，BitBlaze 能够将前端提供的二进制程序转换为中间语言，供后端进行符号执行、程序验证等相关分析，且能获取完整的控制流图信息。2011 年，Brumley 等在 BitBlaze 使用的 Vine 组件的基础上开发了新的二进制分析平台（Binary Analysis Platform，BAP）。BAP 在 Vine 基础上重新定义了中间语言的规范语义信息，并且添加了对 ARM 平台的支持。

针对路径爆炸问题，2011 年，EPFL 的 Chipounov 等提出了选择性符号执行（Selective Symbolic Execution）的概念，并研发了相应的符号执行平台 S2E。S2E 的核心思想是对关注的目标代码层实施多路径的符号执行，如库函数，而对系统内核函数和其他应用函数的调用实施单路径的具体执行。S2E 的实现基于 KLEE、QEMU 和 LLVM。

2012 年，卡内基·梅隆大学研发了工具 Mayhem，提出混合符号执行（Hybrid Symbolic Execution）的概念，并对上述的部分研究工具做了归类。他们将静态符号执行工具如 KLEE，以及基于 KLEE 的选择性符号执行工具如 S2E 等归为在线式执行器（Online Executor），将动态符号执行工具（Concolic Executor）如 DART、SAGE 等归为离线式执行器（Offline Executor）。在线式执行器力求在对目标代码层的一次符号执行过程中探索完所有的路径，时间和空间的开销巨大（如路径状态空间爆炸）。离线式执行器则在程序的一次符号执行过程中仅探索一条路径，然后再迭代探索剩余路径。如果资源有限，在线式执行器有可能在符号执行尚未结束时就已经崩溃。而离线式执行器虽然仍旧面临路径状态爆炸的问题，但是由于每次仅选择一条路径执行，执行器不会崩溃。然而，在线式执行器不会重复执行代码的某部分，而离线式执行器则经常重复执行。Mayhem 采用的混合符号执行是离线式执行器和在线式执行器的折中，并且同时保持了两种执行器的优点，在执行速度上超出离线式执行器 2～10 倍。此外，Mayhem 采用索引的方式在二进制级别上实现了对符号内存（内存地址取决于用户输入）的建模，而这是前述所有工具都无法做到的。在这些工作的基础上，Mayhem 发现了 Linux 和

Windows 程序中 29 个可以利用的漏洞(含两个未公开漏洞)。

为了减少路径爆炸,研究人员先后提出:①裁剪掉相同副作用的路径;②合并不同路径的状态;③优化选择策略来遍历特定的路径。通过裁剪或者合并路径的方式来缓解路径爆炸的效果不明显。目前普遍采用基于符号执行引导的模糊测试技术,利用模糊测试的速度优势,不仅解决了模糊测试的盲目性问题,也缓解了符号执行的路径爆炸问题。UCSB 基于该思想开发了二进制分析平台 ANGR,集成现有的二进制分析技术,方便各种技术的比较以及再开发。并且基于 ANGR 和 AFL(American Fuzzy Lop)设计了系统 Driller,参加 DARPA 举办的 CGC(Cyber Grand Challenge)挑战赛。Driller 结合模糊测试和选择符号执行的优势,进而发现深层次的漏洞。其中模糊测试的作用是测试单个独立的代码块,而选择符号执行的作用是生成满足特定条件的输入,从而从一个代码块进入另一个代码块。通过优势互补,该系统能够缓解符号执行的路径爆炸问题,同时能够解决模糊测试的盲目性问题。

还有一类解决路径爆炸的方法是只执行部分程序片段,也称为约束条件下符号执行。但是这种方法有两个缺点:①无法确保通过特定的上下文(内存、寄存器等)来触发该程序片段的漏洞;②与静态分析类似,难以生成特定的输入使程序进入该代码片段重现漏洞。

由以上分析可知,符号执行在路径遍历过程中面临的路径爆炸问题无法完全解决,且会造成严重的系统性能开销。改进的符号执行技术虽然从一定程度上缓解了路径爆炸问题,但面临软件规模和复杂性的持续增长,需要探索新的符号执行优化方法来应对面临的挑战。

6.2　符号执行的原理

本节阐述符号执行的基本原理,分别从正向符号执行和逆向符号执行两个类别阐述其过程、原理和作用。

6.2.1　正向符号执行

正向符号执行是沿着程序路径进行分析。在静态层面,程序由多个函数组成。正向符号执行按顺序分析不同的过程。

符号执行的关键是如何对内存建模,以支持对有指针和数组程序的分析。需要将变量映射,并且将内存地址映射为符号表达式或具体值来扩展内存存储的概念。通常,可以把显式模拟内存地址的存储 σ 作为将内存地址(也称索引)与具体值或符号值上的表达式相关联的映射。

内存建模会影响约束求解的可伸缩性。当在内存建模操作中引用的地址是一个符号表达式时就会出现符号内存地址的问题。King 将内存地址视为完全符号化的状态派生和 if-then-else 公式。如果操作从符号地址读取或写入符号地址,则通过考虑该操作所有可能导致的状态来派生该状态。路径约束将对每个派生状态进行相应的更新。If…then…else 公式将符号指针的可能值的不确定性编码保存在符号存储区和路径约束的表达式中,而不会产生任何新状态,关键思想是利用某些求解器对包含 ite(c,t,f)形式的 if…then…else 公式进行推理,如果 c 为真,则生成 t,否则生成 f。

对内存进行建模后,就需要进行符号分析,同数据流分析一样,正向符号执行也可分为函数内分析和函数间分析两个部分。函数内分析只对单个过程的代码进行分析,函数间分析则对整个软件代码进行上下文敏感的分析。所谓上下文敏感分析,是指在当前的函数入口点,要考虑当前的函数间调用信息和环境信息等。程序的函数间分析是在函数内分析的基础上进行的，但函数内分析中包含函数调用的同时也就引入了函数间分析，因此两者之间是相对独立又相互依赖的关系。

1. 函数内分析

使用符号执行进行函数内分析时，根据语句或指令的语义，利用分析规则、变量的符号表示、取值约束，添加或更新符号表达式或符号取值约束。同时，根据需要对取值约束进行求解。求解的结果可用于化简符号取值约束的表示、路径可行性的判断或漏洞存在性的判断。在该分析过程中，主要关注赋值语句、控制转移语句、过程调用语句以及一些变量声明语句。

1) 声明语句分析

在软件代码中，声明语句可以用来对变量、数组等进行命名和定义。通过声明语句，变量被分配一定大小的存储空间，该空间的大小会影响缓冲区溢出漏洞的存在与否。使用符号执行技术检测缓冲区溢出漏洞时，需要将分配给变量的存储空间大小作为约束条件并进行记录。如图 6-1 所示，对于声明语句 "int a[20]"，可记录数组 a 的约束条件为大小等于 20。

分析声明语句的另一个目的是发现程序中的全局变量。在 C 语言程序分析中，结合程序代码文件之间的关系，可以了解全局变量的作用范围，如全局变量是只作用于单个文件还是作用于某些文件。明确全局变量在程序中的作用范围有助于过程间的分析。

2) 赋值语句分析

赋值语句可以将被赋值变量的取值表示为符号和常量的表达式。以分析三地址码形式的程序语句为例，在三地址码的表示中，赋值语句的左端是被赋值的变量，而右端是原子操作。如图 6-2 所示的语句 "x = x + 3"，如果在分析该语句前，变量 x 的取值用符号表达式 a+b+1 表示，将赋值语句右端的 x 用其符号表达式表示，代入该赋值语句中，计算 a+b+1+3，可得到变量 x 的新符号表达式为 a+b+4。如果变量 x 之前的取值表示在之后的分析中不会被用到，则直接使用新取值表示代替原来的取值表示。

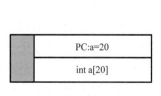

图 6-1　声明语句

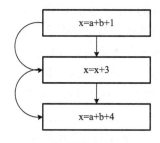

图 6-2　赋值语句

赋值语句还包括和数组元素相关的赋值，使用符号执行检测程序漏洞时，常常对数组下标进行检查，判断对数组元素的访问是否存在越界。如图 6-3 所示，对于赋值语句 "a[i]=1;" 或者 "b=a[i];"，如果在之前的分析中已经记录了数组 a 的大小是 20，此时对变量 i 的取值范围进行检查，结合路径条件和变量 i 取值的符号表示，利用约束求解判断约束 i>20∨i<0 是否可满足。当约束可满足时，认为对数组元素的访问可能会越界。

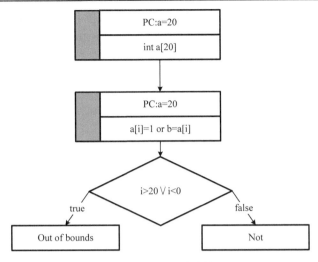

图 6-3 赋值语句判断

对于形如 "a[i]=j;" 的数组元素赋值，根据分析需要，以某种形式记录数组元素的赋值，当分析中遇到形如 "b=a[i]+k;" 这种类型时，可以静态估计 b 的可能取值。由于程序中数组元素的下标常常是变量，而静态分析通常不能精确地确定变量的取值，因此通常以集合的形式记录数组元素的取值，如用集合 {1, 2, x+3} 表示数组 a 中元素的可能取值，当需要用到数组 a 中的元素时，其取值是 1、2 或 x+3。此外，还可以使用相对精确的方式记录数组元素的取值，即记录下标和取值的对应关系，如当记录数组 a 的下标为 x+3 时，其取值为 1，当分析中需要再次用到数组 a 中下标为 x+3 的元素时，根据该记录可以确定其取值为 1，相对复杂的记录可以提高分析的精确度，但同时增加了分析的空间和时间开销。

分析与指针变量相关的赋值语句相对复杂。在分析中不仅需要考虑指针变量的取值，还需考虑其指向的内容，并且指针的错误使用通常都会引发程序异常。相对精确地分析指针变量，需要使用特殊的符号来表示指针变量的取值。该符号表示一个存储地址，而这个地址指向一个取值。如语句 "p=&q;"，其中 p 是指针变量，如果 q 的取值是 x+1，可以记录 p 的取值为 addrx(q 的地址是 addrx)，即 addrx 指向的变量的取值是 x+1。如图 6-4 所示的代码中，指针变量 p 指向数组 a。当分析到 "*p=a" 时，将数组变量 a 的起始地址用符号 addra 表示，p 的取值为 addra。当分析到 "p= p+5;" 时，p 的取值被更新为 addra+5，根据记录可知数组 a 的长度为 5，因此数组元素的地址范围是 addra~addra+4，而 adda+5 是一个越界地址，进而得出在 "*p=1;" 处，存在数组访问越界，分析流程如图 6-5 所示。

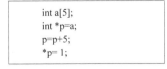

```
int a[5];
int *p=a;
p=p+5;
*p= 1;
```

图 6-4 指针变量赋值代码

3)控制转移语句分析

带有条件的控制转移语句是符号执行和约束求解的关键。分析控制转移语句，并利用变量的符号表示，将路径条件表示为符号取值的约束。使用约束求解器对符号取值的约束进行求解，可以判断路径是否可行，进而对待分析的程序路径进行取舍。如图 6-6 所示的条件语句 "if(x> 0)"，变量 x 的符号表示为 a+3，将 x 的符号表示代入条件语句中，得到 true 分支需要满足 a+3>0，相应的 false 分支需要满足 a+3≤0。综上，执行条件语句的 ture 分支的路径条件是 a>0∧a+3>0，经过约束求解，可以发现该约束存在解，进而可以判断这个路径条件是可满足的约束。同样的，对于 false 分支，可得到路径上的约束为 a>0∧a+3≤0。如果使用约束求解器对其求解，发现无解，则认为条件语句的 false 分支不能被执行。

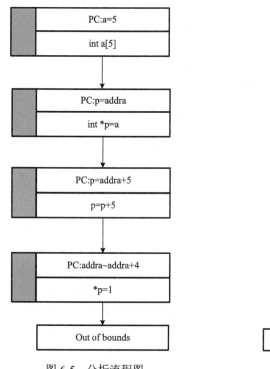

图 6-5　分析流程图

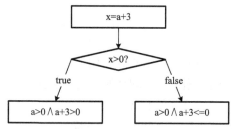

图 6-6　控制语句分析图

对于比较复杂的约束，约束求解器可能无法求解。例如，当约束为 $x^5-12x^4+20x^3-19>0$ 或 $sinx+cosx>2x$ 这种复杂函数计算的非线性不等式时，约束求解器通常不具备求解能力。约束求解器通常只对线性方程或者不等式组进行求解。此外，约束求解器常常不支持求解符号作为分式分母的约束，如约束 a/b>c，符号变量 b 作为分母，约束求解器无法求解。

利用约束求解分析路径条件时经常会遇到约束不可解的情况。当出现路径条件对应的符号约束不可解时，通常默认继续分析该路径，目的是降低由于分析不精确带来的误报和漏报。

4) 调用语句分析

与前面几种类型的程序语句相比，分析函数调用语句相对复杂。一些函数调用语句会引入符号，如 C 语言中的"scanf("%d", &i);"，在分析该语句时，需要将表示输入变量的取值用符号 x 表示，并在存储中记录。如果需要对指针进行分析，需要将指针变量的取值用符号表示，因此函数 malloc 等也会引入符号。此外，对于命令行参数，也需要使用符号表示其取值，如"int main(int argc, char*argv)"，需要将程序中用到 argc 和 argv 的取值用符号表示，如用符号 x 表示 argc 的取值。也可以将其他类型的函数在声明中所用的参数用符号表示，如函数声明"int func(int a, int b)"，如果在函数中参数 a 和 b 被使用，可将参数 a 和 b 的取值分别用符号 x 和 y 表示。

其次，通过函数调用，变量被分配的存储空间的大小在分析时也要记录。如

"int*p=(int*)malloc(sizeof(int)*k);"，当分析中遇到函数 malloc 时，需要记录其参数的符号表示。在此，不妨假设这个符号表示为 4x，当函数的返回值赋给变量 p 时，记录数组 p 的存储空间大小是 4x，其长度为 x。

对于一些关键的函数调用，需要对其使用情况进行检查。如 strcpy()函数，需要检查其第一个参数与第二个参数的长度关系，以此判断程序是否存在缓冲区溢出漏洞。为了完成该比较，需要使用约束求解，如 "strcpy(strl, str2);"，如果记录 str1 的长度为 20，str2 的长度为 x+y，那么程序存在漏洞的条件为 20<x+y。当分析该条件是否可满足时，需要同时考虑和符号 x 和 y 有关的路径条件，即根据约束 "20<x+y∧（路径条件）" 是否有解，来判断程序是否存在缓冲区溢出漏洞。

对于一些过程调用，可以使用摘要加快处理过程。该类调用通常是一些库函数或系统调用等。如函数 strcmp()，摘要可描述为 "当两个字符串相同时，函数的返回结果是 0"。也可在分析过程中对程序实现的函数构造摘要，如果在分析中再次遇到该函数，可直接利用摘要对其处理，加快分析过程。

2. 函数间分析

一些程序实现的过程通常无法构建摘要，此时需要分析被调用函数的函数内代码，即进行函数间分析。如图 6-7 所示，函数间分析为整个程序代码构建函数调用图，在 CG 中，节点和边分别表示函数和函数间的调用关系。根据预设的全局分析调度策略，CG 中的每个节点（对应一个函数）执行函数内分析，最终得到 CG 每种可行的调用序列的分析结果。

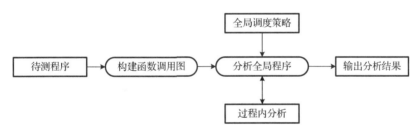

图 6-7　函数间分析基本流程

在符号执行的分析过程中，由于符号执行通常关注路径条件，并且当前路径条件通常会对后面的分析过程产生影响，如果使用摘要进行分析，需要将路径条件加入前置条件中。因此，从不同的路径分析到同一个基本块时，得到的该基本块的前置条件可能不同。

最常见的策略是深度优先搜索(DFS)和广度优先搜索(BFS)，DFS 会在回溯到最深的未探索分支之前尽可能地扩展路径，而 BFS 则是并行扩展所有路径。当内存使用率非常高时，通常会采用 DFS，但由于包含循环和递归调用的路径而妨碍了 DFS，因此，尽管存在更高的内存压力和完成特定路径探索所需的时间较长，某些工具还是采用 DFS，这使引擎能够快速探索各种路径以及早发现有趣的行为。无论使用深度优先还是广度优先的遍历方式，都可能遇到程序中存在循环结构的问题。比较直观的做法是根据代码中的循环次数对循环代码进行分析。如下代码所示的循环结构，需要对循环结构分析 100 次，并且在分析时，将循环变量的取值用相应的整数代替。但是如果循环次数极大，用该种方式会耗费大量的时间和空间。

因此，通常采用尽快退出循环的方法，如对于该代码中的循环，可直接分析变量 i=99 的情况，只分析一次循环内的代码即退出循环。

```
for (i =0;i < 100; i++ ) {
    ......
}
```

有时循环的次数难以确定。如下代码所示的两种循环，第一个循环的界限由变量的取值决定，如果可以分析出变量的确切取值，那么就可以对循环进行有限次的分析。但是通过静态分析，往往不能准确地推断出变量的取值，本例即属于无法确定循环界限的情况。对于该类情况，仍然可以采用分析一次就退出循环的做法，如让循环变量的取值为 i=k−1，然后分析循环内部的代码。对于如下代码的第二个循环，由于退出循环的条件在循环体的内部，因此需要处理内部代码后才能确定循环执行的次数，即需要根据特殊情况特殊对待。

```
for (i=u; i <k; i++) {
}
for( ; ; ) {
}
```

需要注意的是，使用符号执行分析程序时，通常采用路径敏感的方式，因此，分析路径过多而引起的路径爆炸问题不可避免。对此，在实际分析时，常常限定分析的时间和存储空间，确保分析程序在有限的时间内可以终止，并且分析程序不会因为占用过多的存储空间而引起系统异常。

在进行函数间分析时，使用正向符号执行要首先确定一个分析的起始点，可以是程序的入口点、程序中某个函数的起始点或者某个特定的程序点。如果将程序的入口点作为起始点进行符号执行分析，通常选择路径敏感的方法正向遍历控制流图和调用图，并在程序路径上进行符号执行分析，检查程序是否存在和变量取值相关的漏洞。

6.2.2　逆向符号执行

前面介绍的分析方法，是沿着程序执行的方向进行分析，在分析中无法预知哪些变量的取值和关键的操作相关，常常将分析中遇到的所有变量都用符号表示，导致分析过程不具备针对性。因此，为了使分析过程更具针对性，可以使用逆向的分析方法。逆向符号执行的主要目的是确定可以触发特定代码行(如 assert 或 throw 语句)执行的测试输入实例。当从目标开始探索时，沿着遍历过程中遇到的分支收集路径约束。逆向符号执行引擎可以一次探索多个路径，并且类似于正向符号执行，会定期检查路径的可行性。当证明路径条件不满足时，引擎将放弃路径并回溯。

在逆向分析中，可以从一些和程序漏洞或者缺陷直接相关的操作所在的程序点开始分析。如对数组元素的访问、C 语言程序中字符串复制语句等都可以作为分析的起始点。通过分析该类程序点上的语句，可以确定当变量取值满足怎样的约束条件时表示程序存在漏洞，将约束记录下来，然后逆向分析求解。如图 6-8 所示代码，设定数组赋值语句"a[i]=1;"是分析的检查点，并且当变量的取值满足 $i<0 \vee i>len(a)$ 时，其中 $len(a)$ 表示数组的长度，程序存在缓冲区溢出漏洞。

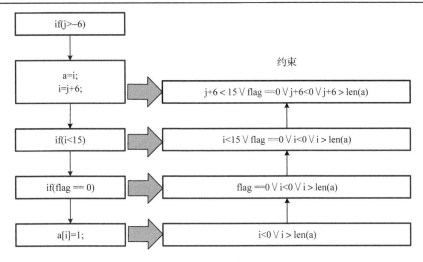

图 6-8 约束搜集实例

在逆向分析中，不断地记录并分析路径条件，检查程序是否可能存在可达的检查点（漏洞点）路径。如图 6-8 所示流程，从 "a[i]=1;" 开始沿着控制流图所示的路径进行逆向分析，判断约束 i<0∨i>len(a) 是否可以满足。当分析中遇到条件语句 if(flag == 0) 时，将存在漏洞的约束更新为 flag ==0∨i<0∨i>len(a)。当遇到语句 if(i<15) 时，将存在漏洞的约束更新为 i<15∨flag ==0∨i<0∨i>len(a)，如果 len(a)≥15，使用约束求解器求解后，可以判断当前约束不能满足，停止对该条路径的分析。如果 len(a)<15，则无法判断，继续沿着该条路径逆向分析。

如果在分析过程中遇到赋值语句，对于赋值变量和路径条件约束相关的情况，可以根据赋值语句中变量取值之间的关系更新当前的路径条件约束。如图 6-8 所示代码，对于"i=j+6;"，可将 i=j+6 代入约束 i<15∨flag ==0∨i<0∨i>len(a) 中，得到 j+6<15∨flag ==0∨j+6<0∨j+6>len(a)，然后继续分析。而对于赋值变量和路径条件约束无关的情况，可以选择忽略该赋值语句。如 "a=i;"，虽然变量 i 在代码中出现，但该语句执行后变量的取值未发生变化，该赋值语句未对当前的路径条件约束产生影响，则可以忽略，然后继续分析。需要注意的是，在逆向分析过程中，通常无法同时进行别名分析和指向分析，但是变量之间的别名关系往往会对分析产生影响。例如，路径条件中包含变量 i，而分析过程中有较多对变量 j 的赋值，如果 j 和 i 互为别名，则需要根据 j 的赋值更新路径条件。如果忽略别名对分析的影响，会降低分析的精确度。因此，为了使分析相对精确，可以在逆向分析之前，先对程序进行别名分析或者指向分析。

对于下面两种情况，可以选择终止分析过程。一种是前面提到的由于路径条件对变量取值的限制，发现程序存在漏洞的条件不可满足。另一种是分析到达程序的入口点（Entry Point），如果分析到达程序的入口点后，仍然无法断定存在漏洞对应的约束是否满足，通常认为程序存在漏洞。

逆向分析也常常会遇到约束不可解的情况。此时，通常停止对该条路径的分析。与正向符号执行不同，在逆向符号执行中，如果约束不可解，继续在这组约束的基础上增加新的约束得到的约束仍然是不可解的。因此，如果可以准确定位不可解的部分，常常停止对该条路径的分析。

6.3 符号执行的应用

6.3.1 使用符号执行检测程序漏洞

如图 6-9 所示，使用符号执行技术进行漏洞挖掘，首先对程序代码进行基本解析，获得程序代码的中间表示。由于符号执行采用的是路径敏感分析，因此在代码解析之后，需要构建描述程序路径的结构，如控制流图和调用图。漏洞挖掘过程包括符号执行和约束求解两个环节，这两个环节交替进行。使用符号执行，将变量的取值表示为符号和常量的计算表达式，将路径条件和程序存在漏洞的条件表示为符号取值的约束。约束求解一方面判断路径条件是否可满足，根据判断结果对分析的路径进行取舍，另一方面检查程序存在漏洞的条件是否可满足。

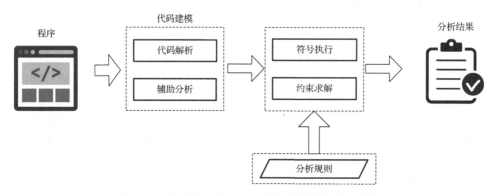

图 6-9　使用符号执行技术检测程序漏洞的基本流程

在漏洞分析过程中，根据分析的方向将符号执行分为正向符号执行和逆向符号分析，正向符号执行是对程序代码(通常以中间表示的形式呈现)进行全面的分析，而逆向符号分析更具有针对性，重点关注可能存在漏洞的程序代码。

6.3.2 使用符号执行构造测试用例

图 6-10 描述了使用符号执行构造程序测试用例的过程。为了将符号执行用于代码的分析，通常需要将程序代码进行一定的转化。该过程可能是对程序代码的解析，生成程序代码的中间表示，也可能是编译过程，生成可执行代码。在符号执行过程中，可以静态地分析程序的中间表示，得到路径条件对程序输入的约束，也可以利用插桩技术，使用动态符号执行分析程序的可执行代码，同样得到路径条件对程序输入的约束。构造测试用例的过程是构造满足输入约束的输入数据的过程。最后得到的是程序的测试用例(即程序输入)。

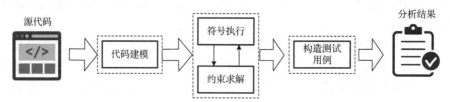

图 6-10　使用符号执行构造程序测试用例的基本过程

上述分析过程可以描述为：沿着程序的执行路径进行分析，在路径分支处，对路径条件的可满足性进行求解判断，对于条件可满足的分支，可以随机地选择一条分支继续分析，并且根据分支条件，对当前的路径条件约束进行补充。当分析停止时，将得到一系列由分支条件组成的路径条件约束，对该约束进行求解，可得到一个输入需要满足的条件，当程序使用满足条件的输入实际运行时，执行轨迹与之前的分析路径吻合。

6.3.3 使用离线符号执行生成 Exploit

漏洞利用是二进制安全的核心内容之一。当挖掘到一个漏洞时，首先要做的就是写 POC (Proof Of Conception) 和 Exploit。所谓 POC，一般来说就是一个能够让程序崩溃的输入，且能够证明控制寄存器或者其他违反安全规则的行为。Exploit 则条件更严格一些，是对漏洞的完整利用，通常以弹出一个 shell 为目标。

从程序到漏洞再到利用，需要对二进制程序(或源代码)及其运行过程进行非常深入的分析。目前漏洞挖掘过程已经具备一定的自动化，工业界利用模糊测试器可得到大量使程序崩溃的输入，但这些输入及相关漏洞并不全都是可被利用的。从产生崩溃到可以利用崩溃来达到其他目的的过程，需要大量的人工分析，如果该过程也可以自动化，那么将有力地提高安全研究与防护的效率。

随着程序分析技术的不断发展，尤其是污点分析、符号执行等技术成功运用在软件动态分析以及软件漏洞挖掘等多个领域，研究者开始尝试利用这些技术来进行高效的软件漏洞利用自动构造。

1. 结合源代码分析的 Exploit 自动化生成

在 2011 年的 NDSS 会议上，Avgerinos 等首次提出了一种有效的漏洞自动挖掘和利用方法 AEG (Automatic Exploit Generation)。该方法的核心思想是借助程序验证技术找出能够满足使程序进入非安全状态且可被利用的输入，其中非安全状态包括内存越界写、恶意的格式化字符串等，可被利用主要是指程序的 EIP 被任意操纵。其具体流程为：首先，在预处理阶段，利用 GNU C 编译器构建二进制程序以及通过 LLVM 生成所需的字节码信息；其次，在实际分析的过程中，AEG 首先通过源代码分析以及符号执行找出存在错误的位置，并通过路径约束条件生成相应的输入；之后，AEG 利用动态分析方法提取程序运行时的各类信息，如栈上脆弱缓冲区的地址、脆弱函数的返回地址，以及在漏洞触发之前的其他环境数据等；最后，综合漏洞利用约束条件以及动态运行时的环境信息，构建可利用样本。通过对 14 组真实程序漏洞的自动利用实验，证明了该方法的可靠性和有效性。

AEG 实现漏洞利用自动化的流程如下。

1) 定位漏洞位置

AEG 的漏洞位置定位需要通过分析源代码实现，即需要找到一个输入，能够让程序顺利地执行到漏洞存在的那个点(从输入到漏洞点的路径)。AEG 利用符号执行技术完成该过程。

2) 获取程序实际运行时的栈布局等信息

针对编译后的二进制程序，将上一步生成的输入载入程序来执行。在执行过程中监控程序，获取运行时的信息，如漏洞函数名称、溢出点的地址、栈的布局等。

3) 漏洞利用生成

该步骤需要首先用符号执行产生漏洞利用所需的条件约束，然后用约束求解器求解，即将分支条件转化为形式化描述，进一步转化为路径条件约束。求解需要在已有的路径条件约束中加入如下约束条件：覆盖的返回地址必须包含 shellcode 的起始地址。使用约束求解器对合并后的约束进行求解，如果得出满足条件的答案，则能够生成漏洞利用的输入。

4）漏洞利用验证

AEG 对上述约束求解器求出来的答案进行验证，即用该输入去具体执行程序，验证结果。

AEG 集成了优化后的符号执行和动态指令插桩技术，实现了从软件漏洞自动挖掘到软件漏洞自动利用的整个过程，并且生成的利用样本直接具备控制流劫持能力，是第一个真正意义上的面向控制流漏洞利用的自动化构建方案。该方案的局限性主要体现在：首先，该方案需要依赖源代码进行程序错误搜索；其次，构造的利用样本主要面向栈溢出或者字符串格式化漏洞，并且利用样本受限于编译器和动态运行环境等因素。

2. 针对二进制的 Exploit 自动化生成

为了摆脱对源代码的依赖以及保证系统适用场景的广泛性，Cha 等在 2012 年的 IEEE S&P 会议上提出了基于二进制程序的漏洞利用自动生成方法 Mayhem。该方法通过综合利用在线式符号执行的速度优势和离线式符号执行的内存低消耗特点，并通过基于索引的内存模型构建，实现较为实用化的漏洞挖掘与利用自动生成方法。其具体流程如下：首先，构建两个并行的具体执行子系统和符号执行子系统；其次，对于具体执行子系统，通过引入污点传播技术，寻找程序执行过程中能够由用户输入控制的所有 jmp 指令或者 call 指令，并将其作为 bug 候选项交给符号执行子系统；之后，符号执行子系统将所有接收到的污点指令转化为中间指令，并进行执行路径约束构建和可利用约束构建；最后，符号执行子系统通过约束求解器来寻找满足路径可达条件和漏洞可利用条件的利用样本。

在实际进行符号执行的过程中，为了保证效率问题，Mayhem 系统使用了一种基于索引的内存模型来优化处理符号化内存的加载问题，进而成为一种高使用性的漏洞自动利用方案。目前 Mayhem 的局限性主要集中在以下三个方面：首先，系统只能建模部分系统或者库函数，因此无法高效处理大型程序；其次，系统无法处理多线程交互问题，如消息传递和共享内存问题；最后，由于使用了污点传播方法，同样具有漏传和误传等典型问题。

6.4　实　例　分　析

6.4.1　检测缓冲区溢出漏洞

1. 案例一：存在漏洞的情形

使用符号执行技术检测和变量取值相关的程序漏洞，最具代表性的是检测 C 语言程序中的缓冲区溢出漏洞，检测的规则如图 6-11 所示。

| array[x]; | len (array) $\approx$ x |
| array[i]; | 0<i < len (array) |

图 6-11　检测规则

存在缓冲区溢出漏洞的代码如图 6-12 所示。

```
1    #include<stdio.h>
2    #include<time.h>
3    #include<stdlib.h>
4    int array[10];
5    int get_item(int index){
6       int item;
7       if (index < 0){
8          return NULL;
9       }
10      item  = array[index];
11      renturn item;
12   }
13   void rand_print(){
14      int i, item;
15      srand(time(0));
16      i = rand()%20;
17      item = get_item(i);
18      printf("%d\n",item );
19   }
20   int main(){
21      rand_print();
22      return 0;
23   }
```

图 6-12　存在缓冲区溢出漏洞的代码

对于数组声明 array[x]，符号执行需要记录数组长度 x，其中 x 为常量。对于数组元素访问 array[i]，需要记录数组下标的取值为 0~x。

对图 6-12 中的示例代码片段进行解析，其中共有 3 个函数。main()函数在第 21 行调用了 rand_print()函数，rand_print()函数在第 17 行调用了 get_item()函数。

1）正向分析法

采用自底向上方法分析调用图，那么对于图 6-13 所示的调用图情况，首先分析函数 get_item()，将其参数 index 作为符号处理，这里用符号 a 表示其取值。

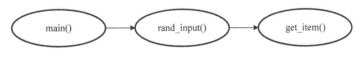

图 6-13　函数调用关系图

第 6 行声明变量 item，但未对其赋值，不对其进行处理。

第 7 行 if 条件语句对变量 index 取值进行判断，在 index0 时执行后续代码，index<0 则退出函数。此处记录 a<0 时，函数返回 NULL。然后处理 if 语句的 false 分支。

第 10 行存在数组访问操作，是程序的检查点，根据分析规则，a 的取值范围被限定在 0 到数组 array 的长度之间。数组 array 的长度是 10，所以有。结合路径条件，有符号 a 的取值约束为。化简得到 0<a<10。这时生成摘要 0<a<10 时程序是安全的。当函数 get_item()分析完成后需要将符号 a 替换为参数 index。这里摘要为 index<0 时，函数返回 NULL，0<index<10 时，程序是安全的。

之后分析到函数 rand_input()时，在第 16 行随机变量 i 的范围是 0~19，这里记录。第 17 行函数 get_item()被调用，通过分析其摘要，参数 i 在 0<i<10 时程序是安全的，i>9 时程序存在漏洞，而此时有，利用约束求解器求解约束，i 为 10 时，满足约束条件，这就说明程序存在漏洞。

2) 逆向分析法

这里从第 10 行开始分析，根据规则有变量 index 的约束。而时程序存在漏洞。

第 7 行，补充路径条件 index>0，此时的约束为，将其化简为 index>9 时程序存在漏洞。

第 6 行和 index 无关，不对其进行分析。此时到达函数 get_item() 的入口点，分析调用它的函数 rand_input()。从第 17 行开始分析，此时函数 get_item() 中 index 的约束为 index>9 时，程序存在漏洞。

分析第 16 行，得到约束，利用约束求解器求解约束，发现约束可满足，可以认为程序存在漏洞。

2. 案例二：不存在漏洞的情形

应用符号执行技术，程序中的变量的取值可以被表示为由符号值和常量组成的计算表达式，而一些程序漏洞可以表现为某些相关变量的取值不满足相应的约束，这时通过判断表示变量取值的表达式是否可以满足相应的约束，就可以判断程序是否存在相应的漏洞。如下所示代码，在赋值语句 "a[i]=i;" 中，当变量 i 的取值大于等于 10 或者小于 0 时，程序可能存在数据访问越界漏洞。使用符号执行技术对这段代码进行静态分析，可以检查出数组元素的下标是否越界。首先，将表示程序输入的变量 i 的取值用符号 x 表示。分别对 if 条件语句的两条分支进行分析，可以发现在赋值语句 "a[i]=1;" 处，当 x 的取值大于 0、小于等于 10 时，变量 i 的取值为 x，当 x 的取值大于 10 时，变量 i 的取值为 x%10。程序从 "if(i>0)" 执行到 "a[i]=1;" 分别有两条路径，即执行语句序列 3、4、5、6 和序列 3、4、6。对应的路径约束分别为 $x>0 \land x>10$（简化为 $x>10$）和 $0<x \leq 10$。对于前者，执行到语句 6 时，i 的符号表示为 x%10，而后者执行到语句 6 时，i 的符号表示为 x。故前者触发漏洞需要满足的约束是 $x\%10>10 \land x\%10<0$（简化为 $x\%10>10$），后者触发漏洞需要满足的约束是 $x>10 \lor x<0$。

所以，综合考虑两条路径，语句 6 的数组访问越界漏洞的触发约束条件是 $(x\%10>10 \land x>10) \lor (0<x \leq 10 \land (x>10 \lor x<0))$。显然，该约束表达式无解，即程序中对数组元素的赋值是安全的。

```
1    int a[10];
2    scanf ("%d", &i);
3    if (i > 0) {
4        if(i > 10)
5            i = i%10;
6        a[i] = 1;
7    }
```

6.4.2 构造测试用例

使用符号执行构造测试用例时，需要将程序的输入标记为符号，并分析路径条件对符号取值的约束，利用这些约束构造程序的测试用例。在如图 6-14、图 6-15 所示的代码片段中，程序存在缓冲区溢出漏洞。可以将程序从命令行接收的输入用符号表示，使用符号执行构造可以触发该漏洞的测试用例。

```
1. char pattern[] = "1234";
2. int main(int argc, char* argv){
3.     char string[10] ;
4.     scanf("%s", string);
5.     check(string);
6.     return 0;
7. }
```

图 6-14　存在缓冲区溢出漏洞代码片段(一)

```
8. int check(char *str){
9.     int i = 0;
10.    while(*str){
11.        if(*str >=65 && *str <=90 ){
12.            pattern[i] = *str;
13.        }
14.        str++;
15.        i++;
16.    }
17. }
18.
```

图 6-15　存在缓冲区溢出漏洞代码片段(二)

为了构造测试用例，需将分析重点集中在对路径条件的分析上(图 6-16)，对上述代码的分析过程如下，从 main()函数的入口点开始。

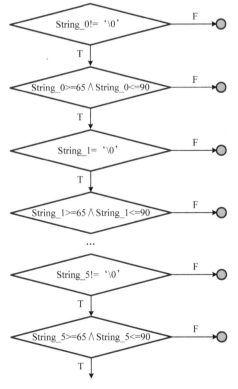

图 6-16　路径条件分析图

第 3 行，string 的取值用符号 String 表示。第 4 行，对变量 string 进行输入，符号不变。

第 5 行，程序调用 check()函数，函数使用的参数是 string。开始分析 check()函数的代码。分析过程如果遇到 check()函数使用的参数 str，则使用符号 String 进行分析。

第 9 行，对变量 i 进行声明并赋值，记录其值为 0。

第 10 行，while 语句中的条件是*str，即 str[0]!='\0'。用 String 表示 str，这时，str[0]就是 string[0]，其取值记为 String_0，将 while 语句的条件表示为 String_0!='\0'。分析条件为真时的程序路径，此时的路径条件是 String_0!='\0'。

继续分析 while 循环内的代码。第 11 行 if 条件语句的条件是*str >=65 && *str <=90，按照上述的方式，将其表示为，分析 true 分支语句，并将路径条件加入到已经记录的路径条件中。

第 14 行和 15 行对 i 和 str 进行了加 1 操作，记录其值。

之后回到第 10 行 while 语句，仍旧分析条件为真时候的程序路径。同样，继续分析第 11 行 if 条件语句的 true 分支。这样分析第 6 次循环时，第 12 行数组赋值语句会违背 i<strlen(pattern) 的安全规则，产生越界，程序出现缓冲区溢出。此时，可得到路径条件为可以构造满足上述条件的测试用例，例如"ABCDEF"，这样的测试用例将会触发程序中的缓冲区溢出漏洞。

6.5　其他符号执行

除了传统的符号执行，研究人员先后提出了动态符号执行、组合符号执行、选择符号执行、混合符号执行等，本节介绍这些符号执行技术的基本原理。

6.5.1　动态符号执行

动态符号执行以具体数值作为输入来模拟执行程序代码，通过程序插桩手段收集路径约束条件，按顺序搜索程序路径，利用约束求解器求解上一执行中收集到的约束集，从而得到下一次执行的测试用例。与传统静态符号执行相比，输入值的表示形式不同，在程序执行过程中完成符号执行。通过种子测试用例迭代产生子测试用例，子测试用例驱动程序执行新的路径，从而不断提高代码的覆盖率。动态符号执行的基本流程设计如图 6-17 所示，主要有以下步骤。

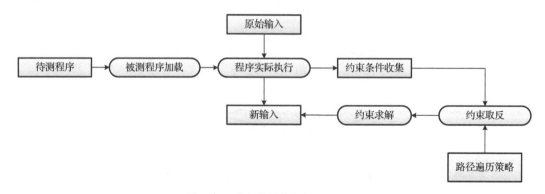

图 6-17　动态符号执行的基本流程

（1）加载目标程序，使用具体值作为输入，驱动程序开始执行，同时启动代码模拟执行器，从当前路径的分支语句的谓词中收集所有符号的约束条件。

(2)根据收集到的符号约束条件，按照一定的路径选择策略(深度优先、广度优先、智能启发式等)，对其中某个约束条件进行取反，构造出一条新的可行的路径约束。

(3)用约束求解器求解出新约束对应的具体输入。接着符号执行引擎对新输入值进行一轮新的分析。

如下代码所示，动态符号执行会生成一些随机输入，并动态地执行程序。

```
foo(int a, int b){
    x=0, y=1, z=0;
    if(a != 0){x = y+3;}
    if(b == 0){
        z = x+y+3;
    }
    assert(z-x > 0);
}
```

图 6-18 给出了该程序的路径约束树，可以看出该程序共有四条不同的执行路径，对于每条路径，都有对应的约束集。从路径约束树可以看出，该代码有 3 条正常执行结束的路径和 1 条错误路径。通过约束集确定程序执行的轨迹，引导程序沿着设定的路径执行。对示例程序而言，能够使程序断言发生错误的约束集为(a!=0) ∩ (b=0)，在程序执行过程中，收集并保存该执行路径上的约束。为了对该代码路径进行全覆盖，程序将被执行 4 次，并且每次执行都是通过选取一个约束条件进行取反后再求解出新的测试用例，以测试另一路径。

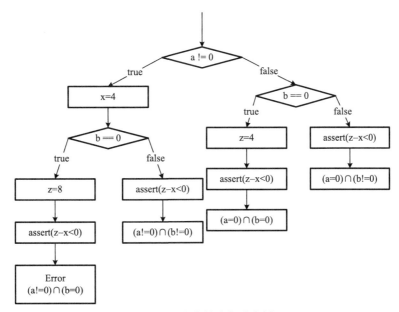

图 6-18　程序的路径约束树

例如，选取初始测试输入设定为 a=b=1，在程序具体执行过程中，由于 1!=0，因此将执行 false 分支；接着由于 b!=0，将执行 assert(z-x<0)。程序正常执行结束，在执行过程中收集该路径的约束集为(a=0) ∩ (b!=0)。为了使下一次执行能覆盖到程序的不同路径，混合测试以一定的策略选择其中的一项分支判定条件进行取反，即将上一执行中收集的约束条件取反，

得到新的约束集为$(a=0) \cap (b=0)$，通过求解该约束得到新的测试用例 a=0，b=0。依照此过程，反复进行具体执行并收集路径约束，以及约束取反生成新的测试用例的过程，当求解约束集 $(a!=0) \cap (b=0)$，得到测试用例 a=1，b=0 时，执行结果为 x=4，z=8，因为 z-x=4>0，所以将触发程序断言从而发生错误。

6.5.2 组合符号执行

作为一种动态符号执行技术，DART 虽然能够保证尽可能覆盖被测程序的所有分支，但由于实际被测的程序规模较大，加上频繁的函数调用，很容易造成路径爆炸的现象。2007 年，Godefroid 基于 DART 提出了一种过程间动态符号执行算法 SMART。SMART 算法的核心便是组合(Compositional)符号执行的思想，即隔离地对待程序中的每一个函数，根据每次函数调用时参数的实际值来计算或者使用函数摘要，从而减少符号执行的迭代次数，提高执行效率和实际应用的可行性。下面从函数摘要和 SMART 算法两个方面来介绍组合符号执行技术。

1. 函数摘要

若给定函数 f，w 是其任意一条执行路径，C_{wi} 为路径上跟函数输入 i 有关的约束，C_{wo} 为路径上跟函数输出 o 有关的约束，令

$$\text{pre}_w = C_{wi_1} \wedge C_{wi_2} \wedge \cdots \wedge C_{wi_n}$$
$$\text{post}_w = C_{wo_1} \wedge C_{wo_2} \wedge \cdots \wedge C_{wo_n}$$

则函数 f 在路径 w 上的摘要为 $\varphi w = \text{pre}_w \wedge \text{post}_w$。

若 $W = \{w_1, w_2, \cdots, w_n\}$ 是函数 f 所有执行路径的集合，则函数 f 的摘要为

$$\phi f = \varphi w_1 \vee \varphi w_2 \vee \cdots \vee \varphi w_n$$

以如下所示程序代码中的函数 f 为例，由于 f 只有 2 条执行路径，所以 f 的摘要为

$$(x > 0 \wedge \text{ret} = 1) \vee (x <= 0 \wedge \text{ret} = 0)$$

其中，ret 为函数 f 的返回值符号。

```
1    void top (int w, int y) {
2          int a;
3        if(w==1)
4            a=f(y);
5    }
6
7    int f (int x) {
8      if(x> 0)
9        return 1;
10      else
11        return 0;
12    }
```

2. SMART 算法

作为一种过程间的动态符号执行技术，SMART 算法的重点在于计算函数摘要。设集合 I

为函数 f 的输入， concrete(I) 为输入的实际值， summary(f) 为函数 f 的摘要，C 为程序的约束集合， backtracking 为判断是否追溯的标志，则其算法框架如下代码所示。

```
backtracking= 1
while(程序不终止)
        statement=下一条语句
        switch(statement)
        case: if 分支
            if(backtracking==1)
            添加分支约束条件到 C
        case: 函数 f 调用
            if(concrete(I)满足 summary(f))
                将 summary(f)作为约束添加到 C
                backtracking=0
            else
                backtracking=1
        case: 函数 f 返回
            if(backtracking==1)
                添加 C 到 summary(f)
                对 C 中相关的约束表达式依次取反，解约束后进入 f
                新的分支，进入下一次迭代
            else
                backtracking=1
    end
```

由算法描述可知，当程序遇到函数 f 调用时，会首先检验实参传入的实际值是否满足 f 的摘要，如果 f 当前有摘要可用，直接将摘要添加到当前约束中，并将追溯标志设为 0，这样程序就不再收集 f 函数体内的约束；如果 f 当前无摘要可用，说明本次迭代需要计算新的摘要，设追溯标志为 1，对 f 函数体内的每个分支上的约束进行收集。当 f 返回后，将收集到的约束和返回值添加到 f 的摘要中，然后继续搜索下一条路径。当 f 搜索完毕之后，也就完成了函数摘要的计算。

```
1    void top (int w, int y) {
2          int a;
3        if(w==1)
4            a=f(y);
5          else
6              return 0;
7    }
8
9    int f (int x) {
10      if(x> 0)
11      return 1;
12      else
13      return 0;
14   }
```

对于如上代码，使用 SMART 算法的执行结果如下所示。

```
第 1 次迭代　输入　w=1,y=1(随机)
f 摘要：x>0&ret_f=1


第 2 次迭代　输入　w=1,y=1
f 摘要：x>0&ret_f=1
top 摘要：(y>0&w>0&ret_top=1)


第 3 次迭代　输入　w=1,y=0
f 摘要：x>0&ret_f=1
top 摘要：(y>0&w>0&ret_top=1)∪(y<=0&w>0&ret_top=0)
```

6.5.3　选择符号执行

选择符号执行由 Chipounov 等在 2009 年提出，并在 S2E 框架中得到了实现。选择符号执行将目标程序看作可执行路径叠加的程序，将具体值的单路径执行和符号值的多路径执行同时进行，通过具体值执行与符号值执行之间的无缝切换，来达到对目标代码层实现全路径符号执行的目的。这样便极大地提高了软件测试、分析和漏洞挖掘的效率，有效解决了路径爆炸问题。

图 6-19 描述的过程为程序 app 由具体执行(Concrete)开始，自上而下执行，当进入我们关心的 lib 库函数时，使其符号执行(Symbolic)，当程序离开 lib 库进入内核 kernel 时，使其具体执行，如此反复，核心只有一个，即对我们关心的代码、函数或程序片段(如闭源的程序只能获取二进制内容)，使其符号执行；对我们不关心的部分，使其具体执行。当程序从内核 kernel 再次返回至 lib 库的时候，将从具体执行转换为符号执行。

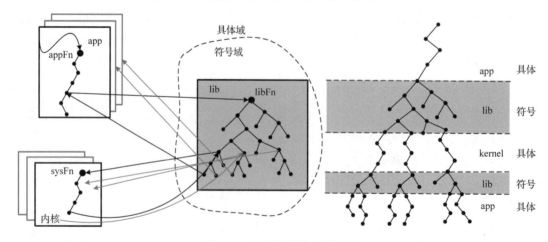

图 6-19　选择符号执行过程图

选择符号执行在指定区域内的符号化搜索，就是完全的符号执行，在该区域之外均使用具体执行完成。选择符号执行的主要任务就是在分析前将大程序区分为具体执行区域和符号执行区域。这种选择性是指只对有必要的区域进行符号执行，是将实际应用系统缩放到符号执行可用规模的关键要素。

下面描述多路径的符号执行与单路径的具体执行之间的相互转换方法。

1. 具体值向符号值的转换

若主程序正在执行复杂调用，由于复杂过程的执行使用的是具体值，调用返回到主程序继续执行时，因为主程序需要进行符号执行，因此需要做相关参数的符号化转换。由具体值向符号值的转化较为简单，一般方法是将具体值计算的结果直接作为变元约束条件。例如，对于复杂的函数调用 $y = \mathrm{math}(x)$，当 $x = 5$ 时，将 $x = 5 \wedge y = \mathrm{math}(5)$ 作为一个新的约束条件添加到接下来的符号执行过程中。将具体值作为新的约束条件才有可能保证程序执行的一致性。

2. 符号值向具体值的转换

当主程序正在执行，遇到了复杂调用时，需要将当前的符号执行状态转入具体执行状态，以实现对复杂调用的求解。如果当前的路径约束条件为 $x \in [-1,1]$，当需要进行复杂调用 $y = \mathrm{math}(x)$ 时，如何选取具体值代入，成为一个较为重要的问题。若 x 取值不当，则可能造成路径的丢失。如 $y=\mathrm{math}(-1)$ 和 $y=\mathrm{math}(1)$ 可能会触发后续 2 条不同的路径，如果只对 x 赋值为 1 或 -1，都会丢失另外一条路径。所以，由符号值向具体值的转换也是路径收敛的过程。

为了避免路径丢失，可以采用一种启发式策略。启发式策略是将 x 的域在感兴趣的点进行划分，从而得到一个额外的约束列表，然后依次将约束列表中的每个约束，连同原来的路径约束 $x \in [-1,1]$ 组成新的约束（域），在每个域上分别对复杂调用 $y=\mathrm{math}(x)$ 的符号参数 x 进行具体化，这样就可以获得多个 x 的具体值，从而在具体执行 $y=\mathrm{math}(x)$ 调用返回时产生多个 y 的值，并对应了多个约束条件（将 y 的值写入约束条件）下的多条执行路径。通过这种方式，可以缓解路径收敛造成的路径丢失问题。

```
1    foo(int a, int b){
2        x=0, y=1, z=0;
3        if(a != 0){x = y+3;}
4        if(b == 0){
5            z = x+y+3;
6        }
7        assert(z-x < 0);
8    }
```

同样地，以上述示例代码为例来阐述选择符号执行的原理，假设仅对代码中第4~6行的代码段进行符号执行，而对其余部分进行具体执行。选择符号执行的核心是符号执行和具体执行的交互处理，即在具体执行转入符号执行及符号执行转入具体执行时的处理。

对选定的代码段进行符号分析，其符号变量仅有 b，而 a 只需看作具体值。假设随机生成的初始输入为 a=0，b=0，执行程序将得到结果 x=0，y=1，z=4。当代码执行到符号执行区域时，将进行 0→b 的变换，并进行符号分析。该代码区域的程序执行树如图 6-20 所示。在该代码区域内的符号分析与全程序的符号分析过程一致，可以根据不同的约束信息求解生成不同的测试用例来执行目标程序，在执行完第 6 行代码后，将符号变量 b 变换为具体值，即 b→0，继续具体执行剩余代码，则本次执行完成。之后，依据符号分析的结果，随机对 a 取值，生成测试用例，如 a=0，b=0，执行程序结果为 x=0，y=1，z=4，未触发程序错误，并继续生成测试用例，如 a=−1，b=0，执行程序，依据符号执行区域内的分支约束求解执行不同路径的测试用例，直到将目标符号分析区域的路径都执行完毕。由于 a 的取值始终是随机的，因此可能导致即使遍历了符号执行区域内的所有路径，最终也无法触发程序错误。唯有当符号执行区域执行到路径(a!=0)∩(b=0)时，a 的取值刚好满足 a!=0，此时会触发程序错误，即程序错误触发的情况仅以一定的概率发生。

选择符号执行的关键挑战在于将符号方式和具体方式表示的数据与执行混合，同时须兼顾到分析的正确性和高效性。因此，需要在具体执行区域和符号执行区域设置明确的界限，并且数据必须能够在执行越过设置的区域界限时，完成符号值与具体值的转换，这也是选择符号执行的贡献所在，即正确执行一个真实系统及其必要的状态转换任务，在一定程度上达到了最大化本地执行的目的。

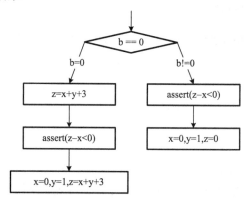

图 6-20　选择符号执行实例

6.5.4　混合符号执行

混合符号执行的思想由 CMU 大学的研发团队于 2012 年在 Mayhem 工具中提出，并用于对二进制程序进行漏洞挖掘。混合符号执行的核心思想是，根据具体情况将符号执行器在离线式和在线式两种工作方式中来回切换，在保证执行速度的同时，减少内存消耗，避免路径爆炸问题而导致的系统崩溃。Mayhem 的大致工作流程如下。

首先开启 online 模式即静态符号执行，在一次符号执行过程中，考察所有路径，并且维护多个 executor，每个 executor 维护相应路径的当前路径约束、符号变量、当前指令地址等信息。

当遇到静态符号执行常见的空间瓶颈(Mayhem 对内存中维持的 executor 的最大数目进行限制)时，Mayhem 工具选择某个 executor，将其信息保存为 checkpoints(存储到内存外)，剩下的 executor 则直接进入 offline 模式。

在剩下的所有 executor 以 offline 模式结束执行以后，选择某个 checkpoint，恢复至内存。恢复的方法是，可以通过对 checkpoint 中的约束进行约束求解，得出具体测试用例。然后运行测试用例，直到程序具体执行到 checkpoint 中的当前指令地址。然后从指令地址开始继续进行符号执行。

若 checkpoint 中存储的 executor 也都恢复执行完，那么程序的所有路径都得到了遍历，整个混合符号执行的过程便结束了。

6.5.5　并行符号执行

并行符号执行的主要思想是借助强大的分布式计算资源，以获取最大的并行效率为目的，结合对程序内部的深入分析，使多个单符号执行引擎有效协同工作，突破单符号执行引擎在运算能力方面的瓶颈，扩展程序路径测试的广度和深度，提升漏洞挖掘能力，从而将符号执行技术应用于面向大型应用软件的安全测试。

对并行符号执行技术的研究主要集中在负载任务的划分调度和分布式管理的实现模式上。

1．负载均衡问题

负载均衡是分布式系统需要解决的关键问题，选用策略的好坏直接影响并行效率。在并行符号执行中的负载划分调度策略主要有以下两种。

1）静态执行路径树划分

Staats 提出了基于初始实际执行路径前置条件的集合对符号执行树进行划分的并行符号执行方法。以随机执行的实际路径为基础，按照变量在约束条件中出现的频度利用启发式的方法对程序执行树进行预划分，属于对符号执行树的静态结构化的简单划分。执行树往往很不均衡，会导致不同测试节点的符号执行任务相差很大。

2）动态随机路径调度

在 Amazon EC2 云计算平台上，首次设计实现了并行符号执行系统 Cloud9，系统中的每个测试节点可以独立运行 KLEE 符号执行引擎，在符号化遍历程序执行空间过程中，动态划分并调度符号执行树，每当遇到一个新的分支就将其分配到其他空闲节点，维持负载均衡。该系统利用 PC 构成的集群有效地缓解了符号执行中路径爆炸、程序环境模拟和面向用户的测试接口三个难题，经实验验证其在达到 48 个测试节点之前的性能能够随着集群中机器数目的增加而线性增长。

动态符号执行中，因为符号执行树形态的未知性，可能会因负载不均衡而使节点间频繁地进行负载切换，最终导致大量的冗余通信开销，影响并行效率。Kim 等提出了分布式 concolic testing 算法，在路径条件选取上采用了深度优先策略并保证了测试用例的无重复性。该方法相比于普通的 concolic testing 算法，在测试用例的生成速度上会有成倍数量级的增加。但是，深度优先的遍历策略实际上并没有结合特定的程序目标点测试，路径的选择依然具有随机盲目性。

2．分布式架构实现

Siddiqui 和 Khurshid 设计实现了符号执行和具体执行相结合的并行化系统 ParSym。该系统把要执行的测试通过各个机器运行的代理分布到各个节点，通过符号执行引擎执行相应的测试工作。系统将一个符号执行的工作队列作为所有节点符号执行的输入，所有具有符号执行引擎的节点都要与其通信以获得符号执行的初始输入，并把产生的项送给管理监控端让其重新排列队列。该系统的主要优势在于解决了分布式测试时的工作任务监控及实时调度策略，但没有从被测试程序内部的程序依赖关系上分析并行执行的相关问题。

Sasnauskas 等在分布式系统中设计实现了进行符号执行的通信算法，该算法实现了程序状态到状态（State to State）的无冲突通信，并能够有效减少存储的冗余。Sasnauskas 的论文主要从分布式程序通信和存储方式上进行研究，并未涉及软件脆弱性检测的相关方法。

6.6　符号执行存在的难题及缓解措施

6.6.1　路径爆炸问题

符号执行在理论上能够遍历程序中的每一条可达路径并生成测试用例。实际上，在符号执行的分析过程中，在每个分支节点，符号执行都会衍生出两个符号执行实例，程序的可执行路径数目随着程序中分支的数目呈接近指数倍增长，并且在遇到循环的情况下，路径数目的增长更加迅速。路径爆炸的主要来源是循环和函数调用。循环的每次迭代都可以看作 if goto 语句，生成执行树中的条件分支。如果循环条件涉及一个或多个符号值，则生成的分支数可能是无限的。路径爆炸问题主要给符号执行带来巨大的时间、空间开销。

KLEE 为了缓解路径爆炸问题，交替使用高覆盖率优先和随机的路径选择策略。EXE 使用 RWset 优化方法，对程序语义进行分析以减少路径分析数量，即一是当执行到达同一个程序点，且执行状态完全相同的多条路径时，后继执行路径也必然相同，因此可被归并；二是当执行到达同一程序点，且执行状态中只有后继路径不关心的变量存在多条不同的路径时，后继执行路径也必然相同，因此可被归并。DART 的动态符号执行虽然能够保证系统不会由于同时维护过多路径信息而崩溃（一次只需维护一条路径的信息，其余路径只需要维护其约束，缓解空间压力），但仍旧改变不了程序路径遍历的条数，且始终面临着路径爆炸问题（对符号执行时间造成延长）。SMART 基于 DART 提出组合符号执行，通过记录和复用函数摘要来减少对相同路径的遍历次数。S2E 使用选择符号执行策略，仅对关注的代码层进行符号执行。Mayhem 使用混合符号执行，减少符号执行的路径数目。上述方法虽然减少了符号执行需遍历的路径总条数，但是由于软件规模的日益庞大和软件结构的日益复杂，这些方法仍旧无法从根本上解决符号执行过程中路径爆炸的问题。

Cloud9 借助云平台提供的分布式硬件结构，突破单机符号执行的瓶颈，缓解了路径爆炸问题产生的影响，但综合来看，也并未减少路径遍历的总条数。路径爆炸问题仍旧是符号执行面临的一个难点问题。

目前缓解路径爆炸的措施主要有以下几种。

1）冗余路径剪枝技术

减少路径空间的第一个自然策略是在每个分支上调用约束求解器，修剪无法实现的分支。如果求解器可以证明分支的路径约束给出的逻辑公式不令人满意，则无须分配程序输入值，可以将实际执行驱动到该路径，由符号引擎安全丢弃而不影响健全性。Schwartz-Narbonne 等提出了一种正交方法，可以帮助减少要检查的路径数量。虽然 SMT 求解器可用于一次探索一条路径的大型搜索空间，但通常最终会推理出许多路径共享的控制流。这项工作通过从每个路径中提取出一个最小的公共子集，实现共享路径的识别。但是符号执行过程中最小公共路径子集提取的完备性难以验证，因此符号执行引擎可以利用近似最小公共路径子集识别需要优化的路径。

2）状态合并

状态合并是一种强大的技术，可以将不同的路径融合为一个状态。合并状态由一个公式描述，该公式表示将各个状态（如果它们保持分开的状态）的公式进行切分。与其他静态程序分析技术(如抽象解释)不同，符号执行中的合并不会导致过高的逼近度。Godefroid 阐述了静态状态合并的原理及存在的问题。冗余状态合并虽然能有效地减少待搜索的路径数量，但同时也给约束求解器增加了负担，在进行约束处理解析时容易遇到问题，并且状态合并还有可能引入新的符号表达式。2012 年，Kuznetsov 等提出了一种自动选择何时以及如何进行状态合并的方法，从而显著提高了符号执行的性能。2014 年，卡内基·梅隆大学的 Avgerinos 等提出了 veritesting 的概念(veritesting 即状态拟合)，通过状态拟合减小程序的状态空间，提高动态符号执行的可用性。

3) 欠约束符号执行

避免路径爆炸的一种可能方法是，将要分析的代码(如一个函数)从其封闭系统中删除，并进行隔离检查。欠约束符号执行通过将函数的符号输入以及可能影响其执行的所有全局数据标记为欠约束的方式来对函数进行隔离分析。直观地，当在分析中没有考虑对符号变量的约束不足时，应从程序入口点到函数的路径前缀对该符号变量的值进行收集。实际上，符号执行引擎可以通过跟踪内存访问并识别其位置来自动将数据标记为约束不足，而无须人工干预，例如，当对位于堆栈上的未初始化数据执行内存读取时，可以检测到函数的输入。约束不足的变量与经典的完全约束的符号变量具有相同的语义，除非用于可能产生错误的表达式中。

4) 程序分析与优化技术

程序切片从程序行为的子集开始，从程序中提取表示该行为的最小指令序列。污点分析试图检查程序的哪些变量可以保存从潜在危险的外部源(如用户输入)派生的值。该分析既可以静态进行也可以动态进行，后者可以产生更准确的结果。在符号执行的情况下，污点分析可以帮助引擎检测哪些路径依赖于污点值。Fuzzing 会随机更改用户提供的测试输入以导致被测程序崩溃或 assert 失败，并可能发现潜在的内存泄露。一方面可以通过符号执行来增强模糊处理，收集输入的约束并取反以生成新的输入。另一方面，可以通过模糊测试来增强符号执行器，以便更快、更有效地到达更深层次的探索状态。

6.6.2　约束求解问题

现存的约束求解技术应用较为广泛，在信息技术领域也发挥着越来越重要的作用。例如，程序分析技术、恶意代码检测、自动控制等众多问题，都可表示为约束满足问题，即对包含 n 个变量集合中的各变量在其相应值域内赋值，求出所有可能的 n 元组，使给定的约束集合同时得到满足的问题。

约束求解是符号执行的基础，符号执行在程序分析上的效率很大程度取决于约束求解的效率；而约束求解主要依赖于可满足性模理论 SMT。SMT 求解器的核心是布尔逻辑的可满足性理论，简称 SAT。理论上说，所有的 SMT 问题都可以转换成 SAT 问题，SAT 问题是历史上第一个被证明的 NP-complete 问题。

求解这类问题一般采用回溯搜索法，求解比较困难，为 NP 难问题(Non Deterministic Polynomial Hard, NP Hard)。为了减少回溯次数，提高搜索算法的执行效率，该方法通常采用相容技术进行优化。相容技术在解决约束满足问题中起着重要作用。一方面，在搜索之前进行相容检查，可以产生解的集合或极大地化简问题的规模；另一方面，在搜索过程中保持相容，相比其他算法在付出一定的时间、空间代价的情况下能够得到合理的问题规模的压缩，因此回溯搜索法被认为是处理大规模难解问题的最有效的一种方法。相容技术可以看成是对回溯搜索的一种优化和预处理过程。

最近，Z3 成为 SMT 解决方案的领先解决方案。Z3 由 Microsoft Research 开发，具有最先进的性能，并支持多种理论，包括位向量、数组、量词、未解释的函数、线性整数和实数算术及非线性运算。其 Z3-str 扩展名使将字符串也视为基本类型成为可能，从而使求解器可以推理常见的字符串操作，如字符串拼接、字符串提取和字符串替换。Z3 用于最近出现的象征性执行器，如 Mayhem、SAGE 和 ANGR。

随着分布式硬件平台的发展，越来越多的学者希望利用更强的计算能力来处理耗费时间和资源的约束求解问题，并开始从事并行搜索算法的相关研究。最早关于并行搜索的文献是 Clocksin 提出的 DelPhi 原则。2013 年，Cadar 等又提出了多约束求解器并行策略，并在 KLEE 中得到初步应用。

EXE 中介绍了一种约束独立性优化方法，即根据约束集中约束项包含的约束变量的独立性，将约束集分解为独立子集，以达到简化约束集的目的。约束独立性判定在现实程序分析中有着较为广泛的应用，能有效地提高约束求解的效率。Ramos 和 Engler 于 2015 年提出了懒惰约束求解策略，其核心思想是分析过程中不用对每一个遇到的分支判断都验证路径可达性，而是在该路径到达目标位置时，才通过查询求解器验证该路径的可达性并求解生成测试用例。当执行程序遇到涉及昂贵符号操作的分支语句时，它将同时执行 true 和 false 分支，并对路径条件的昂贵操作的结果添加延迟约束。当探索达到某个目标的状态(如发现错误)时，该算法将检查路径的可行性，并在实际执行中认为无法到达时将其抑制。在延迟约束之后添加的路径约束实际上可以缩小求解器的求解空间。

6.6.3　外部函数调用问题

一个应用程序或多或少会通过调用外部函数来实现自己的功能，如库函数、第三方 DLL 等。外部函数的调用深度难以预测，如果符号执行追踪到外部函数，则可能引起路径约束条件的急速增加，从而导致一系列相关问题，如迅速加剧路径爆炸及约束条件求解等问题。但若不跟踪外部函数，又有可能丢失某些脆弱点，导致漏洞检测的精度降低。

在整个执行过程中，可以在相同的调用上下文中或在不同的调用上下文中多次调用函数。SMART 中使用函数摘要的方式对部分外部调用函数进行处理(也是对程序全局分析性能的优化)，KLEE 则通过环境建模来处理环境交互问题(环境交互问题的根源是外部函数调用)。函数摘要是一个命题逻辑公式，它定义为来自不同类的 φ_w 公式的提取，并且可行的过程间路径是通过组合过程内部的符号执行来建模的。Saswat Anand 等通过生成作为具有未解释函数的一阶逻辑公式的摘要来扩展组成符号执行，从而允许形成不完整的摘要(即仅捕获函数内路径的子集)，并且可以在过程内分析期间随着更多的状态覆盖进行按需扩展。

S2E、Mayhem 等则采用具体执行和符号执行相结合的方式(具体方式有些许不同)。如果两个状态仅对于某些稍后不会被读取的程序值而不同，则由两个状态生成的执行将产生相同的副作用。因此，可以缓存代码片段的副作用，并可能在以后重新使用。

6.6.4　浮点指针计算问题

浮点指针计算问题是当前所有求解器都面临的一个共同问题。现有的求解器如 Z3、STP、

Cvc3、Yices 等都没能提出可靠的满足性理论来支持浮点指针的计算。而符号执行技术是依靠求解器来产生新的测试用例,对于不能求解的约束条件,将直接导致符号执行不能产生新的测试用例。因此求解器的求解能力也直接阻碍了符号执行技术的发展。

6.6.5　循环处理

2009 年,Song 等提出了循环扩展的符号执行方法(LESE),为每一个循环次数的变量分配一个符号值,采用抽象解释方法推理出循环次数与程序其他变量的关系表达式,进而得出循环次数的约束条件。早期的工具只能为循环生成摘要,通过在循环中添加固定数量来更新符号变量。但是,它们不能处理嵌套循环或多路径循环,即在其体内具有分支的循环。Proteus提出用于概括多路径回路的通用框架。它根据路径条件(即归纳变量是否已更新)值的变化以及循环内路径的交织(即是否有规律)的模式对循环进行分类。该分类利用控制流图的扩展形式,用于构建对交织进行建模的自动机。自动机是在深度优先遍历过程中,通过分离多路径的循环边界来确定实际的执行迹线,其中的一个迹线表示该循环的一条可能执行路径。分类确定是否可以精确地或近似地捕获循环(仍然可能具有实际意义)。带有不规则模式或非归纳更新的多路径循环的精确汇总,以及更重要的嵌套循环的汇总仍然是未解决的研究问题。

6.7　本 章 小 结

本章对符号执行进行了阐述,理论性较强。符号执行技术目前通常与其他技术结合使用,例如,与模糊测试结合,提高敏感点定位;与人工智能技术结合,对路径进行训练等。学习本章后,读者最好能够亲自动手将本章中的实例验算一遍,特别是约束表达式是如何得到的。只有熟悉这个过程才能够真正理解符号执行过程。

6.8　习　　　题

(1)简述符号执行的基本流程,以及符号执行与约束求解的关系。

(2)上机操作 BAP 符号执行工具,理解该工具的原理和实现方法。

(3)上机操作 KLEE 符号执行工具,理解该工具的原理和实现方法。

(4)简述符号执行的局限性,思考如何将符号执行应用到解释型语言(如 JavaScript)中。

第7章　模糊测试技术

模糊测试是目前工业界采用最广泛的一种软件测试方法，也是目前发现漏洞数目最多的一种技术。模糊测试是一种通过提供非预期输入，监视目标软件在处理该输入后是否出现异常的动态测试方法。模糊测试实现了测试用例的生成、变异和导入，以及测试目标状态监控的自动化，可有效提高软件测试效率。本章对模糊测试的概念及工作原理进行介绍，在此基础上，阐述模糊测试的应用，提高读者对模糊测试的理解。

7.1　模糊测试概述

模糊测试是目前最流行的黑盒漏洞检测方法，其基本思想是：提供大量随机的生成或特殊构造的数据作为被测程序的输入，在程序运行过程中监控异常并记录导致异常的输入数据，以人工分析辅助，基于导致异常的输入数据进一步定位软件中漏洞的位置。可以用"让一只猴子去测试应用程序"来表示模糊测试的过程。通过让它胡乱点击计算机的键盘或者移动鼠标，产生不在预期内的输入，从而发现目标程序的异常问题。

一个模糊测试器(通常简称 fuzzer)通常包括一只猴子(fuzzer 的输入构造模块)、一个可以运行的程序(测试的对象即漏洞挖掘的目标)及崩溃的程序捕捉(fuzzer 的错误反馈与捕捉)。上述 fuzzer 方式虽然能够发现一些程序异常问题，但是由于猴子产生的输入太过随机，大部分的输入都不合法，这些不合法的数据往往会被目标程序识别而被丢弃(如对于不符合通信协议规范的数据包，接收方会直接过滤掉)。因此，该测试方式的实际效率很低。

但是模糊测试相比传统的漏洞挖掘方法还是有很多优点，是目前应用范围广泛的漏洞挖掘技术，其优点主要有如下方面。

(1)与面向源代码的白盒测试相比，模糊测试的测试对象是二进制可执行程序，使用范围更广。

(2)模糊测试是动态实际执行的，不存在静态分析技术中的大量误报问题。

(3)模糊测试的原理简单，没有大量的理论推导和公式计算，不存在符号执行技术中的路径状态爆炸问题。

(4)模糊测试自动化程度高，不需要逆向工程中大量的人工参与。

使用模糊测试进行漏洞检测，前提是程序出现崩溃，那么有两个问题需要思考。

(1)为什么程序崩溃就有可能存在漏洞呢？程序崩溃说明程序执行了非预期输入，产生了设计以外的行为，漏洞也是程序设计以外的行为，二者有一定的重合性。

(2)漏洞触发，是不是程序一定崩溃？不一定！漏洞触发，程序有可能崩溃，也有可能不会崩溃。通常只有与内存破坏相关的漏洞会导致程序崩溃。所以模糊测试挖掘到的多是内存破坏类的漏洞，对逻辑类漏洞无能为力。

7.1.1 起源与发展

按照发展的时间脉络来分,模糊测试可以分为如下 9 个阶段,如图 7-1 所示。

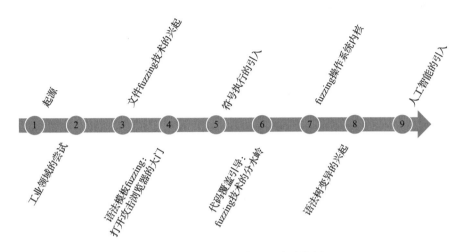

图 7-1 模糊测试发展历史脉络图

1. 起源

模糊测试很早就在软件工程中被采用,最初称为随机测试(random testing)。直到 1988 年,在威斯康星大学麦迪逊分校 Barton Miller 教授的计算机实验课上,首次提出 fuzz 生成器(fuzz generator)的概念,用于测试 UNIX 程序的健壮性,即用随机数据来测试程序直至崩溃。因此,Barton Miller 教授也被多数人尊称为"模糊测试之父"。该项目中所用的模糊测试方法是一种非常粗糙的、纯黑盒的方式:简单地构造随机字符串并传递给目标应用程序,如果应用程序在执行过程中发生异常(崩溃或者挂起),那么就认为测试失败,否则就认为测试通过,结果发现各个版本中的 UNIX 程序崩溃的概率为 25%~33%。尽管在该项研究的过程中提到了安全性的问题,但是并没有专门强调。2000 年 Forrester 和 Miller 又对 Windows NT 应用程序进行了模糊测试。但是,当时更多是为了验证代码质量和程序的稳定性,而非专门用于挖掘安全漏洞。

2. 从学术界到工业界

1999 年,芬兰奥卢大学开始开发 Protos 测试集。具体来说,就是依据分析协议规范来产生违背规范或者可能让实现该协议的程序无法正确处理的报文。2001 年,芬兰奥卢大学公布了 Protos 测试集项目的研究成果,首次将 fuzzing 技术应用在网络协议的安全测试中,他们针对不同的网络协议构造出不同的测试用例集,目前这些用例集在其官网上依然可以下载。2002 年,Protos 测试集逐渐成熟,Microsoft 开始为该项目提供资金支持。他们发布了用于 SNMP 测试的版本,随后各种各样的协议测试集先后被开发出来,并可以用来测试多个厂商的产品。2003 年该项目组成立了 Codenomicon 公司(发现了"心脏滴血"漏洞),开始将 fuzzing 技术应用于商业产品,也发现了不少安全问题。因此,Protos 项目可以说是 fuzzing 技术发展历程中的一次重要里程碑。

2002 年，在 USA 的 Black Hat 大会上，来自 Immunity 安全公司的 Dave Aitel 发表议题 *An introduction to SPIKE, the fuzzer creation kit*，发布了开放源代码且可用于测试网络协议的模糊测试框架 SPIKE，该框架基于块模板定义实现网络协议测试，优点是支持定义可变长度的数据块，除生成随机数据外，还提供一些现成的边界值生成方法，以提高异常产生的效率。SPIKE 还能够产生常见的协议和数据格式，允许用户创建自定义的模糊测试器。SPIKE 的诞生使广大用户能够依据自身需求定制网络协议 fuzzer，这对 fuzzing 技术的普及起到巨大的推动作用。

从 Protos 到 SPIKE 的诞生，代表着学术界与工业界实现了 fuzzing 技术在商业与安全实战领域的应用。

3. 文件 fuzzing 技术的兴起

2004 年，Peach 模糊测试框架的发布，标志着文件 fuzzing 时代的到来。最初 Peach 是用 Python 开发的，后来在 2007 年被收购后改用 C#编程语言重写，并分为社区版和付费版。Peach 支持文件格式、网络协议、ActiveX 控件等多种形式，通过编写 pit 文件（XML 格式）来定义数据格式。由于每次编写比较麻烦，后来有人提供自动将 010 Editor 格式解析器（仿 C 语言的 bt 文件）转换为 pit 文件的工具，在一定程度上可以降低编写 pit 文件的工作量。直至今日，Peach 依然还有人在用，更有人将 Peach 与 AFL 连接起来，在 GitHub 上发布 AFL-smart 的开源项目。

2005 年，iDefense 公司开发了基于 Windows 平台的文件格式的模糊测试工具 FileFuzz 和基于 Linux 平台的 SPIKEfile，开启了文件类漏洞挖掘的热潮。2005 年，Mu Security 公司发布了商业 fuzzing 硬件设备 Mu-4000。2006 年，掀起了对 ActiveX 控件进行 fuzzing 的热潮，David Zimmer 和 H. D. Moore 分别发布了测试工具 COMRaider 和 AxMan，数十个 ActiveX 控件漏洞被发现并公布出来。2013 年，Amini 和 Portnoy 发布了模糊测试框架 Sulley。与 SPIKE（SPIKE Proxy）和 Sulley 相比，Peach 对网络协议的模糊测试过程更加复杂。2011 年，Domany 等发布了基于 Peach 和 Wireshark 的模糊测试框架 HotFuzz。该框架通过扮演客户端与服务器的中间人角色来记录并解析真实的网络通信过程，用户只需要通过图形界面指定需要变异的字段并启动模糊测试即可完成整个工作，大大减少了用户单独使用 Peach 对网络协议进行模糊测试的工作量。

文件 fuzzing 应该是当前 fuzzing 应用中最为普遍的形式，即使是网络协议等其他目标的 fuzzing，也可以转换为文件 fuzzing 来进行。如 OpenSSL 网络协议 fuzzing，通过源代码打 log 的方式先收集网络数据作为本地文件，再用 AFL 或 libFuzzer 进行本地测试，就顺利地将网络协议 fuzzing 转换为文件 fuzzing。

4. 语法模板 fuzzing：打开攻击浏览器的大门

2008 年，Mozilla 安全团队发布了 jsfunfuzz 和 DOMFuzz，基于 JS 语法模板来生成测试用例，以挖掘浏览器漏洞，后来两款工具合称 funfuzz，以开源的形式对外公开。这款工具在当时确实挖掘到了不少浏览器的漏洞，但其语法模板的可扩展性并不友好，只能在代码上做修改。相比于 Dharma，以及后来 Project Zero 发布的 Domato，其可用性相对较差。这种基于 JS 语法模板的 fuzzing 方式，在挖掘一次漏洞后必须保持模板的更新才能持续产出, 同时要理解测试目标在 JS 代码上的触发逻辑, 例如, JIT 可通过 for 循环来触发代码优化, Dom UAF 可通过创建 Dom 元素, 并调用相关元素的方法来触发删除和引用, 以探测是否存在 UAF 漏洞的可能。只有在整体上依赖于对语法和目标原理的理解, 才能构造出好的语法模板。

在 funfuzz 之后, 工业界也出现了多款优秀的 JS 语法 fuzzing 工具, 如 grinder、nduja、CrossFuzz 等。在 PC 流行时代, 用 grinder 来 fuzzing Windows IE 浏览器也比较流行。

浏览器一直是网络攻击中最受关注和最常用的入口, 过去如此, 现今依然。因为浏览器集成于系统, 且用户使用率高, 又是远程访问的最佳途径, 因此渲染引擎和 JS 引擎一直是浏览器的主要攻击面, 主要将 HTML、JS、VBS 作为解析语言, 从而出现了许多对这些语言的语法结构进行 fuzzing 的工具。除此之外, 如今 WebSQL 也开始备受关注, 如 Chrome 上的 SQLite 模块, SQL 语法的 fuzzing 也随之而来。

除了浏览器, PDF 的 JS 和 Flash 的 AS 语法解析也一度作为攻击 Adobe Reader 和 Adobe Flash 的入口。

5. 符号执行的引入

2008 年, 基于 LLVM 的符号执行引擎 KLEE 发布后, 掀起了一股程序分析新形式的潮流。后来, 符号执行应用于 fuzzing 中, 经常被用来打 CTF 比赛、找 key、解混淆、fuzzing 等。例如, 将 AFL 与 ANGR 结合的 Driller, 还被用在了 CGC 自动网络攻防竞赛上, 但这种比赛都是特定场景下的比赛, 不能完全代表真实的软件世界; 还有将 AFL 与 KLEE 结合的 KleeFL。

符号执行的现状是在学术界中应用得比较多, 工业界相对少一些。将符号执行应用在 fuzzing 中, 通过约束求解新路径的条件值, 以增加代码覆盖率, 可以在一定程度上弥补暴力变异的不足。符号执行主要的挑战在于路径爆炸问题、约束求解能力的局限性及性能消耗问题, 如内存和时间消耗过大。符号执行与约束求解对小型应用比较有效果, 也常被用于 CTF 比赛, 在 CTF 中使用最广的是 ANGR 框架。但是, 基于当前的工业界情况, 符号执行仍然比较难以应用于大型软件中。符号执行在 fuzzing 中的应用并没有真正带来新的技术浪潮, 真正的技术浪潮始于代码覆盖引导技术的引入。

6. 代码覆盖引导技术: fuzzing 技术的分水岭

2013 年底, AFL-fuzz 首次采用源代码编译插桩和 QEMU 模式来实现代码覆盖引导 fuzzing 的方式, 是 fuzzing 技术发展历程中最重要的一次里程碑, 也是技术的分水岭, 开启了 fuzzing 技术的新篇章。在 2014 年和 2015 年期间, 很多人通过使用 AFL 挖掘到不少主流开源软件的 0day, 从而使 AFL 受到更多人的关注和使用, 这证明了代码覆盖引导技术在 fuzzing 实战中的价值。

随后, 基于 AFL 二次开发的 fuzzer 如雨后春笋般涌现出来, 如 WinAFL、libFuzzer、AFLFast、VUzzer 等, 而且针对各种语言的版本相继出现, 如 Go、Python、JS、Ruby 等。一些知名的 fuzzer 也迅速跟进, 如 syzkaller 内核 fuzzer, 它原本基于 API 调用模板, 后来也引入了代码覆盖引导技术。同时, 业界都在试图将 syzkaller 移植到各种平台上(如 Windows、Android、IOT 平台等), 并实现支持闭源程序的代码覆盖引导能力, 这一直是近几年来 fuzzing

技术研究的热点方向,如动、静态插桩,虚拟机模拟执行,硬件特性等。无论是工业界大会(如Black Hat、OffensiveCon、CCC 等),还是学术界四大顶会,关于 fuzzing 的议题也越来越多,相信这种趋势会持续下去。

7. fuzzing 操作系统内核

2015 年 Google 开源了 syzkaller,即一款用于 fuzzing Linux 内核的工具,发现了多个高价值漏洞。现在依然有很多人用它来挖掘各系统平台的内核漏洞,包括 Android、MacOS、Windows 等主流系统平台。syzkaller 通过定义系统函数调用模板来实现,在模板中定义系统调用的函数参数类型,并解决函数调用的顺序依赖和值依赖问题。Project Zero 官方博客曾写过一篇利用 syzkaller fuzz socket 挖掘 Linux 内核漏洞的文章,标题为 *Exploiting the Linux kernel via packet sockets*(*syzkaller usage*),详细讲述了如何编写模板,以及 syzkaller 的使用方式。

Windows 平台也常被通过构建 GUI API 调用模板来 fuzzing 系统内核,MacOS 平台内核fuzzing 则常对 iokit 函数进行测试,这些操作都是基于这种系统函数调用模板的 fuzzing 方式实现的。

2016 年 Google 提出结构感知型 fuzzing(structure-aware fuzzing),并基于 libFuzzer 与protobuf 实现了 libprotobuf-mutator,其实现思路与 syskaller 相似,它弥补了 Peach 的无覆盖引导的问题,也弥补了 AFL 和 libFuzzer 对于复杂输入类型的低效变异问题。正如前面提到的,也有人将 AFL 与 Peach 整合成 AFL-smart,以实现类似功能。现在,Project Zero 也用libprotobuf-mutator 来 fuzzing iOS 内核,详见 *SockPuppet: A Walkthrough of a Kernel Exploit for iOS 12.4*。

结构感知型 fuzzing 并不是什么新技术,跟 Peach 的实现思路是一样的,只是对输入数据类型进行模板定义,以提高变异的准确率。只是当前大家更倾向将结构感知与覆盖引导等多种技术优势整合在一起,基于系统函数模板来 fuzzing 系统内核,相信这种方式未来仍会被经常使用。

8. 语法树变异的兴起

2012 年,USENIX 安全顶会上一篇名为 *Fuzzing with code fragments* 的论文引起了语法树研究的热潮。作者开发了一款名为 LangFuzz 的挖掘工具,从 Firefox、WebKit、Chromium 等开源的浏览器项目及去网络上收集 JS 测试样本,然后用 ANTLR 进行 AST 语法树分析,再将样本拆分成非终止语法的代码片段,放入代码池中,最后再基于代码池的代码片段对输入样本做交叉变异,主要取同类型的代码片段进行替换或插入,再运行生成的变异样本进行测试。

基于 LangFuzz 的思想,后续又有人开源了 IFuzzer,并发表了相关论文,IFuzzer 在LangFuzz 的基础上增加了遗传算法,对输入样本进行评估,筛选出优秀的个体进行组装以产生新样本。不过这个工具并没有那么完善,也未见到比较好的实际漏洞产出。

2018 年,Project Zero 的 Groß 发布了一款叫 FuzziIL 的 JS 语法 fuzzer 工具,它整合了语法变异、模板生成、覆盖引导等多种技术,使用自定义中间语言用于语法变异,再将变异后的中间语言转换成 JS 代码。FuzziIL 在三大主流 JS 引擎的测试中取得了非常不错的效果,发现了不少漏洞,也因此被业界同行拿去做二次开发,又发现了其他新的漏洞。

2019 年,有 2 篇学术论文 *CodeAlchemist: semantics-aware code generation to find vulnerabilities in JavaScript engines* 和 *Superion: grammar-aware greybox fuzzing* 相继被发表，CodeAlchemist 对输入样本进行语法树分析和数据流分析，为拆分出来的代码片段设置前置和后置约束条件，前置约束条件代表一些引用的变量需要先定义，后置约束条件代表代码片段的输出结果，通过两者来解决一些未定义变量的引用问题。Superion 是将语法树变异规则置入 AFL 中实现的，借助 AFL 筛选变异后的输入样本，而且支持多种语言，也是采用 ANTLR 进行语法树分析，其在语法扩展上比较友好。两款工具均在最新 JS 解析引擎上发现过若干 0day 漏洞，并且均已在 GitHub 上开源。

除了传统的模板 fuzzing，语法变异（无论是 AST，还是自定义中间语言）也是一个值得探索的方向。

9. 人工智能的引入

随着人工智能的应用越来越普遍，将人工智能技术应用于模糊测试受到了研究者的大量关注。人工智能利用学习进行训练，可以模拟人工进行模糊测试的流程，因此人工智能可以应用于模糊测试的各个阶段，包括初始种子生成、测试用例生成、种子选择、变异算子选择、适应度函数以及可利用性分析等。

通过各种突变操作将种子文件突变作为模糊测试的输入样本。输入种子文件的质量是影响测试效果的重要因素。目前的种子选择策略存在获取种子集所需时间较长、选择的种子执行效果与随机选择的种子几乎相同等缺点。使用机器学习技术可以学习传统模糊测试中导致代码覆盖率更高、崩溃次数更多、执行路径更独特的种子文件的共同特征，并最终通过基于生成或基于变异的方法生成更多具有该特征的种子文件。

由 Skyfire（Wang 等）实现的数据驱动的种子生成方法，使用 PCFG（概率上下文敏感语法，包含语义规则和语法特征）自动提取语义信息。这些语义信息和语法规则用于种子生成。使用该方法可以保证生成的种子文件能够通过语法解析和语义检查。最终，Skyfire 可以执行到目标程序的更深路径，从而更有效地发现深层漏洞。Faster fuzzing 探索使用深层神经模型来增强随机突变检测的有效性。该方法从 AFL 生成的样本中学习特征，并通过生成性对抗网络（GAN）的对抗训练生成增加执行路径的种子文件。Smartseed 读取输入文件并将其转换为二进制形式的统一类型的矩阵，然后通过使用 WGAN 和 MLP 从收集的数据集中自动学习触发唯一崩溃或唯一路径的特征。训练后的模型可以生成更容易导致崩溃和唯一路径的种子文件。2019 年，Cheng 等使用 RNN 和 seq2seq 查找 PDF 文件和目标程序执行路径之间的关联。然后，这种相关性被用来生成新的种子文件，这些种子文件更有可能探索目标程序中的新路径。NeuFuzz 通过 LSTM 了解样本中已知的漏洞程序和隐藏的漏洞模式，发现可能包含漏洞的执行路径。NeuFuzz 优先执行能够覆盖包含漏洞的路径的种子文件，并根据预测结果为这些种子文件分配更多的突变能量。

另外可以通过对种子文件执行突变来生成测试用例，该测试用例可以基于已知的输入文件格式来构建。作为最终的输入，测试用例的内容将直接影响是否触发 bug。因此，构建代码覆盖率高或面向漏洞的测试用例可以有效地提高 fuzzer 中漏洞检测的效率。2017 年，Fan 和 Chang 提出了一种自动生成专有网络协议的黑盒模糊测试用例的方法。该方法使用 seq2seq 通过处理专有网络协议的流量来学习生成的专有网络协议的输入模型，并且通过使用该学习模型来生成新消息。GANFuzz 通过在生成对抗网络中训练生成的模型来学习协议语法，以估计工业网络协议消息的底层分布函数，基于该生成模型可以生成格式良好的测试用例。NEUZZ 还提出了梯度引导的搜索策略，该策略计算并使用平滑近似梯度（即 NN 模型）来识别目标突变位置，这样可以在目标程序中最大化地检测到错误的数量。该策略还演示了如何通过对错误预测的程序行为逐步重新训练模型来改进神经网络模型。

在模糊测试过程中，被测目标程序需要执行大量的样本，执行所有质量参差不齐的样本既耗时又低效。测试用例过滤器的目的是从大量样本中选择更有可能触发新路径或漏洞的测试输入。通过使用机器学习技术，可以对输入样本进行分析和分类，以确定应该进一步执行哪些样本来查找安全漏洞。2017 年，Gong 等基于 AFL 生成的导致程序状态改变以及程序状态不变的样本来训练深度学习模型。训练好的模型可以预测新一轮 AFL 生成的样本是否会改变程序状态。因此，AFL 不能执行不能产生新状态的样本，从而提高了模糊测试器的效率。Siddharth 将程序输入映射到执行轨迹，并对执行轨迹分布的熵进行排序。Siddharth 基于这样的假设，即不确定性越高，执行新代码路径的可能性越大，选择具有最大（最不确定）熵的输入来执行下一个输入。

随着机器学习在网络安全领域的发展，许多研究也采用机器学习进行漏洞检测。将机器学习技术引入模糊测试，为解决传统模糊测试技术的瓶颈问题提供了新的思路，使模糊测试技术智能化。随着机器学习研究的爆炸性增长，将机器学习用于模糊测试将成为漏洞检测技术发展的关键之一。

7.1.2 基本概念

模糊测试是一种基于缺陷注入的自动化软件漏洞挖掘技术，其基本思想与黑盒测试类似。测试过程包括反复操纵目标软件并为其提供处理数据。而学术界和互联网上对模糊测试的定义各不相同，本节首先归纳相关定义并在此基础上总结本书关于模糊测试的定义。

维基百科给出的定义是，模糊测试是一种自动软件测试技术，涉及向计算机程序提供无效、意外或随机数据并将其作为输入。然后监视程序是否存在异常，如崩溃、内置代码断言失败或潜在的内存泄露。通常，模糊测试器用于测试采用结构化输入的程序。该结构由文件格式或协议来指定，并区分有效输入和无效输入。一个有效的模糊测试器会生成足够有效的输入，输入不会被解析器直接丢弃，而是会在程序的更深处产生意外行为，并且足够有效，可以暴露尚未正确处理的极端情况。

《模糊测试——强制性安全漏洞发掘》中认为模糊测试是一种通过提供非预期的输入并监视异常结果来发现软件故障的方法。模糊测试一般是一个自动或半自动的过程，这个过程包括反复操纵目标软件并为其提供处理数据。而《软件漏洞分析技术》将模糊测试定义为一种向待测程序提供大量特殊构造的或是随机的数据并将其作为输入，监视程序运行过程中的异常。

通过上述研究可发现，模糊测试的定义都离不开构造输入、监视异常、发现漏洞。因此本书将模糊测试定义为一种自动或半自动的软件测试技术，通过产生一系列非法的、非预期的或者随机的输入向量，反复操纵目标软件并为其提供处理数据，监视程序运行异常并自动化触发和挖掘目标程序中的安全漏洞。模糊测试的关键是测试用例的生成方法，与之前的定义相比，本章的定义更加关注模糊测试的测试用例即输入。它使用大量足够有效的数据作为应用程序的输入，将程序是否出现异常作为标志，来发现应用程序中可能存在的安全漏洞。

所谓足够有效的数据是指对应用程序来说，测试用例的必要标识部分和大部分数据是有效的，这样待测程序就会认为这是一个有效的数据，但同时该数据的其他部分是无效的。这样，应用程序就有可能发生错误，这种错误可能导致应用程序的崩溃或者触发相应的安全漏洞。

7.1.3 分类与作用

模糊测试技术可以从多个角度进行分类。

(1) 根据对目标程序的理解可分为黑盒模糊测试、白盒模糊测试和灰盒模糊测试。

(2) 根据数据生成方式可分为基于突变、基于生成和基于函数调用模板的模糊测试。

(3) 根据程序探索策略可分为定向模糊测试和覆盖率引导的模糊测试。

(4) 根据测试目标程序的类型可以分为命令行、环境变量、文件处理软件、Web 浏览器、Web 应用和网络协议等模糊测试。

对目标程序的理解而言，黑盒模糊测试将被测程序视为黑盒，观察不到被测程序的内部细节，只能观察到其输入和输出，如 Peach。这种方法操作简单，不需要获得待测软件的源代码，可用性好，但是测试用例多出自测试人员的主观猜想，覆盖能力较差。白盒模糊测试通过分析被测程序的内部细节和执行时收集的信息来生成测试用例，可以探测出被测程序的内部状态空间，如 KLEE、SAGE。白盒模糊测试主要采用源代码审计的方法查找漏洞，因为可以获得待测软件的全部源代码，所以可以审核所有可能的代码路径。它具有覆盖能力强的特点，但该种方法需要大量的人工分析，复杂性很高，当待测软件的源代码有几十万行甚至更多时，可操作性比较差。灰盒模糊测试不知道被测程序的内部信息和完整语义，但是可以对被测程序进行轻量级的静态分析或收集其执行时的动态信息(如覆盖范围等)，如 AFL。尽管灰盒模糊测试有很好的可用性，但却存在很大的复杂性，尤其是在二进制审核工作上会花费大量的时间。

对数据生成方式而言，基于突变的模糊测试对已有的数据样本通过应用变异技术来创建测试用例；基于生成的模糊测试通过对目标协议或文件格式建模的方法从头开始产生测试用例。基于突变的方法对准备好的输入种子执行随机变换，而基于生成的方法使用正式的输入格式规范，如语法、块或模型来生成输入。基于突变的模糊测试可能导致输入在处理早期被拒绝，因为突变的输入数据偏离目标程序期望的格式太多。然而，基于生成的方法中的输入格式规范缓解了这一缺陷。因此，基于突变的模糊测试比基于生成的模糊测试生成的代码覆盖率低，但是创建输入格式规范通常非常耗时，并且不能包括所有可能的输入格式。基于函数调用模板的模糊测试通过定义系统函数调用模板来实现，在模板中定义系统调用的函数参数类型，并解决函数调用的顺序依赖和值依赖问题。

对程序探索策略而言，定向模糊测试旨在生成覆盖程序目标代码和目标路径的测试用例，覆盖率引导的模糊测试旨在生成覆盖尽可能多的程序代码的测试用例。定向模糊器期望对程序进行更快的测试，而基于覆盖的模糊器期望进行更彻底的测试并检测尽可能多的漏洞。

对测试目标程序类型而言，目标程序的类型多种多样，对应的模糊测试器也有多种。例如，应用程序开始运行时，通常会处理用户传给它的命令行参数，命令行参数一般由操作传递给应用程序，由应用程序决定如何使用。命令行参数的使用一般比较简单，以至于大多程序不对其做任何检查就直接使用，因此命令行模糊测试就是对命令行参数进行检查，CLFuzz 和 ifuzz 是命令行模糊测试器中的代表。同时，在进程中会有一些操作系统设置的变量，包括当前程序目录、环境变量等。环境变量通常是一个<key,value>二元组序列。Sharefuzz 和 iFuzz 是环境变量模糊测试器的代表。Sharefuzz 是第一款公开的环境变量模糊测试器;iFuzz 虽然属于命令行模糊测试器,但同时也对环境变量进行了大量的测试,自定制性更强。几乎所有的计算机、智能手机等设备都包含文字处理程序,例如,办公软件通常需要处理 DOC、XLS、PPT 等类型的文件,当办公软件打开一个精心构造的恶意文件时,有可能触发其中存在的安全漏洞。自 2004 年从 Windows 平台上暴露的 JPEG 处理引擎中的缓冲区溢出漏洞开始,文件处理软件的安全便受到广大安全工作者的关注,针对文件处理软件的模糊测试的相关技术研究也逐渐拉开序幕。随后,用于文件处理软件的模糊测试工具诞生,FileFuzz、SPIKEfile、notSPIKEfile、PAIMEIfilefuzz、AFL 等都是其中的代表。notSPIKEfile 和 SPIKEfile 是用于 UNIX 操作系统上的文件格式模糊测试工具,它们分别实现了基于突变的文件格式模糊测试和基于生成的文件格式模糊测试,这两种工具都使用 C 语言编写。在 Windows 操作系统上常用的文件格式模糊测试工具是 FileFuzz,FileFuzz 对正常的文件格式进行破坏,以形成大量的畸形测试用例,并将这些测试用例部署到待测程序中,然后查看是否发生问题。Web 浏览器的模糊测试不仅可以进行 HTML、CSS、JS 等类型文件的解析,对诸如 ActiveX 类型的插件也能进行模糊测试。严格意义上讲,Web 浏览器是文件处理软件中的一种,主要处理的文件是诸如 HTML、CSS、JS 之类的与 Web 相关的文件,因其特殊性,暂时将 Web 浏览器的模糊测试分成单独一类。对 Web 浏览器进行模糊测试,首先必须确定用哪一种方法来控制模糊测试,以及确定重点关注浏览器的哪些部分。与 Web 相关的模糊测试工具有 COMRaider、mangleme、Hamachi、CSSDIE 等。COMRaider 主要用于 IE 浏览器中广泛使用的 ActiveX 控件的模糊测试;mangleme 是第一个发布的针对 HTML 的模糊测试器;与 mangleme 类似,Hamachi 主要的目标是动态 HTML(DHTML);CSSDIE 则主要用于测试 Web 页面布局中的 CSS 文件。Web 应用的模糊测试需要特别关注遵循 HTTP 规范的测试数据包,不仅能发现 Web 应用本身的漏洞,还可以发现 Web 服务器和数据服务器中的漏洞。目前主要用于 Web 应用的模糊测试工具有 SPIKE Proxy、WebScarab、Web Inspect 等。SPIKE Proxy 是 Dave Aitel 使用 Python 基于 GPL 许可开发的基于浏览器的 Web 应用模糊测试工具,它以代理的方式工作,捕获 Web 浏览器发出的请求,允许用户对目标 Web 站点运行一系列的审计工作,最终找出多种类型的漏洞。WebScarab 是 Web 应用安全项目(OWASP)开发的多种用于测试 Web 应用安全的工具中比较有代表性的一个。Web Inspect 是 SPI Dynamics 公司开发的一款商业工具,提供了一整套全面测试 Web 应用的工具。网络协议根据其复杂度可分为两个主要类别:简单协议和复杂协议。简单协议通常使用简单的认证或没有认证,简单协议通常是面向字符的,不包含校验或长度信息,FTP、HTTP 是这类协议的代表。复杂协议通常使用二进制数据,认证过程比较复杂,微软的 RPC 以及广泛使用的 SSL 协议是其中的代表。常用的网络协议模糊测试器主要有 SPIKE 和 Peach。SPIKE 是第一个公开的网络协议模糊测试工具,该工具包含一些预生成的针对几种常用协议测试的测试用例集,同时,SPIKE 以开放 API 的形式提供使用接口,方便用户定制。Peach 是一个使用 Python 编写的跨平台模糊测试框架,该工具比较灵活,使用一个 XML 文件引导整个测试过程,几乎可以用来对任何网络协议进行模糊测试。在 OS 内核上进行模糊测试始终是一个涉及许多挑战的难题。首先,与用户端模糊测试不同,内核的崩溃和挂起会导致整个系统崩溃,如何捕捉崩溃是一个悬而未决的问题。其次,考虑到模糊测试器通常在 Ring3 中运行,并且如何与内核交互是另一个挑战,系统权限机制导致了相对封闭的执行环境。当前与内核通信的最佳实践是调用内核 API 函数。此外，Windows 内核和 MacOS 内核等广泛使用的内核都是封闭源代码的，很难以较低的性能开销进行插桩。随着智能模糊测试的发展，内核模糊测试也取得了一些新的进展。通常，操作系统内核通过随机调用带有随机生成的参数值的内核 API 函数进行模糊测试。

内存模糊测试的基本思想是简单的，但是开发一个合适的实现工具却不是一件容易的事。有一种实现方法涉及冻结进程并记录它的快照，以及快速地将故障数据注入进程的输入解析例程中。在每个测试用例执行之后，以前记录的快照被存储下来并且注入新的数据。上述过程反复进行直至所有测试用例都被穷尽。内存模糊测试不仅没有网络带宽需求，并且任何位于接收离线数据包和实际解析数据包之间的不重要的代码都可以删去，从而使测试性能有所提高。

模糊测试框架简单来说就是一个通用的模糊测试器或是通用的模糊测试库，可对众多目标进行模糊测试。它简化了多种不同类型的测试目标需要的数据格式，典型的模糊测试框架包括 Peach 和 SPIKE 工具。模糊测试框架包括一个用来生成模糊测试字符串的库，或是通常能够导致解析子例程出现问题的模糊值。此外，模糊测试框架由一套简化的网络和磁盘输入、输出的子例程构成，模糊测试框架还应该包括一些类似脚本的语言，以便用来创建特定的模糊测试器。

7.2　基　本　原　理

模糊测试方法的选择取决于待测的程序、测试人员具备的技能，以及要测试程序的输入格式。然而，无论采用什么方法，进行什么测试，模糊测试的流程是一致的。可以把模糊测试的整个测试周期分为识别目标、识别输入、测试用例生成、执行过程监控和可利用性判定 5 个步骤，如图 7-2 所示，下面针对上述步骤展开介绍。

图 7-2　模糊测试的基本流程

7.2.1　目标识别

在没有考虑清楚目标应用程序的情况下，不可能对模糊测试工具或技术做出选择。在选择目标应用程序时，借鉴风险模型的测试方法，可以通过浏览安全漏洞收集网站(如 CNNVD、Exploit-DB 或 Secunia)、共享库和 GitHub 来考察软件开发商的安全漏洞的相关历史，分析这些漏洞的形成原因及编码习惯，有针对地选择相应的模糊测试工具和方法。如果某开发商在安全漏洞的历史记录方面表现不佳，很可能是其编码习惯较差，故对该开发商的软件进行模糊测试可以较大可能地发现更多的安全漏洞。选择了目标应用程序之后，还可能需要选择应用程序中具体的目标文件或库。如果需要选择目标文件或库，就应该选择那些被多个应用程序共享的目标文件或库(这些库的用户群体较大)。

7.2.2　输入识别

几乎所有可以被利用的漏洞，都是由于应用程序接受用户的输入而在处理输入数据时未正确处理非法数据或执行验证例程造成的。未能定位可能的输入源或预期的输入值对模糊测试将产生严重的影响，因此枚举输入向量对模糊测试的成功至关重要。尽管有一些输入向量很明显，但是大多数还是难以捉摸，因而在查找输入向量时应该运用发散式思维。值得注意的是，发往目标应用程序的任何输入都应该被认为是输入向量，因此都应该是可能的模糊测试变量，如消息头、文件名、环境变量、注册键值等。

7.2.3　测试用例生成

识别出输入向量后，需要立即构建模糊测试用例，测试用例生成是模糊测试的核心和关键步骤。如何使用预定值、改变现有的数据或动态生成数据，将取决于目标应用程序及其数据格式。

1.　随机生成

该方法产生一段随机的数据并将其输入给目标软件，试图使目标软件崩溃或者诱发一些不正常的行为。随机生成是迄今为止最低效的测试用例生成方法，它只是简单地向目标软件生成大量伪随机数据。随机方法的实现方式有很多，最简单的方式是直接使用操作系统提供的随机数产生器。该方法有两个缺陷：①从复杂性方面考虑，操作系统提供的随机数产生器大多使用了一些需要较长 CPU 执行周期的复杂指令，导致每次产生随机数花费的时间较长；②操作系统提供的随机数产生器通常产生大范围的同类型随机数，对模糊测试来说，通常更希望能够生成具有不同特征的随机数，而不是同类型的随机数。因此，使用随机方法的模糊测试工具通常都会自己实现一个随机数产生器。

2.　强制生成

所谓强制生成，是指模糊测试器从一个有效的协议或数据格式样本开始，持续不断地打乱数据包或文件中的每一个字节、字、双字或字符串。iDefense 公司开发的 FileFuzz 就是基于这种思路，FileFuzz 成功挖掘出了包含 MS Office 在内的多个软件中存在的安全漏洞。这种方法几乎不需要事先对被测软件进行任何研究，实现一个基本的强制性模糊器也相对简单、直接。模糊测试器要做的全部事情就是修改数据然后传递给被测程序。强制生成的方法效率也较低，因为大部分 CPU 周期都浪费在数据生成上，且生成后无法立刻得到解释和执行。但是，这些问题带来的挑战可以在一定程度上得到缓解，因为测试数据生成和交付的整个过程都可以自动化。使用强制方法的代码覆盖率在很大程度上依赖于测试数据的已知良好样本。由于大部分协议规范或文件数据格式定义都很复杂，即使是表面上的测试覆盖也需要大量的样本。

3.　规约生成

基于对所有被支持的数据结构和每种数据结构可接受的取值范围的分析，生成用于测试边界条件或迫使规约发生违例的数据包或文件。生成该类测试用例需要事先完成大量的逆向分析工作。其优点是在测试相同协议的多个实现或相同文件格式时测试用例能够被多次重用。PROTOS 采用这种用例生成方法发现了包括 CAN-2003-131 等在内的众多协议处理软件在处理协议中出现的安全漏洞。其缺点是由于没有引入随机机制，一旦测试用例表中的用例被用完，模糊测试只能结束。

4. 手动生成

该方法的测试过程是在加载了目标应用程序后，测试人员仅通过输入不恰当的数据来试图让服务器崩溃或使其产生非预期的行为。这种方法不需要自动化的模糊测试器，人就是模糊测试器，可以充分利用测试者自身的经验和直觉。

5. 遗传算法

遗传算法可以为各种测试目标生成高质量的测试用例。使用遗传算法将测试用例生成过程转化为数值优化问题，算法的搜索空间是被测软件的输入域，最优解是满足测试目标的测试用例。

遗传算法是模仿生物遗传和进化机制的一种最优化方法，把类似于遗传基因的一些行为，如选择、交叉重组和变异淘汰等引入算法求解的改进过程中。遗传算法的特点之一是既能保留若干局部最优个体，同时又能通过个体的交叉重组或者基因变异得到更好的个体。

输入数据是使用遗传算法生成的。其一般过程为：首先，使用初始数据和种子生成测试数据；然后，对测试数据进行测试评估，并对测试过程进行监控，如果满足测试终止条件(如发现漏洞)，则输出测试结果，否则通过选择、杂交、变异生成新的数据。目前，遗传算法已经逐步应用在软件测试数据的生成，具有较好的可行性和实际效果。

6. 结合污点分析生成

动态污点分析用于推断输入数据的结构属性以及输入中的哪些偏移影响分支条件。这些信息可以用来有效地选择和变异种子。动态污点分析通过向目标程序提供带有标签的输入数据来执行目标程序，这些标签可用来指定程序如何使用输入数据以及哪些程序元素被数据污染。动态污点分析可以与动态符号执行和随机突变相结合，以提高模糊化的精度。

具体来说，将污点分析应用到模糊测试中可以产生如下三个方面的作用。

(1)使用污点分析引导敏感点变异。

(2)使用污点分析识别变异影响范围。

(3)使用污点分析间接判断异常类型。

7.2.4　执行过程监控

获得测试用例后，就开始在特定的监视环境中执行目标程序，并过滤测试过程中出现的异常情况，这里的过滤是指只记录预先指定的记录异常情况，通常是最有可能暴露漏洞的信息。该步骤可以在前一个阶段结束之后开始，也可以和前一个阶段形成反馈回路。由于模糊测试过程比较长，当测试用例的数目较多时，不可能由人工监视目标软件是否出现异常，目前异常监视往往采用自动化的方式实现。

目标程序的跟踪执行主要有两个方面的工作：一是监控当前测试用例是否会导致目标程

序崩溃；二是记录测试用例执行时的路径，用于评估当前测试用例的执行情况，以便后续分析。监控目标程序是否崩溃的方法比较简单，程序会通过一个错误信号反馈程序运行过程中发生的崩溃行为，错误信号包括 SIGSEGV、SIGILL、SIGABRT 等。所以只需要通过接收目标程序运行时产生的信号，就可以判断出程序在运行过程中有没有发生崩溃。

当前常用的执行过程监控技术可分为两种类型：基于调试的方法和基于插桩的方法。基于调试的方法在调试模式下启动目标软件，通过操作系统平台提供的调试 API，开发有针对性的异常监测模块；而常用的插桩方法分为源代码插桩、静态代码插桩、二进制代码插桩等。

1）基于调试器

在可以对一个机器进行本地访问时，监视异常最简单的方法是将一个调试器关联到一个进程。该调试器可以检测到何时发生了一个异常，并允许由用户决定采取什么动作。使用 OllyDbg、WinDbg、IDA 和 GDB 都可以实现这种方法。此外，需要记录哪个测试用例引起的哪些代码序列导致了该异常。

2）基于插桩

插桩代码的编写和相关工具的使用与动态污点分析部分的描述基本一致。如果 fuzzing 框架没有自己的内置工具，那么无论目标的源代码是否可用，都可以使用现有的插桩工具实现。当没有源代码时，通常使用动态分析工具，如 Valgrind、DynamoRIO 或 PaiMei。还可以简单地附加一个调试器(如 IDA Pro)来检测目标何时崩溃。这些工具都可以将自己附加到已在运行的进程中，并动态添加工具。

Valgrind 在 Linux 上运行，它包含内存错误检测器和两个线程错误检测器。在模糊测试期间可以使用它来检测内存是否损坏，并且不会导致程序崩溃。DynamoRIO 既可以在 Windows 上运行，也可以在 Linux 上运行，并且可以用来提取代码覆盖率信息以及其他许多内容。PaiMei 是一个逆向工程框架，可以通过其 Pstalker 模块来监控 Windows 应用程序的代码覆盖率，而 Flayer 是一个构建在 Valgrind 之上的工具，它允许在运行时执行污点分析。当模糊测试没有源代码的目标时，所有的这些工具都可以用来满足检测需要。如果源代码可用，则可以在编译时添加指令插入。例如，在 Linux 系统中，AddressSanitizer 允许在编译应用程序时添加检测内存错误(如缓冲区溢出和释放重引用)。如果在执行插入 ASAN 指令的程序期间检测到任何内存损坏，该程序将被终止，并且将记录崩溃跟踪以及对发生的情况进行自动诊断，因此会检测到通常不会使程序崩溃的漏洞，此外，ASAN 提供的数据将有助于进一步调查，以修复问题或开发利用漏洞。

一些模糊测试器，如 AFL，在编译时添加了自己的自定义检测工具。这些自定义检测工具使模糊测试器可以在每个测试用例执行期间从目标应用程序获得精确的反馈，然后模糊测试器可以基于此反馈来创建新的测试用例。需要指出的是，所有类型的检测都会使目标程序的执行速度变慢，通常会有一个明显的下降。因此，在具体设计时，需要考虑每种模糊测试方案的细节，在更快的速度和更好的效果之间进行权衡。

7.2.5　异常分析

识别漏洞之后，根据审核的目标不同，还可能需要确定发现的漏洞是否可被进一步利用。一般情况下这是一个人工确认的过程，需要具备安全领域的相关专业知识，因此执行这一步的人可能不是最初进行模糊测试的人。软件公司(如微软)和开源项目(如 Linux)经常使用模糊测试来提高其产品的质量和可靠性。尽管模糊测试擅长生成导致程序崩溃的测试用例，但它通常不够智能，无法自动分析这些测试用例的重要性。如果模糊测试通过导致程序大量原始的崩溃来诱导测试用例，那么测试人员要花费大量的时间通过分析这些测试用例来发现目标程序中的不同 bug。

异常分析是模糊测试过程中的最后一步，主要分析目标软件产生异常的位置与引发异常的原因，常用的分析方法是借助 IDA Pro、OllyDbg、SoftICE 等二进制分析工具进行人工分析。近年来相关学者基于 Pin 开发离线的二进制代码分析程序，使用二进制代码的动态插桩工具对运行中的程序进行监控，将其执行过程中必要的状态信息如线程信息、模块信息、指令信息、异常信息及寄存器上下文等信息记录到 trace 文件。在 trace 文件的解析过程中，生成函数调用索引、指令地址索引、内存访问索引及异常等索引文件，极大地提高了分析的效率。

1. 异常信息获取

异常信息有两个来源，一个来源是软件在正常运行过程中遇到问题，出现意外退出或者死机现象，此时系统内部保存的问题现场是异常样本的来源之一；另一个来源是 7.2.4 节所述的执行过程监控中捕获的异常。

对于第一种异常信息来源，当前的大型应用软件均提供问题报告机制，采集用户使用软件过程中出现的异常样本信息，将测试均摊到用户中。而第二种异常信息来源普遍存在于软件开发的测试环节和软件发布后的漏洞挖掘阶段。

如图 7-3 所示是当前软件运营商普遍采用的软件错误报告机制的工作流程。用户在自己的主机上使用软件，当软件出现异常时，系统自动提醒用户"是否发送"。用户可以选择将当前异常发送给软件开发者。

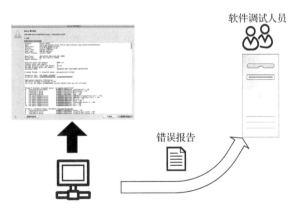

图 7-3　软件错误报告机制

2. 异常信息描述

通常在软件运行或者测试过程中，将因某种原因出现软件停止运行、崩溃等故障现象统称为软件异常，故障产生时软件自身或者软件运行平台记录的故障现场信息称为异常样本实例。

图 7-4 所示为一个二进制异常样本的具体实例，从中可以看出描述一个异常样本实例需

要包含出现异常样本的进程名、父进程名、软件的名称、软件的版本、软件存储的位置、异常类型、异常代码编号、异常样本发生时的函数调用栈信息等。

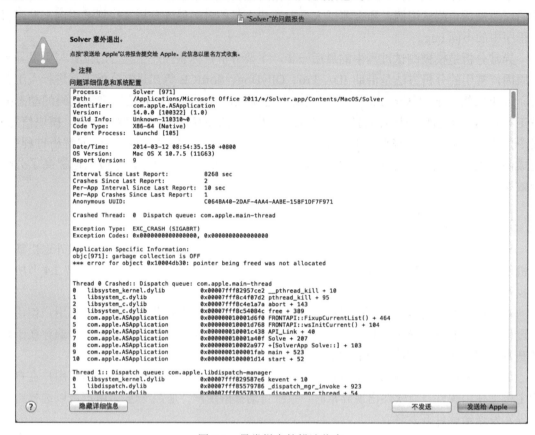

图 7-4　异常样本的描述信息

描述一个异常样本实例首先需要明确该异常样本的一些固有信息，如异常样本产生的程序名称、该程序的版本号、出错模块名称、出错模块版本号、异常样本产生时在该模块的偏移、当前操作系统的用户模式、调用栈、函数偏移以及寄存器值等。常用的异常样本特征如表 7-1 所示。

1) 模块偏移

对于模块偏移 (module_offset)，由于地址空间布局随机化 (Address Space Layout Randomization，ASLR) 等内存保护机制的存在，异常样本再现时各个模块加载的基地址是不同的，但是异常样本产生时指令地址相对于基地址的偏移量是固定的，因此选取 module_offset 作为异常样本的固定特征是可取的。

2) 用户模式

用户模式 (user_mode) 主要针对 x86 架构下的内核模式和用户模式，由于不同的模式具有不同的系统处理优先级，因此不同模式下产生的异常样本原则上触发原因是不同的。因此 user_mode 也作为异常样本的特征之一。

3) 调用栈

调用栈 (call_stack) 是一个函数序列，该序列中的函数被嵌套调用，但是由于产生异常样本的函数均未正常返回。在二进制程序中，调用栈是一些地址集合，每个地址指向当前被调用的函数内的某一指令。因此，在使用 call_stack 作为异常样本特征时，需要去除函数内的偏移量，取函数名或者函数在对应模块中的偏移作为异常样本的特征。需要指出的是，call_stack 中每个函数的返回地址被保存在栈空间中，如果发生越界，返回地址被覆盖，得到的 call_stack 可能是不完整的，需要执行调用栈修复操作，具体的栈修复需要 call graph 的辅助来完成，本章不进行详细阐述。

4）函数偏移

函数偏移是指当异常样本产生时，程序中止或者崩溃时的指令地址相对其所在函数的起始地址的偏移量。引入函数偏移作为异常样本特征，是为了避免同一个函数内部存在多个 bug 的情况。本章认为在同一个函数内的不同偏移处的指令导致的异常样本是不同的。

表 7-1　异常样本特征提取中使用到的特征

层号	特征	描述
Level-1 （层-1）	program_name	目标软件全称
	program_version	目标软件版本号
	module_name	异常样本出现的 DLL 文件或者镜像文件
	module_version	DLL 文件或者镜像文件的版本号
	module_offset	异常样本出现时的指令偏移
	exception_codes	未处理异常编号
	user_mode	异常样本出现在内核模式还是用户模式
Level-2 （层-2）	call_stack	调用栈信息，自动忽略常见函数，如 memcpy()、printf() 等
	function_offset	异常样本出现的指令在函数内的偏移
	register_value	常见寄存器的值，如 eax、esp、EBP 等

3. 异常样本去重分组

异常样本去重分组最终是要将触发原因相同的异常样本实例分到同一个类别中，以提高异常样本定位、分析、修复的效率。但是由于触发同一个异常样本现象的异常样本实例有多个，不同原因触发的异常样本导致的现象也可能相同，因此准确地对异常样本实例进行分类往往难以做到。通常是根据异常样本实例的静态特征，如内存地址、函数栈、寄存器状态等对异常样本进行分类。

通常异常样本分类有如下两个作用：①初步确定异常样本分析的顺序，异常样本分析不是按顺序进行的，通常需要根据危害的程度，首先分析危害较大的异常样本实例。因此，通过异常样本分类可以初步确定不同类别中的异常样本实例的数量，数量较多的通常需要优先分析。②降低异常样本分析难度，在模糊测试中，通常针对一个异常样本现象会产生大量的异常样本实例，通过异常样本分类将导致同一异常样本的不同实例进行分类，对于同一类型的异常样本实例的分析可以采用相似的方法进行，从而降低后续异常样本分析的工作量。

异常样本去重分组需要建立异常样本与 bug（软件故障）之间的一一对应关系。但实际上异常样本与 bug 之间存在如图 7-5 所示的三种对应关系。其中图 7-5（d）是图 7-5（b）和图 7-5（c）的组合，而图 7-5（c）是多个异常样本对应一个 bug 的情况，通常由于异常样本触发时受到系统上下文的影响，可以通过 call stack 回溯等进行消除，最终会转化为图 7-5（a）或者图 7-5（b）的情况。

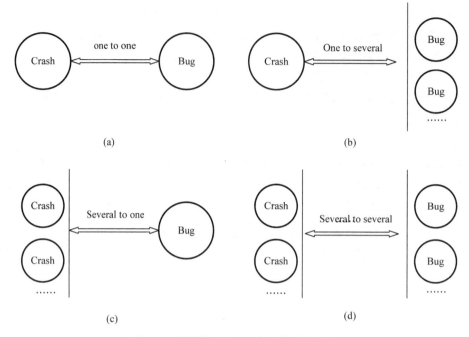

图 7-5　异常样本与 bug 之间的映射关系

常用的异常样本分组方法主要有：①启发式重复识别方法；②图/路径聚合方法；③异常签名方法。

1）启发式重复识别方法

在 WER 机制中，针对海量级别的异常样本报告，为了减轻服务端的负载，也为了提高异常样本分组识别的效率，该机制采用启发式的 bucket 算法进行重复识别。如果报告信息显示的是已知问题，则不必进行异常样本现场信息（mini dumpx）的发送。反之，服务端用 WinDbg 对提交的异常样本现场信息，主要根据异常样本位置、函数模块偏移等进行启发式分组，将发生原因相同的异常样本分到一个 bucket 中。而 bucket 的数目则受采用的是扩展还是聚合的启发算法的影响。

"!exploitable" 是调试工具 WinDbg 下的一个插件，采用 Hash 算法来对调用栈（call-stack）进行分组。该插件从攻击者的角度评估异常样本实例的威胁等级，是否可以被攻击者利用实施攻击行为是一个重要的判断依据。针对一个具体的异常样本实例。

为了对异常样本实例进行区分，该插件使用调用栈的哈希值完成分组。哈希值包含两部分：主哈希（Major Hash）和副哈希（Minor Hash）。主哈希根据调用栈的前 5 个栈帧计算得到，数字 5 是在插件的源代码中赋值的，不允许用户修改。副哈希根据整个调用栈及每个函数的偏移计算得到。主哈希用于分组相似的异常样本实例。如果调用栈中前 5 个函数名相同，则被分到同一组中，但是仍然存在两种误报：①异常样本由同一函数的不同位置触发；②前 5 个调用栈中的函数相同，剩下的不同。尽管该插件的目的是评估模糊测试产生的异常样本实例的威胁等级，但是实际上该插件可以分析所有的异常样本实例，因为该插件的输入仅依赖于异常样本 dump，与导致该异常样本出现的输入没有关系。

Dhaliwa 等根据 stack trace 间的编辑距离（Levenshtein Distance，LD）进行分组，根据各组的 TD 值（Trace Diversity，平均 LD）进行分组的重复识别。对大量的异常样本采用 two-level

模型进行启发分组。通过异常特征提取，构建 two-level 异常特征树，通过特征比对的方式完成异常分组识别，在异常分组的基础上完成样本的聚合。

2）使用图/路径的聚合

Hus 等采用基于路径聚合的方法来进行异常样本的识别分组。该方法通过将异常样本集的路径聚合提取出共有路径，进而对新产生的异常样本进行分组。

由于大多异常样本的报告系统都是对单条的异常样本进行比较分类，很可能造成错误分组、second-bucket 问题等。2011 年，Kim 等提出了采用异常样本图聚合重复的异常样本报告的方法。该方法将同一 bucket 中异常样本 traces 的各栈帧按序连接组成异常样本图，如图 7-6 所示。

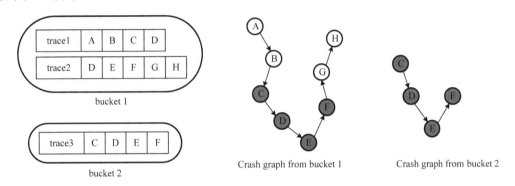

图 7-6　基于图聚合的异常样本去重方法

当新的 bug 报告产生时，通过异常样本图将属于该 bucket 的多条异常样本进行比较划分，从而减少重复的 bug 报告。图 7-6 中 bucket 2 的异常样本图是 bucket 1 异常样本图的子图，进而可以判定它们属于同一类异常样本。这种方法减少了重复的 bug 报告，提高了异常样本的审计效率。然而，该方法没有考虑栈帧位置的重要性，过多的边也会引入噪声，这些问题都可能造成误分组。

3）异常签名技术

Song 等提出了基于执行路径信息的异常签名技术，对从程序入口到异常触发点的关键路径信息进行提取，获取异常触发的路径约束条件，以及 payload 中的关键语义信息，如返回地址被覆盖的值、函数指针被修改后的值。通过对这些关键信息进行签名，对异常进行分类。该签名技术从异常触发条件、异常可利用性等方面设计了签名信息。异常可利用性签名信息的收集受限于对漏洞类型的支持。该方法最大的问题是，在对异常触发条件的签名信息的提取上，只分析了单条已触发异常的路径，没有寻找到触发异常的最完整的包络信息。

为了弥补单路径签名技术的不足，Song 等又提出了基于最弱前置条件的签名技术。该方法尽可能找到能够触发异常的所有路径，对这些路径进行归约，提取出触发异常的充分必要条件，构建签名信息。这种签名方法相对于单路径签名，包络信息更加全面，异常去重时误报更少，但缺少对异常可利用信息方面的考虑，无法对异常可利用性进行全面估计。同时，由于没有考虑多 source 点到多 sink 点的映射关系，包络信息仍然不够完整。

4. 异常样本威胁评估

在对异常样本进行收集、分组、合并、分析之后，需要对异常样本的危害程度进行评估。这就需要根据异常样本的严重性、可用性对异常进行重要性排序。本节主要介绍与异常样本危害程度评估相关的内容。

在对异常样本进行可用性判定前，需要对异常样本进行特征提取，将异常样本分为如下4 个特征。

1）任意地址写

任意地址写（Any Address to be Write，AAW）是指可以对二进制程序的任意地址进行修改，包括程序的任意函数指针、返回地址等。任意地址写的异常样本可用性很高，并且该类异常样本通常出现在内核中。实现任意地址写通常有两种途径：一种是把污染数据写到污染地址（WTVTA）模式，另一种是修改写指令的循环次数。如图 7-7 所示为任意地址写内存的示意图，通过一个可控指针（被污染的指针、函数返回地址等）实现对 4G 内存的任意操控和程序控制流的劫持，执行攻击者布置的 shellcode，因此定义为可用异常样本。

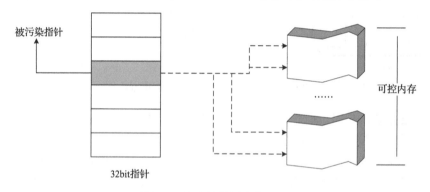

被污染指针

32bit指针

可控内存

图 7-7　任意地址写内存示意图

2）指定地址写

指定地址写（Specific Address to be Write，SAW）完成指定地址或者一定范围内的内存修改，修改的对象根据范围内存在的对象来确定，通常是通过修改返回地址实现控制流的劫持。该类异常样本通常以缓冲区溢出的形式存在，多存在于用户态环境中。实现指定地址写有两种方式：一种是通过溢出覆盖、数组越界等方式实现指定地址或者指定范围内的内存篡改；另一种与任意地址写类似，通过修改写指令循环的次数实现内存篡改。如图 7-8 所示为指定地址写内存示意图，通过缓冲区溢出或者数组越界实现对指定地址处函数返回地址的修改，改变二进制程序的控制流，实现控制流劫持，执行攻击者预先布置的 shellcode。但是当被覆盖的内容不是返回地址，而是正常数据时，无法实现控制流的改变，这种类型的异常样本是无法利用的。因此，该类异常样本定义为可能可利用。

3）任意地址读

任意地址读（Any Address to be Read，AAR）是指可以任意读取当前内存空间的任意地址指向的内存单元。任意地址读通常可以用来实现敏感信息的获取，如内存中临时存储的密码，也可以用来实现操作系统的基址泄露，通过泄露的基址实现 ASLR 的突破。二进制程序的任

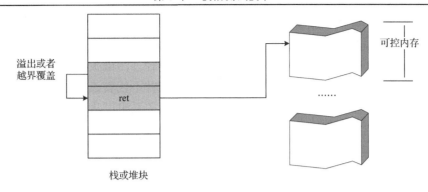

图 7-8　指定地址写内存示意图

意地址读在汇编语言中的呈现模式通常为 cmp → mov → cmp 模式，对于属性为只读的内存页，可以修改 cmp 的比较次数，当比较次数达到内存空间大小时即可实现任意地址读。如图 7-9 所示为任意地址读内存示意图，通过篡改控制 cmp → mov → cmp 的循环次数 ecx 实现对内存空间任意地址的读取，从而获取内存中缓存的敏感信息，如 keywords，或者实现操作系统的基址泄露，为后续突破 ASLR 提供基址信息。因此，该类异常样本定义为可能可利用。

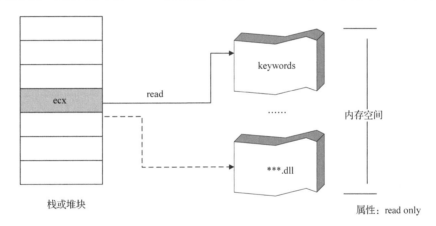

图 7-9　任意地址读内存示意图

4) 指定地址读

指定地址读 (Specific Address to be Read，SAR) 是对指定内存地址或者指定范围内的内存空间进行读取。实现指定地址读有两种方法，一种是通过修改某个指针，通过该指针实现对特定大小内存单元的读取；另一种与任意地址读类似，通过修改循环的次数，实现对指定范围内的内存空间的读取。由于指定地址读无法有效实现敏感信息泄露和基址泄露，因此定义为可能不可利用。

在实现异常样本特征提取后，可以进一步对异常样本的可用性进行判定。传统的异常样本可用性判定可以通过程序控制流能否被攻击者改变的方式进行，但是当前的网络攻击多是通过多个漏洞的综合使用才能够实现，如"震网"病毒利用了 5 个未公开漏洞，并且漏洞不仅仅是改变控制流，还包括信息泄露。信息泄露可以实现敏感信息的读取，同时也可以为其他漏洞提供需要的基地址信息。例如，当前的操作系统普遍采用 ASLR 和数据执行保护 (Data Execution Prevention，DEP) 技术，并且突破 ASLR 是突破 DEP 的基础，而绕过 ASLR 的关键是基地址泄露。因此控制流能否被篡改不能作为异常样本的可用性判定的唯一依据，能够实现基地址泄露的信息泄露漏洞也是一种依据。但是对于一个不可用异常样本，由于遍历程序的所有路径是 NP 难问题，无法确定是否存在未知路径使污染源能够污染该异常样本的路径，并且异常样本利用的方法也是多种多样，未被污染并不代表该异常不可用。因此将异常样本的可用性分为如下四类，其与异常样本特征的对应关系也可从表 7-2 得出。

表 7-2　异常可用性与异常样本特征对应关系

异常样本特征	可用性定义
任意地址写	可用
指定地址写	可能可用
任意地址读	可能可用
指定地址读	可能不可用
非以上四种	可用性未知

当异常样本触发时，EIP 寄存器指向的指令称为异常样本指令。x86 架构下的异常样本指令通常为 mov、cmp、add 等非跳转指令，并且能够改变程序控制流的一般为 mov 指令，对 mov 指令异常样本点进行分类。

（1）mov [reg],xx 模式。如果异常样本指令是 mov [reg],xx，那么可以通过污点查看[reg]是否被污染，从而实现 AAW 模式。

（2）循环 mov [reg],xx 模式。如果回溯发现 mov [reg], xx 出现在循环中，那么可以查看 ecx 是否被污染，产生溢出，从而实现 SAW 模式。

（3）mov [ESP+xx],xx 模式。由于 ESP 由系统自动分配，通常不会被污染。因此，当出现 mov [ESP+xx], xx 模式时，需要通过污点分析确定[ESP+xx]和 xx 的污染情况，识别是否为 AAR 和 SAR 模式。

7.2.6　可用性判定

可用性判定根据 exploit 候选集中的指令被污染的情况完成对当前异常样本可用性的判定。通过细粒度污点分析过程对异常样本点规避后的路径进行分析记录，根据 exploit 候选集中的指令的污点记录信息进行异常样本判定。例如，对于 exploit 候选集中的跳转指令，主要根据污点分析的结果，查看跳转的目的地址是否被污染，以及可以被污染源的哪些字节污染，如果能够被污染，并且 EIP 寄存器可以被劫持，那么可以通过改变程序控制流实现异常样本利用。

目前，只有几项工作集中在如何过滤模糊测试输出，使模糊测试结果对测试人员更有用。给定大量的测试用例集合，每个测试用例都会触发程序错误，Chen 等提出了一种基于排名的方法，该方法把不同缺陷的测试用例放在列表的首位。与传统的聚类方法相比，这种基于排名的方法更具实用性。因此，测试人员可以专注分析导致崩溃的顶级测试用例。目前主要有以下 3 种排名方法。

（1）统计排名方法。微软的 WER 机制采用统计排名方法，考察每个 bucket 中异常样本的统计数目，优先修复数目多的异常样本。该方法默认数目最多的异常样本影响面最大，从而优先修复。但也存在这样的情况，某个异常的异常样本数目不多，但却存在着比较大的潜在威胁，例如，异常样本点为可利用漏洞等，显然这种异常样本也应该具有较高的修复优先级。

(2)基于异常样本上下文的可利用性分析技术。当前对漏洞可利用性判定的研究主要集中在缓冲区溢出、格式化字符串的漏洞上，比较典型的是"!exploitable"插件，以及漏洞利用代码自动生成工具。"! exploitable"使用 major hash 和 minor hash 对异常点的上下文信息计算 hash 值，根据 hash 值进行分类，将同一缺陷引起的异常样本分为一类，进而定义该异常样本的可利用性，将异常样本的可利用性分为 exploitable、probably exploitable、probably not exploitable 和 unknown 四种。该插件仅对原始异常样本做静态分析，是在异常样本分析的基础上对异常样本的可用性进行评估的一种方法。该插件的缺点是判断不够准确，仅仅能够识别一些如缓冲区溢出漏洞等比较明显的漏洞，对于堆溢出漏洞等其他较复杂的漏洞往往给出误判结果。

(3)基于约束求解的可利用性分析判定。约束求解是对符号执行过程中产生的路径约束进行求解判定的过程，使用约束求解进行异常判定时需要与符号执行配合使用。通过符号执行遍历路径，搜集约束，然后使用约束求解进行判定，如 Avgerinos 等提出的自动化 exploit 产生方法(AEG)。AEG 是一种基于源代码的自动化的集漏洞发现、分析、利用于一体的软件分析工具。其工作原理如下：首先使用 GCC 编译器将目标程序源代码编译为二进制程序，该二进制程序作为 AEG 进行 exploit 的对象；然后使用 LLVM 编译器将目标程序编译为字节码，该字节码作为 AEG 进行分析的对象。通过符号执行在源代码级遍历程序的执行路径，在出现异常样本后，AEG 收集到达该异常点的路径约束表达式，求解生成一个具体的可以触发漏洞的输入参数。AEG 将该输入参数输入编译后的二进制程序中，当异常样本重现时记录下该点的内存信息如溢出地址、返回地址等，通过内存信息产生 exploit 的约束条件；最后 AEG 将该约束条件添加到路径约束中，使用约束求解器进行求解。AEG 的缺陷是对异常样本可用性的定义过于狭窄，无法适应新的业务需求。并且在系统防护机制发生变化时，漏洞利用代码会失效，通用性不强，如无法应对 ASLR 和 DEP 等。此外，由于使用符号执行技术，在有循环出现时，路径复杂度会变得很高。

异常样本可用性的判定归根结底是判定 EIP 寄存器能否被控制。最直接的方法是通过污点分析技术判定 EIP 寄存器能否被污染。

1)类型识别

对于一个二进制程序及能够触发异常样本的实例，通过模拟执行，触发异常样本，收集异常样本的现场信息，通过异常样本触发时系统提示的错误以及异常样本点的指令信息，对异常样本进行类型识别。对于"读空内存"异常样本，其控制流暂时难以被利用，因此认为是可能不可利用的异常样本；而对于中断类型的异常样本，由于程序本身具有控制流保护机制，劫持控制流也比较困难，但是如果能够突破程序的保护机制，利用起来也不是很困难，认为是可能可利用的异常样本。对于其他类型的异常样本，需要进一步通过污点分析确定。

2)污点分析

污点分析技术包含静态模块和动态模块两部分，其中静态模块用于污点优化，动态模块使用静态优化后的结果具体执行。静态模块首先将指令转换为中间表示，在中间表示的基础上完成非污染指令消除和污染重复传播优化两大过程，将优化后的结果返回到动态污点分析模块。动态污点分析根据样本提取污染源，完成指令的插桩，以及污点传播的记录，构建并实时更新污点分析记录表，将污点分析的结果提交给可用性判定模块。

3)exploit 候选集构建

通常异常点的指令不能改变程序的控制流，难以实现 exploit，可用异常的 exploit 点可以在异常点之前，也可以在异常点之后，前者需要通过回溯的方法具体分析，后者需要对异常样本点之后的指令进行分析。通过对根异常样本点进行识别，研究 exploit 点在根异常样本点之后的情况。在对根异常点规避之后，对其后续的指令通过静态分析进行粗粒度的读取，提取出其中满足 exploit 候选集特征的指令，如 call、jmp 等。

2017 年，Exploitmeter 使用贝叶斯机器学习算法对从软件中提取的静态特征进行初步判断。将模糊测试过程中的初始判断和可利用性判断相结合，以更新最终的可利用性结果。2018年，Exniffer 建议使用机器学习自动确定更通用的崩溃可利用性预测规则。该方法使用支持向量机（SVM）来学习从核心转储文件（在崩溃期间生成）中提取的特征和来自最新处理器硬件调试扩展的信息。2019 年，Zhan 等基于 n 元语法分析和特征散列生成了紧凑指纹，用于动态跟踪每个崩溃输入。然后，指纹被馈送到在线分类器以建立区分模型。通过在线分类器实现的增量学习使模型即使在大量崩溃的情况下也能很好地缩放，同时很容易对新的崩溃进行更新。

7.3　传统模糊测试

模糊测试从生成一串程序输入（即测试用例）开始，生成的测试用例的质量直接影响测试效果。输入应尽可能满足被测程序对输入格式的要求，此外，输入应该有足够的中断，这样对这些输入的处理才很可能会使程序失败。根据目标程序的不同，输入可以是不同格式的文件、网络通信数据、指定特征的可执行二进制文件等。如何生成足够破碎的测试用例是模糊器面临的主要挑战。通常，在传统的模糊测试中使用两种生成器：基于生成的生成器和基于突变的生成器，两者主要是由于测试用例生成方式的不同，从而在进行模糊测试时的输入验证角度不同。

7.3.1　基本流程

传统模糊测试的工作过程由测试用例生成阶段、测试用例运行阶段、程序执行状态监控和异常分析四个主要阶段组成。传统模糊测试流程更加符合 7.2 节模糊测试原理中介绍的流程步骤，本节不进行过多介绍，主要讲一下基于生成的模糊测试和基于变异的模糊测试的一些区别步骤。

基于生成的模糊测试和基于突变的模糊测试的区别主要集中在测试用例生成阶段。测试用例生成阶段包括种子文件生成、突变、测试用例生成和测试用例过滤。种子文件是符合程序输入格式的原始样本。通过选择不同的突变策略来突变不同位置的种子文件，生成大量的测试用例。但是，由于并非所有测试用例都是有效的，需要通过测试用例过滤器选择可能触发新路径或漏洞的测试用例。选择过程由定义的适应度函数（如代码覆盖率）指导。测试用例生成阶段可以分为基于突变的生成阶段和基于生成的生成阶段。基于突变的测试用例生成策略是指在修改已知测试用例的基础上生成新的测试用例，它包含了上述四个过程。基于生成的生成策略是根据已知的输入用例格式直接生成新的测试输入，不包含上述变异过程。

7.3.2 输入构造

由于测试用例的内容直接控制是否触发 bug，因此输入构造技术成为 fuzzer 中最有影响力的设计决策之一。基于生成的模糊测试器基于描述被测程序可能接收的输入或执行给定模型来生成测试用例，例如，精确描述输入格式的语法或不太精确的约束（如标识文件类型的魔术值）。基于生成的模糊测试器可以采用预定义模型或者推断模型来构造输入。预定义模型是指一些模糊测试器使用可由用户配置的模型。例如，Peach、PROTOS 和 Dharma 接收用户提供的规范。autodafé、Sulley、SPIKE 和 SPIKEFile 公开了允许分析师创建自己的输入模型的 API。Tavor 还接受以扩展 Backus-Naur 形式（EBNF）编写的输入规范，并生成符合相应语法的测试用例。这些模板或规范通常将系统调用外的参数数量和类型指定为输入。其他基于生成的模糊测试器以特定的语言或语法为目标，该语言的模型内置于模糊测试器本身。例如，cross_fuzz 和 DOMfuzz 生成随机文档对象模型（DOM）的对象。同样，jsfunfuzz 根据自己的语法模型随机生成语法正确的 JavaScript 代码。QuickFuzz 在生成测试用例时利用描述文件格式的现有 Haskell 库。某些网络协议模糊测试器（如 Frankencerts、TLS-Attacker、tlsFuzzer 和 llfuzzer）是用特定的网络协议模型（如 TLS 和 NFC）设计的。Dewey 等提出了一种利用约束逻辑编程生成不仅语法正确，而且语义多样的测试用例的方法。LangFuzz 通过解析一组作为输入给出的种子来生成代码片段。然后，它随机组合片段，并用片段突变种子以生成测试用例。因为它提供了语法，所以它总是生成语法正确的代码。LangFuzz 被应用于 JavaScript 和 PHP。BlendFuzz 基于与 LangFuzz 类似的思想，但它针对的是 XML 和正则表达式解析器。

推断模型，而不是依赖预定义的逻辑或用户提供的模型，最近已经吸引了人们的注意。虽然已经发表了大量关于自动输入格式和协议逆向工程主题的研究，但只有少数模糊测试利用这些技术。模型推理可以分 Preprocess 或 ConfUpdate 两个阶段进行。首先是 Preprocess，一些模糊测试器推断 Preprocess 是模糊测试前的第一步。TestMiner 使用代码中可用的数据来挖掘和预测合适的输入。Skyfire 使用数据驱动的方法从给定的语法和一组输入样本中生成一组种子。与以前的工作不同，它们的重点是生成一组在语义上有效的新种子。IMF 通过分析系统 API 日志来学习内核 API 模型，并使用推断的模型生成调用 API 调用序列的 C 语言代码。Neural 和 Learn&fuzz 使用基于神经网络的机器学习技术从给定的一组测试文件中学习模型，并使用推断的模型来生成测试用例。然后是 ConfUpdate，有一些模糊测试器在每次模糊测试迭代时更新模型。Pulsar 从程序生成的一组捕获的网络分组中自动推断网络协议模型，然后使用学习到的网络协议对程序进行模糊处理。Pulsar 在内部构建状态机，并映射哪个消息令牌与状态相关。此信息稍后用于生成覆盖状态机中更多状态的测试用例。Doupéet 等提出了一种通过观察 Web 服务的 I/O 行为来推断其状态机的方法，然后使用推断的模型来扫描 Web 漏洞。

基于突变的模糊测试采用随机生成构造测试用例，经典随机测试在生成满足特定路径条件的测试用例方面的效率不高。假设有一条简单的 C 语句 if(input==42)，如果输入是 32 位整数，则随机猜测正确输入值的概率为 $1/2^{32}$。当我们考虑结构良好的输入（如 MP3 文件）时，情况会变得更糟。随机测试极不可能在合理的时间内生成有效的 MP3 文件并将其作为测试用例。因此，在到达程序的更深层次之前，MP3 播放器将主要从解析阶段的随机测试中拒绝生成的测试用例。这个问题促使使用基于种子的输入生成和基于白盒的输入生成。大多数基于突变的模糊测试器使用种子作为目标程序的输入，以便通过变异种子来生成测试用例。种子通常是目标程序支持的类型中结构良好的输入，如文件、网络数据包或一系列 UI 事件。通过仅更改有效文件的一小部分，通常可以生成新的测试用例，该测试用例大部分有效，但也包含异常值以触发目标程序崩溃。用来诱变种子的方法有很多种，主要有位翻转、算术突变、基于块的突变和基于字典的突变。

1. 位翻转

位翻转是许多基于变异的模糊测试技术使用的一种常见技术。有些只需翻转固定数量的位，而另一些则可以决定随机翻转的位的数量。为了随机改变种子，一些模糊测试技术使用一个用户可配置的参数，称为突变率，它决定了为一次输入执行翻转的位的数量。假设从一个给定的 n 位种子中翻转 k 随机位。在这种情况下，突变率是 k/n。

模糊测试性能对突变率非常敏感，并且没有一个比率对所有的被测程序都有效。为了找到一个好的突变率，可以对每个种子使用一组指数级的突变率，并将更多的权重分配给更有效的突变率。也可以利用白盒程序分析来推断一个良好的突变率。实际情况下，多突变率可能优于单一最优突变率。

2. 算术突变

AFL 和 Honggfuzz 采用另一种突变操作，它们将选定的字节序列视为一个整数值，并对该值进行简单的算术运算，然后使用计算值替换选定的字节序列。这种思路的关键是用一个小数字来限定突变的影响。例如，AFL 从种子中选择一个 4 字节的值，并将该值视为整数 i。然后，它将种子中的值替换为 $i\pm r$，其中 r 是随机生成的小整数，r 的范围通常可以由用户配置。在 AFL 中，默认范围为 $0 \leqslant r < 35$。

3. 基于块的突变

在基于块的突变方法中，一个块代表种子的一个字节序列。有以下几种变异方法：①将随机生成的块插入种子的随机位置；②从种子中删除随机选择的块；③用随机值替换随机选择的块；④随机排列块序列的顺序；⑤通过附加随机块来调整种子大小；⑥从种子中提取随机块来插入/替换另一种子的随机块。

4. 基于字典的突变

一些模糊测试方法使用一组具有潜在重要语义权重的预定义值，如 0 或–1，以及格式化字符串来进行突变。例如，当对整数进行突变时，AFL、Honggfuzz 和 libFuzzer 使用 0、–1 和 1 等值，Radamsa 使用 Unicode 字符串，GPF 使用格式化字符(如 x%和 s%)来对字符串进行变异。

7.3.3　输入验证

由于基于生成的模糊测试通过对目标协议或文件格式建模从头开始产生测试用例，因此生成的测试用例不需要进行验证即可执行程序进行模糊测试。由于基于变异的模糊测试采用随机生成等突变的方法生成测试用例，生成的测试用例效果差异较大，因此需要对生成的输入进行验证，剔除无效的输入然后执行程序。模糊器接收一组模糊配置，这些配置控制模糊算法的行为。不幸的是，一些模糊配置的参数，如基于突变的模糊器的种子，具有很大的值域。在生成输入之后，模糊测试器执行该输入，并决定如何处理该输入。自动生成大量测试用例以触发目标程序的意外行为的能力是模糊测试的一个重要优势。然而，如果目标程序有输入验证机制，这些测试用例很可能在执行的早期阶段被拒绝。因此，当测试人员开始使用这种机制模糊程序时，如何克服这个障碍是一个必要的考虑因素。

1. 完整性验证

在传输和存储过程中，可能会将错误引入原始数据中。为了检测这些失真的数据，通常在一些文件格式(如 PNG)和网络协议(如 TCP/IP)中使用校验和机制来验证其输入数据的完整性。使用校验和算法(如散列函数)，原始数据附加有唯一的校验和值。对于数据接收方，可以通过使用相同的算法重新计算校验和值并将其与附加的校验和值进行比较来验证接收数据的完整性。为了模糊这种系统，应该在 fuzzer 中添加额外的逻辑，以便计算新创建的测试用例的正确校验和值。否则，开发人员必须使用其他方法来消除此障碍。Wang 等提出了一种新的方法来解决这一问题，并开发了一种名为 TaintScope 的模糊器。TaintScope 首先使用动态污点分析和预定义规则来检测可能污染目标程序中敏感应用程序编程接口(API)的潜在校验和点与热输入字节。然后，它改变热输入字节以创建新的测试用例，并通过更改校验和点使所有创建的测试用例都通过完整性验证。最后，通过符号执行和约束求解确定可能导致目标程序崩溃的测试用例的校验和值。通过这种方式，可以创建既能通过完整性验证又能导致程序崩溃的测试用例。

给定一组样本输入，Höschele 和 Zeller 使用动态污染来跟踪每个输入字符的数据流，并将这些输入片段聚合为词汇和句法实体。得到的结果是上下文无关文法，它反映了有效的输入结构，这有助于后面的模糊化过程。为了减轻基于覆盖的模糊器在执行由幻字节比较保护的路径方面的限制，Steelix 利用轻量级静态分析和二进制工具，不仅向模糊器提供覆盖信息，还向模糊器提供比较进度信息。这样的程序状态信息能够通知模糊器关于幻字节在测试输入中的位置以及如何执行突变以有效地匹配幻字节。还有其他一些努力在缓解这一问题方面取得了进展。

2. 格式验证

网络协议、编译器、解释器等对输入格式有严格的要求。不符合格式要求的输入将在程序执行开始时被拒绝。因此，模糊这类目标系统需要额外的技术来生成能够通过格式验证的测试用例。这个问题的大多数解决方案是利用输入的特定知识或语法来通过格式验证。Ruiter 和 Poll 通过结合使用黑盒模糊测试和状态机学习评估了 9 种常用的传输层安全协议(TLS)。他们提供了抽象消息列表(也称输入字母表)，测试工具可以将其转换为发送到被测系统的具体消息。Dewey 等提出了一种通过约束逻辑编程(CLP)来生成使用复杂类型系统的好类型程序的新方法，并将其应用于生成 Rust 或 JavaScript 程序。Cao 等首先调查了 Android 系统服务的输入验证情况，并针对 Android 设备构建了输入验证漏洞扫描程序。该扫描器可以生成半有效参数，可以通过目标系统服务方法实现初步检查。

3. 环境验证

只有在特定的环境下(即特定的配置、特定的运行状态/条件等),许多软件漏洞才会显露出来。典型的模糊测试不能保证输入的句法和语义的有效性,也不能保证探索的输入空间的百分比。为了缓解这些问题,Daiet 等提出了配置模糊技术,通过在特定执行点改变运行应用程序的配置,以检查只有在特定条件下才会出现的漏洞。FuzzDroid 还可以自动生成 Android执行环境,在该环境中,应用程序会暴露其恶意行为。FuzzDroid 通过基于搜索的算法将一组可扩展的静态和动态分析结合在一起,将应用程序引导到可配置的目标位置。

7.3.4 适应度函数

在遗传算法中,适应度函数是一种特定类型的目标函数,用于总结如何关闭给定的设计方案以实现设定的目标。适应度函数是指在基于遗传算法的最新模糊器中,用来区分测试用例满意和不满意标准的评价方法。常见的适应度函数包括代码覆盖率、潜在漏洞位置。传统的适应度函数包括新度优先适应度函数和深度优先适应度函数。

新度优先适应度函数的目的是使程序的控制流图尽可能完整并发现一些浅层的漏洞。根据实验和漏洞挖掘经验总结了两条模糊测试前期的启发式规则。

启发式规则 1:一个种子发现的路径片段越新,则其后代在下一轮测试中发现新路径的概率越大。

启发式规则 2:一个种子执行路径上的片段越多,其后代在下一轮测试中发现新路径的概率越大。

根据上述启发式规则,定义种子的新度适应度等于其对应执行路径上所有路径片段的新度和,公式如下

$$\text{fitness\_nfs\_value(seed)} = \sum_{i=1}^{n} 2^{\text{cyc}(i)}$$

其中,i 为种子对应执行路径上的路径片段编号;$\text{cyc}(i)$ 为路径片段 i 第一次被执行的循环轮次;$2^{\text{cyc}(i)}$ 表示路径片段 i 的新度。将时间对适应度的影响定义为指数级别,提高了发现新路径片段的种子被选中的优先级。

深度优先适应度函数的目的是从程序的路径中选出危险性较高的路径,有针对性地对危险路径进行模糊测试以发现深层的 bug。根据实验和漏洞挖掘经验总结了一条模糊测试后期的启发式规则。

启发式规则 3:种子对应的路径越深,该条路径上越有可能存在 bug。

基于上述启发式规则,在模糊测试后期将路径的深度作为适应度函数的优先影响因子,以提高发现深层 bug 的概率。通过计算每条路径的权重获得种子的深度适应度,每个种子的深度适应度由其对应路径上的基本块权重相加得到,基本块概率由路径状态转移概率求得,公式如下

$$p(\text{S}) = \sum_{\text{D} \in u(\text{S})} p(\text{D}) \times p(\text{DS})$$

其中,S 为基本块;$u(\text{S})$ 为能通过一步状态转移到达 S 的基本块的集合;DS 表示基本块 D

到基本块 S 的路径。每个基本块的权重定义为其状态概率的倒数，S 基本块的权重为

$$w(\mathrm{S}) = \frac{1}{p(\mathrm{S})}$$

若某个种子 seed 的对应路径经过的基本块集合为 block(seed)，则该路径对应种子的深度适应度为

$$\mathrm{fitness\_dfs\_value(seed)} = \sum_{\mathrm{dot} \in \mathrm{block(seed)}} w(\mathrm{dot})$$

需要特别指出的是，模糊测试过程中会不断产生新的路径，所以程序的控制流图也会动态变化，每经过一次 fuzz 循环就更新一次控制流图，然后依据新的控制流图计算新的种子适应度并进行新一轮的 fuzz。

2019 年，邓一杰等提出了动态适应度函数，首先将新度优先的适应度函数和深度优先的适应度函数标准化，赋予不同的权重相互组合。为了避免新度适应度和深度适应度相互影响，首先对其均进行标准化处理

$$\mathrm{fitness\_nfs(seed)} = \frac{\mathrm{fitness\_nfs\_value(seed)}}{\sum\limits_{j \in \mathrm{set}} \mathrm{fitness\_dfs\_value}(j)}$$

$$\mathrm{fitness\_dfs(seed)} = \frac{\mathrm{fitness\_dfs\_value(seed)}}{\sum\limits_{j \in \mathrm{set}} \mathrm{fitness\_dfs\_value}(j)}$$

然后将标准化后的两个适应度函数赋予不同的权重进行相加，可得

$$\mathrm{fitness} = \begin{cases} (1 - \log_2 a(\mathrm{cyc}))\mathrm{fitness\_nfs} + \log_2 a(\mathrm{cyc})\mathrm{fitness\_dfs} & \mathrm{cyc} \leqslant \sqrt{a} \\ \dfrac{b}{\mathrm{cyc}}\mathrm{fitness\_nfs} + \left(1 - \dfrac{b}{\mathrm{cyc}}\right)\mathrm{fitness\_dfs} & \mathrm{cyc} > 2b \end{cases}$$

为了让适应度函数连续，参数 a 和 b 满足条件 $a=2$，$b=\mathrm{rush}$，rush 的值根据不同程序的规模可自定义，默认为 20，rush 是一个适应度阈值，表示在小于 rush 的轮次中新度适应度的权重大于深度适应度的权重，在大于 rush 的轮次中新度适应度的权重小于深度适应度的权重。这种设计方法通过动态改变遗传算法的适应度函数来避免种群的收敛，并有效地提高路径覆盖率和发现深层 bug 的概率。这种基于动态适应度函数的模糊测试方法可以有效地发现程序的完整路径，并将模糊测试的时间和计算资源分配给更可能存在 bug 的区域，有利于发现代码更深层次的缺陷，不足之处是在前期发现 crash 的速率略有下降。

Xiao 等提出了一种新的基于遗传规划的适应度函数，不同于目前主流的基于代码覆盖的方法。它结合马尔可夫链和 PCFG 模型从程序员开发的正常脚本语料库中学习共性，并利用学习到的信息通过测量脚本与普通脚本的偏差来计算脚本的不共性。偏差较大的脚本可能更容易在解释器中触发错误。该偏差用于计算基于 GP 的语言模糊脚本的适应度。

7.3.5 基于生成与基于变异技术对比

基于生成的模糊器需要程序输入的知识。对于文件格式模糊,通常会提供预定义文件格式的配置文件,根据配置文件生成测试用例。在给定文件格式知识的情况下,基于生成的模糊器生成的测试用例能够更容易地通过程序的验证,并且更有可能测试目标程序的更深层次的代码。然而,如果没有友好的文档,分析文件格式是一项艰巨的工作。因此,基于突变的模糊器更容易启动,适用性更广,被广泛使用。对于基于突变的模糊器,需要一组有效的初始输入。测试用例是通过对初始输入和模糊化过程中生成的测试用例进行突变而生成的。然而,如何变异和生成能够覆盖更多程序路径并更容易触发错误的测试用例是一个关键的挑战。具体地说,基于突变的模糊器在进行突变时需要回答两个问题:①在哪里突变;②如何突变。只有少数几个关键位置上的突变才会影响执行的控制流。因此,如何在测试用例中定位这些关键位置就显得尤为重要。此外,模糊器对关键位置的变异方式也是一个关键问题,即如何确定能够将测试引向程序有趣路径的值。总之,测试用例的盲变会导致测试资源的严重浪费,较好的突变策略可以显著提高模糊化的效率。

7.3.6 案例分析

本节采用 Peach 进行 HTTP 模糊测试,选择的目标是一个扫描器登录界面 https://github.com/TideSec/WDScanner,使用 phpStudy 搭建。因为主要测试 HTTP,所以任意 Web 应用都可以被测试。

分析协议,既然要进项协议 fuzz,那么首先应该搞清楚使用此协议的用户和服务器之间的通信协议是怎样的。随意下载一个可以在应用层进行抓包的软件就可以满足需求,在此采用 Wireshark 抓取登录数据包,如图 7-10 所示。

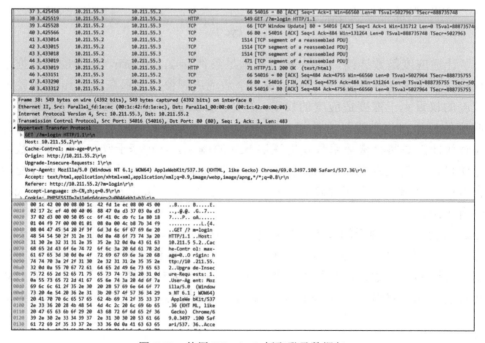

图 7-10　使用 Wireshark 抓取登录数据包

查看 HTTP 请求包，结果如图 7-11 所示。

```
GET /?m=login HTTP/1.1
Host: 10.211.55.2
Cache-Control: max-age=0
Origin: http://10.211.55.2
Upgrade-Insecure-Requests: 1
User-Agent: Mozilla/5.0 (Windows NT 6.1; WOW64) AppleWebKit/537.36 (KHTML, like Gecko) Chrome/69.0.3497.100 Safari
Accept: text/html,application/xhtml+xml,application/xml;q=0.9,image/webp,image/apng,*/*;q=0.8
Referer: http://10.211.55.2/?m=login
Accept-Language: zh-CN,zh;q=0.9
Cookie: PHPSESSID=2a11g6r6dcerv2u0046gkb1vb3
Connection: close

HTTP/1.1 200 OK
Date: Tue, 12 Nov 2019 15:35:18 GMT
Server: Apache/2.4.34 (Unix) PHP/5.6.33
X-Powered-By: PHP/5.6.33
Expires: Thu, 19 Nov 1981 08:52:00 GMT
Cache-Control: no-store, no-cache, must-revalidate, post-check=0, pre-check=0
Pragma: no-cache
Set-Cookie: user=deleted; expires=Thu, 01-Jan-1970 00:00:01 GMT; Max-Age=0
Set-Cookie: pass=deleted; expires=Thu, 01-Jan-1970 00:00:01 GMT; Max-Age=0
Set-Cookie: remember=deleted; expires=Thu, 01-Jan-1970 00:00:01 GMT; Max-Age=0
Connection: close
Transfer-Encoding: chunked
Content-Type: text/html; charset=UTF-8

1042
......


<!Doctype html>
<html>
<!--<![endif]-->
```

图 7-11　HTTP 请求包内容

按如下内容定制 pit 文件，针对 HTTP，完善 pit 文件。

```xml
<?xml version="1.0" encoding="utf-8"?>
<Peach   xmlns="http://peachfuzzer.com/2012/Peach"   xmlns:xsi="http://
www.w3.org/2001/XMLSchema-instance"
        xsi:schemaLocation="http://peachfuzzer.com/2012/Peach ../peach.xsd">

        <DataModel name="DataLogin">
            <String value="GET /index.php?m=login" mutable="false" token="true"/>
            <String value=" HTTP/1.1" />   <!-- 不加 mutable="false" 说明要对该
数值进行 fuzz -->
            <String value="\r\n" />
            <String value="Content-Type: " mutable="false" token="true"/>
            <String value="application/x-www-form-urlencoded" mutable="false"
token="true"/>
            <String value="\r\n" mutable="false" token="true"/>
            <String value="Accept-Encoding: " mutable="false" token="true"/>
            <String value="gzip, deflate" mutable="false" token="true"/>
            <String value="\r\n" mutable="false" token="true"/>
            <String value="Accept: " mutable="false" token="true"/>
            <String value="text/html,application/xhtml+xml,application/xml;
q=0.9,image/webp,image/apng,*/*;q=0.8,application/signed-exchange;v=b3"
mutable="false" token="true"/>
            <String value="\r\n" mutable="false" token="true"/>
            <String value="User-Agent: " mutable="false" token="true"/>
            <String  value="Mozilla/5.0  (Windows  NT  6.1 ;  Win64 ;  x64)
AppleWebKit/537.36 (KHTML, like Gecko) Chrome/75.0.3770.100 Safari/537.36"
```

```
mutable="false" token="true"/>
            <String value="\r\n" mutable="false" token="true"/>
            <String value="Host: 10.211.55.2" mutable="false" token="true"/>
            <String value="\r\n" mutable="false" token="true"/>
            <String value="Conection: " mutable="false" token="true"/>
            <String value="Keep-Alive" mutable="false" token="true"/>
            <String value="\r\n" mutable="false" token="true"/>
        </DataModel>
        <StateModel name="StateLogin" initialState="Initial">
            <State name="Initial">
                <Action type="output">
                    <DataModel ref="DataLogin"/>
                </Action>
            </State>
        </StateModel>
        <Test name="Default">
            <StateModel ref="StateLogin"/>
            <Publisher class="TcpClient">
                <Param name="Host" value="10.211.55.2"/>
                <Param name="Port" value="80"/>
            </Publisher>
            <Logger class="File">
                <Param name="Path" value="C:\peach\logs"/>
            </Logger>
            <Strategy class="Sequential" />
        </Test>
    </Peach>
```

在该 pit 文件中，对数值 HTTP/1.1 和\r\n 进行模糊测试，模糊策略为 Sequential。

在 cmd 中执行 peach.exe samples\httpfuzz.xml，执行过程如图 7-12 和图 7-13 所示。

图 7-12　Peach 执行过程-1(一)

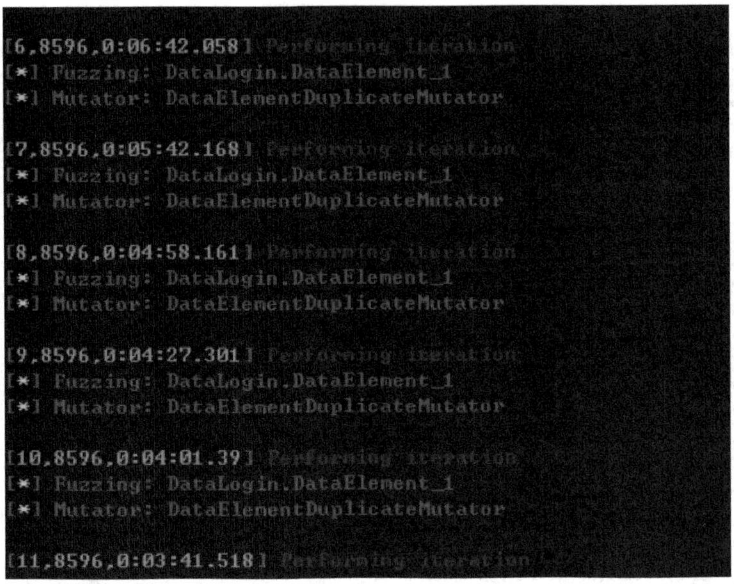

图 7-13　Peach 执行过程-2(二)

　　如图 7-14 所示，在 Wireshark 中可看到发送的数据包，Peach 自动对 HTTP/1.1 和\r\n 生成了大量 fuzz 数据。

　　在使用过程中，也可对 Peach 加参数-debug 运行调试模式，可直接看到发送的数据包，如图 7-15 所示。

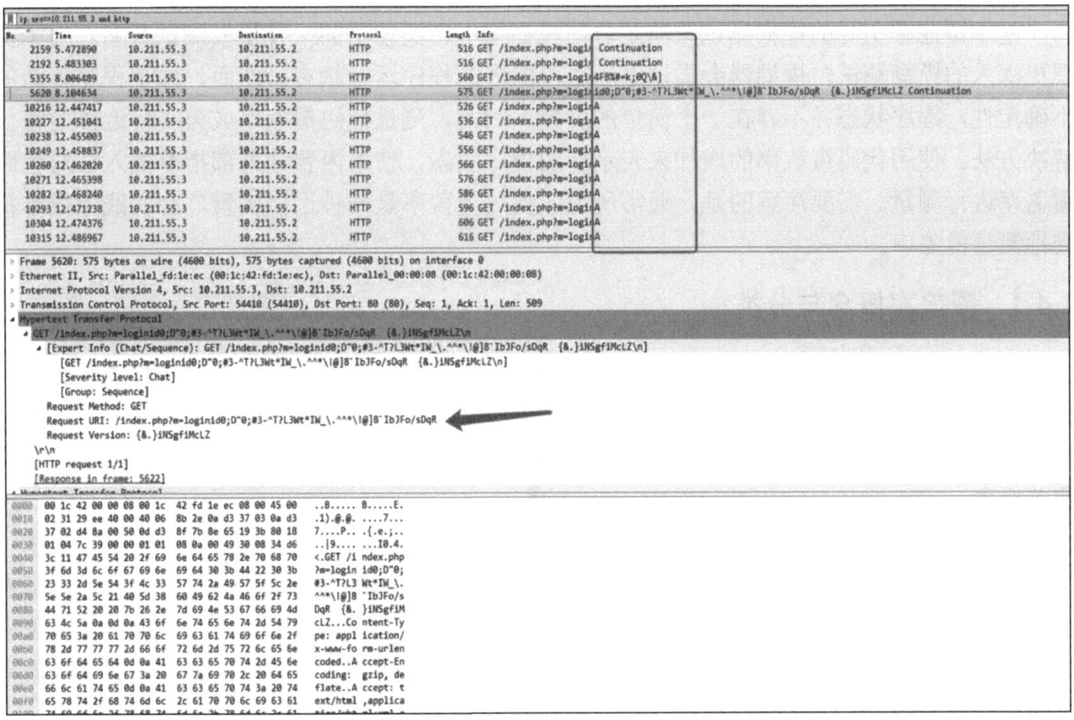

图 7-14　Wireshark 抓包分析 Peach 生成的测试数据

图 7-15 Peach 的 debug 调试模式查看结果

7.4 覆盖率引导的模糊测试

基于覆盖率引导的模糊测试策略是目前模糊器中广泛使用的一种模糊测试策略。为了实现更深入的模糊测试，模糊器会尝试遍历尽可能多的程序运行状态。然而，由于程序行为的不确定性，程序状态并不存在一个简单的度量。因此，测量代码覆盖率成为一种近似的替代解决方法。使用代码覆盖率的增加来表示新的程序状态，使用内置和外部指令插入带对代码覆盖率进行测量。需要注意的是，通常所说的代码覆盖率是一种近似度量，在实践中很难精准地测量覆盖率。

7.4.1 覆盖率概念与分类

代码覆盖率是模糊测试中一个极其重要的概念，使用代码覆盖率可以评估和改进测试过程，执行到的代码越多，找到 bug 的可能性就越大，毕竟，在覆盖的代码中并不能 100%发现 bug，在未覆盖的代码中却是 100%找不到任何 bug 的，所以本节将详细介绍代码覆盖率的相关概念。

覆盖率是模糊测试中一个重要的技术指标，主要用于衡量测试工具对目标程序的测试广度与深度。代码覆盖率是一种度量代码覆盖程度的方式，也就是指源代码中的某行代码是否已执行；对于二进制程序，还可将此概念理解为汇编代码中的某条指令是否已执行。覆盖率可以分为基本块覆盖率、分支覆盖率、路径覆盖率、条件覆盖率、函数覆盖率、调用覆盖率及循环覆盖率等。

基本块覆盖率也称行覆盖率、段覆盖率及语句覆盖率，可跟踪已执行源代码的哪几行，这是可以收集的最基本的覆盖范围信息。为了暴露程序中的错误，程序中的每条语句至少应该执行一次。因此基本块覆盖的含义是选择足够多的测试数据，使被测程序中的每条语句至少执行一次。基本块覆盖是很弱的逻辑覆盖。缺点如下：例如，条件语句可以在条件测试时立即被标记为已执行，如果条件语句全部在一行上，则无法判断该条件语句是否被评估为true。如下所示的一个伪代码示例：

```
if (x < 10) then y=8 else z=9
```

无论 x 的值是多少，该行都将被标记为已执行，因此我们不知道为 y 或 z 赋值的代码是否已被实际执行并进行了测试。

分支覆盖率也称判定覆盖率、边界覆盖率，通过跟踪程序中每个条件跳转采用了哪个分支进行处理。设计足够多的测试用例，使程序中的每个判定至少都获得一次真值或假值，或者说使程序中的每一个取真分支和取假分支至少执行一次。在上面的伪代码示例中，将需要两个不同的测试用例才能获得完整的分支覆盖范围。一个测试用例中 x 小于 10，另一个测试用例中 x 大于等于 10。如果在测试过程中只执行了一个分支，则通过使用分支覆盖率，我们将知道这一事实，并且还会知道未测试哪个分支。

路径覆盖率又称断言覆盖率(predicate coverage)，其更加详细，它可以跟踪程序中执行了哪些不同的路径，即执行了哪些行和分支序列及执行顺序。显然，获得完整的路径覆盖范围要比获得完整的分支覆盖范围花费更多的测试用例，获得完整的分支覆盖范围要比获得完整的行覆盖范围花费更多的测试用例。通常，具有 n 个可到达分支的程序将需要 $2n$ 个测试用例进行分支覆盖，而需要 2^n 个测试用例进行路径覆盖。

路径覆盖率表示程序中已执行的路径占所有可能执行路径的比例。基本块覆盖率计算已经执行过的程序基本块占整个程序基本块的比例，而边覆盖率则衡量程序控制流图中每条边的执行情况。准确的覆盖率信息有助于模糊测试器更好地探索未测试代码片段，提升测试效率。以覆盖率为导向的模糊测试工具中应用比较广泛的有 Google 开发的 AFL、libFuzzer 和 Honggfuzz，其中最具代表性的工具是由 Michal Zalewski 开发的 AFL。AFL 采用代码插桩的方式对程序的边覆盖率进行计算，并结合遗传算法引导测试用例的生成。AFL 具有良好的可扩展性，后期出现了多种针对其内部关键环节的改进技术。其计量方式很多，但无论是 GCC 的 GCOV 还是 LLVM 的 SanitizerCoverage，都提供函数(function)、基本块(basic block)、边(edge)三种级别的覆盖率检测，更具体的细节可以参考 LLVM 的官方文档。

7.4.2　基本流程

如图 7-16 所示为覆盖率引导的模糊测试基本流程，模糊测试从初始给定的种子输入开始。如果没有给出种子输入集，则模糊器自己构造一个。在主模糊测试循环中，模糊器反复选择一个有趣的种子，用于后续的突变和测试用例生成。然后驱动目标程序在 fuzzer 的监控下执行生成的测试用例。收集触发崩溃的测试用例，并将其他有趣的用例添加到种子库。对于基于覆盖引导的模糊测试，到达新控制流边缘的测试用例被认为是有趣的。主模糊测试循环在预先配置的超时或中止信号处停止。在模糊测试过程中，模糊器通过各种方法跟踪执行情况。基本上，模糊器跟踪执行有两个目的，即代码覆盖率和安全违规。代码覆盖信息被用来进行彻底的程序状态探索，而安全违规跟踪是为了更好地发现错误。AFL 通过代码检测和

AFL 位图跟踪代码覆盖率。安全违规跟踪可以在许多"消毒器"的帮助下进行处理，如
AddressSaniizer、ThreadSaniizer、LeakSaniizer 等。

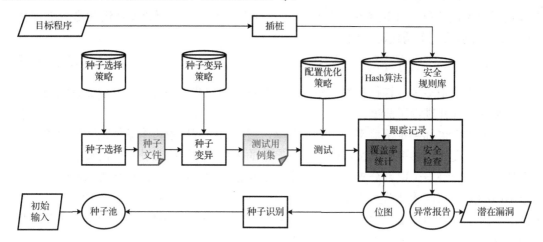

图 7-16　覆盖率引导的模糊测试基本流程图

7.4.3　初始种子获取

大多数最先进的基于覆盖率引导的模糊测试器采用基于突变的测试用例生成策略，这在
很大程度上依赖于初始种子输入的质量。良好的初始种子输入可以显著地提高模糊测试的效
率和效果。具体地说，①提供格式良好的种子输入可以节省构造一个输入消耗的大量 CPU 时
间；②良好的初始输入可以满足复杂文件格式的要求，这在变异阶段是很难猜测的；③基于
良好格式的种子输入的变异更容易产生更深、更难到达路径的测试用例；④好的种子输入在
多次测试中可以被重用。

对于一些开源项目，应用程序发布时带有大量用于测试的输入数据，这些数据可以免费
获得，作为模糊测试的优质种子。例如，FATE(Ffmpeg Automatic Testing Environment)提供了
各种测试用例，这些测试用例仅凭测试人员自己的力量是很难收集到的。有时，测试数据不
是公开的，但开发人员愿意与报告程序错误的人交换这些数据。其他一些开源项目也提供了
格式转换器。因此，对于具有一定格式的各种文件集，测试者可以通过使用格式转换器来获
得优质的种子以进行模糊测试。例如，cwebp 可以将 TIFF/JPEG/PNG 转换为 WebP 图像。

收集种子输入的常用方法包括使用标准基准、从互联网爬取和使用现有的 POC 样本。开
放源代码应用程序通常随标准基准一起发布，该基准可免费用于测试项目。该项目提供的基
准测试是根据应用程序的特点和功能构建的，这自然构建了一组良好的种子输入。此外，逆
向工程有助于为模糊测试提供种子输入。Prospex 可以提取包括协议状态机在内的网络协议规
范，并使用它们自动生成有状态模糊器的输入。自适应随机测试(ART)通过采样测试空间并
且仅执行由输入上的距离度量确定的来自所有先前执行的测试的最远距离来修改随机测试。
ART 并不总是被证明对复杂的现实世界程序是有效的，并且主要应用于数字输入程序。

考虑到目标应用输入的多样性，从互联网上爬取是最直观的方法，可以轻松下载某些格
式的文件。基于特定字符(如文件扩展名、幻字节等)，测试人员可以下载所需的种子文件。
收集的语料库很大也不是一个严重的问题，因为存储成本很低，并且语料库可以压缩到更小，

同时达到等效的代码覆盖率。为了减少错误插入文件的数量并保持最大的测试用例覆盖率，Kim 等提出在目标软件解析二进制文件时，通过跟踪和分析堆栈帧、汇编代码和寄存器来分析二进制文件的字段。

对于一些常用的文件格式，网络上也有很多开放的测试项目提供免费的测试数据集。此外，使用现有的 POC 样本也是一种非常实用的方法。然而，过多的种子投入量会导致第一次试运行时间的浪费，从而带来另一个问题，即如何提取初始语料库。AFL 提供了一个工具，用于提取实现相同代码覆盖率的最小输入集。AFL 使用轻量级插桩来捕获基本块转换，并在运行时获得覆盖信息。然后，它从种子队列中选择一个种子，并对该种子进行变异以生成测试用例。如果测试用例执行新路径，则会将其作为新种子添加到队列中。AFL 偏爱触发新路径的种子，并使它们优先于不受欢迎的种子。与其他仪表式模糊器相比，AFL 具有适度的性能开销。

7.4.4　种子选择策略

在主模糊测试循环的新一轮测试开始时，模糊器重复地从种子库中选择种子进行变异。如何从种子库中选择种子是模糊测试过程中一个重要的悬而未决的问题。以前的工作已经证明，好的种子选择策略可以显著地提高模糊测试效率，并有助于更快地发现更多的错误。有了好的种子选择策略，模糊器可以：①优先选择更有帮助的种子，包括覆盖更多的代码和更容易触发漏洞的种子；②减少重复执行路径造成的浪费，节省计算资源；③优化选择覆盖更深和更易受攻击的代码的种子，帮助模糊测试器更快地识别隐藏的漏洞。AFL 更喜欢更小、更快的测试用例，以追求更快的测试速度。Böhme 等提出了 AFLFast，一种基于覆盖的灰盒模糊器。他们观察到，大多数测试用例集中在相同的几条路径上。例如，在 PNG 处理程序中，通过随机变异生成的测试用例大多是无效的，并触发错误处理路径。AFLFast 将路径分为高频路径和低频路径。在模糊化过程中，AFLFast 测量执行路径的频率，对模糊测试次数较少的种子进行优先排序，并将更多能量分配给执行低频路径的种子。

较小的种子可能消耗较少的内存并需要较高的吞吐量。因此，一些模糊器在试图对种子进行模糊测试之前减少它们的大小，称为种子修剪。种子修剪可以在预处理中的主模糊测试循环之前进行，也可以作为 ConfUpdate 的一部分进行。使用种子修剪的一个值得注意的 fuzzer 是 AFL，它使用其代码覆盖率工具迭代地删除种子的一部分，只要使修改后的种子达到相同的覆盖率。同时，Rebert 等报道称，与随机种子选择相比，种子修剪的最小集算法通过赋予较小种子更高的优先级来选择种子，从而产生较少数量的独特错误。

模糊测试的目标是快速练习新的程序路径。然而正如 Böhme 等所说，大多数输入执行相同的几个程序路径。为了解决这一问题，模糊器必须有效地使用其输入语料库，并把发现新程序路径花费的计算最小化。输入测试调度或种子选择可以帮助对抗这种输入探索有限程序路径的趋势。输入测试调度对输入和输入顺序进行排序和选择，预测哪些新的输入最有可能导致新的和不连续的有趣程序状态。对于漏洞评估，输入测试调度通常选择输入以最大化发现的错误数量。输入测试调度是有效探索大型或无限输入搜索空间的关键，但是为特定的程序和 fuzzer 找到正确的调度策略仍然是一个研究挑战。幸运的是，像 FuzzSim 这样的工具可以通过使用流程的多次迭代中的输入性能信息来快速地比较输入选择策略。随着模糊器继续迭代这个过程，基于突变和进化的模糊器可能会收集许多极大的输入。为了解决这个问题，模糊器或用户需要执行语料库最小化，减少输入数量，或者输入最小化，以减少每个输入的大小。例如，Ormandy 在 *Making Software Dumberer* 中介绍的语料库蒸馏通过将一组输入减少到保持相同覆盖率的最小输入集来实现这一点。SEC Consult 的模糊器忽略通过人工分析识别为不感兴趣的输入搜索空间的特定部分，以便限制对每个输入执行的操作的数量。

Rawat 等的研究成果将静态分析和动态分析相结合，识别难以触及的更深路径，并对到达更深路径的种子进行优先排序。Vuzzer 的种子选择策略可以帮助发现隐藏在深层路径中的漏洞。AFLGo 和 QTEP 采用定向选择策略。AFLGo 将一些易受攻击的代码定义为目标位置，并优化选择距离目标位置较近的测试用例。AFLGo 提到了四种类型的易受攻击代码，包括补丁、程序崩溃缺乏足够的跟踪信息、静态分析工具验证的结果及与敏感信息相关的代码片段。通过适当的定向算法，AFLGo 可以将更多的测试资源分配给感兴趣的代码。QTEP 利用静态代码分析来检测容易出错的源代码，并确定覆盖更多错误代码的种子的优先级。AFLGo 和 QTEP 都严重依赖于静态分析工具的有效性。然而，目前的静态分析工具的误报率仍然很高，不能给出准确的验证。已知脆弱性的特征也可用于种子选择策略。SlowFuzz 针对的是算法复杂性漏洞，这往往伴随着显著的计算资源消耗。因此，SlowFuzz 更喜欢消耗更多资源(如 CPU 时间和内存)的种子。然而，收集消耗资源的信息带来了很大的开销，降低了模糊化的效率。例如，为了收集 CPU 时间，SlowFuzz 计算执行的指令数量很大。此外，SlowFuzz 对资源消耗信息的准确性要求很高。

7.4.5　覆盖率引导统计

在主模糊测试循环中，需要重复执行目标程序。提取程序执行状态信息，用于提高程序执行效率。执行阶段涉及的两个关键问题是如何引导模糊测试过程和如何探索新的路径。模糊测试过程通常被引导以覆盖更多的代码并更快地发现错误，因此需要路径执行信息。在基于覆盖的模糊测试中，使用插桩技术记录路径执行和计算覆盖信息。根据是否提供源代码，既可以使用编译后的指令插入，也可以使用外部指令插入。静态分析技术也可用于收集控制流信息，如路径深度，其可用作引导策略中的另一参考。通过检测收集的路径执行信息可以帮助指导模糊测试过程。在执行信息收集中还使用了一些新的系统功能和硬件功能。英特尔处理器跟踪(Intel PT)是英特尔处理器提供的一项新功能，可通过触发和过滤功能显示准确而详细的活动跟踪，以帮助隔离重要的跟踪。Intel PT 具有执行速度快、不依赖源代码的优点，可以准确、高效地跟踪执行情况。该特征被用于对 kafl 中的 OS 内核进行模糊处理，并被证明是相当有效的。

测试执行中的另一个关注点是探索新的途径。模糊器在程序的控制流程中需要进行复杂的条件判断。程序分析技术包括静态分析、污点分析等，可以用来识别执行中的块点，以便后续解决。符号执行技术在路径探索中有着天然的优势。通过求解约束集，符号执行技术可以计算出满足特定条件要求的值。TanitScope 利用符号执行技术来解决总是阻塞模糊测试过程的校验和验证。Driller 利用合并执行绕过条件判断并发现更深层次的错误。经过多年的发展，模糊测试变得比以往任何时候都更细粒度、更灵活、更智能。

在程序分析中，程序由基本块组成。基本块是具有单个入口点和出口点的代码片段，基本块中的指令将按顺序执行，并且只执行一次。在代码覆盖率度量中，目前的方法都是以基本块为最佳粒度。原因包括：①基本块是程序执行的最小一致单位；②度量函数或指令会导致信息丢失或冗余；③基本块可以通过第一条指令的地址识别，通过代码插桩可以很容易地提取基本块信息。目前有两种基于基本块的基本测量选择，即简单地统计执行的基本块和计数基本块转换。在后一种方法中，将程序解释为一个图，用顶点表示基本块，用边表示基本块之间的过渡。后一种方法记录边，而前一种方法记录顶点。实验表明，简单统计已执行的基本块会导致严重的信息丢失。

AFL 是第一个将边缘测量方法引入基于覆盖率的模糊测试中的工具。我们以 AFL 为例，展示基于覆盖率引导的模糊器在模糊测试过程中如何获得覆盖信息。AFL 通过轻量级程序插桩获得覆盖信息。根据是否提供源代码，AFL 提供了两种插桩方式，即编译插桩和外部插桩。在编译插桩模式中，根据使用的编译器，AFL 同时提供 GCC 模式和 LLVM 模式，它将在生成二进制代码时插入代码片段。在外部插桩模式下，AFL 提供 QEMU 模式，在将基本块转换为 TCG 块时插入代码片段。

代码覆盖率揭示了代码的哪些部分没有经过测试。该代码也可以是在正常使用期间不执行的代码。大多数错误可能潜伏在应用程序的这些黑暗角落中。因此，使用代码覆盖率模糊化还可能揭示需要进一步静态分析的应用程序部分。通过这样的分析，可以更好地理解应用程序的黑暗角落，这些部分可以帮助模糊测试器更好地构建模糊器的输入。迭代此方法可以提供更全面的测试。

7.4.6　案例分析

为了执行二进制模糊测试，首先使用 AFL 的编译器编译应用程序的源代码，以便检测二进制文件。通过获取目标应用程序的源代码来继续进行模糊测试，我们分析的程序是一个简单的 gif 到 png 转换程序，称为 target-app。最新版本的源代码可通过 Ubuntu 存储库获得。

```
$ cd ~/targets
$ apt-get source target-app
$ cd target-app
```

现在有了源代码，需要使用 afl-clang-fast 编译器对其进行编译，确保二进制文件有足够的工具。由于 target-app 具有自动配置脚本(configure.sh)，通过提供编译设置并使用标准的 configure 和 make 进行编译。

```
$ CC="afl-clang-fast" CFLAGS="-fsanitize=address -ggdb" CXXFLAGS= "-fsanitize=
address -ggdb" ./configure
$ make
```

如果一切顺利，make 的屏幕输出应显示在编译过程中成功进行了检测，结果如图 7-17 所示。

最后的准备步骤是将合适的输入文件复制到~/targets/in 目录中。初始化后，afl-fuzz 会首先将此输入文件提供给目标二进制文件，然后选择一个具有适当扩展名且尺寸较小的输入文件，并将其放置在~/targets/in 目录中。

最后一步是开始实际的模糊测试。afl-fuzz 命令用于运行 AFL，用于启动 afl-fuzz 的完整命令格式如下：

```
$ afl-fuzz -i [PATH TO TESTCASE_INPUT_DIR] -o [PATH TO OUTPUT_DIR] -- [PATH
TO TARGET BINARY] [BINARY_PARAMS] @@
```

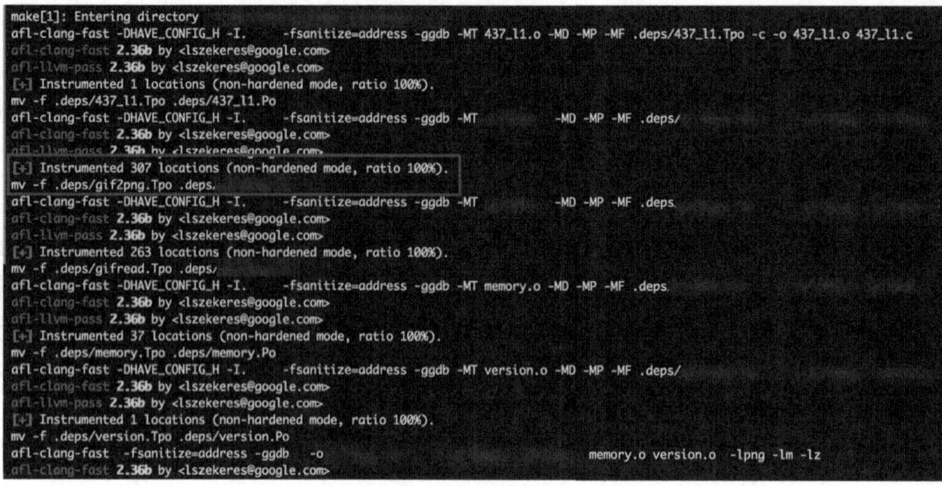

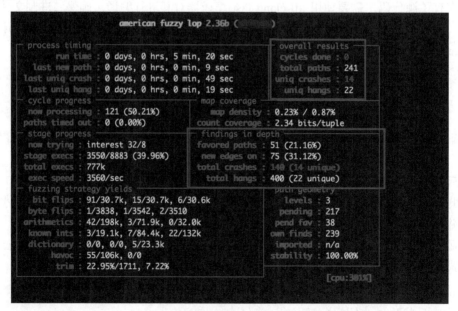

图 7-17　make 成功的结果

在本次测试中，转化为如下形式：

```
$ cd ~/targets
$ afl-fuzz -i in/ -o out/ -- target-app_directory/target-app_binary @@
```

AFL 执行并开始工作后，将注意力转向监视 afl-fuzz 的进度，以确保 afl-fuzz 成功地在目标二进制文件中找到新的代码执行路径并有效地运行。在运行时，afl-fuzz 通过一个基本的统计界面向用户显示执行过程中的统计数据，如图 7-18 所示。

在异常分析过程中，需要确定异常出现的原因和方式，以及导致异常的测试输入文件的属性特征。启动 afl-fuzz 时，AFL 将其生成的每个测试用例存储并反馈到用户使用-o 参数指定的二进制文件中。将导致唯一崩溃的测试用例存储在其子目录中，在测试环境中为~/targets/out/crashes。

图 7-18　AFL 执行界面

afl-fuzz 在运行的大约 12 个小时期间，检测到 28 次目标二进制文件的唯一崩溃。导致崩溃的输入文件被复制到～/targets/out/crashes 目录中。AFL 提供了一个异常分析脚本 /afl-2.36b/experimental/crash_triage/，可以使用该脚本初步分析异常数据。该脚本已命名为 triage_crashes.sh，并且使用时必须随/ out 目录和目标二进制文件一起提供 PATH，如下所示：

```
$ cd AFL/afl-2.36b/experimental/crash_triage/
$ ./triage_crashes.sh～/targets/out/～/targets/target-app/target-app_binary
```

运行时，分类脚本将循环遍历/ out / crashes 目录中的每个崩溃文件，并将生成的崩溃数据打印到屏幕上。

7.5 其他模糊测试技术

除了上述所说的覆盖率引导的模糊测试，现在模糊测试的发展方向更加多向化，出现了许多其他效果较好的模糊测试，包括定向模糊测试，以及针对特定目标的模糊测试，如内存模糊测试和内核模糊测试，另外，近些年来也出现了一些针对模糊测试的程序保护技术——反模糊测试技术。

7.5.1 定向模糊测试

定向模糊测试技术是模糊测试中的一种针对性测试技术，依据测试目标的不同，制定不同的测试策略，其中包括深层路径测试、补丁测试、校验和绕过测试及复杂格式突破等。定向模糊测试中不仅仅包含特定目标的测试，部分定向模糊测试技术仍然以覆盖率作为重要测试指标，但在某阶段更侧重测试的导向性。

由于缺少程序的输入规范，模糊测试在执行更深层代码时的效率不高，大多数模糊测试方法采用完全随机的输入生成策略，无法满足有格式要求的输入的基本语法约束，因而无法通过前期的解析阶段去探索后续的代码。而采用符号执行技术来解决上述问题通常会有一定的效果。Nick Stephens 等提出一种结合符号执行的灰盒测试技术，该测试技术开发了一种多技术融合的漏洞挖掘工具 Driller，充分发挥模糊测试和选择性 concolic 执行两者各自的优势，同时通过调度优化整体性能，以找到更深层次的错误。首先采用轻量级模糊测试对应用程序进行初始测试，当检测到覆盖率因某个特殊条件而无法进一步提升时，采用 concolic 执行生成满足复杂检查的输入来实现部分分支的跳转，以测试更深层的路径，提高代码覆盖率。通过结合这两种技术的优点，削弱了各自的弱点，避免了两种动态分析技术中固有的路径爆炸和模糊不完备的缺陷。Driller 使用选择性的 concolic 执行来探索模糊测试器认为的更有价值但难以满足输入条件的路径。实验结果证明，通过两种技术的适当结合，Driller 在实际应用中取得了良好效果。但同时 Driller 也受限于符号执行的内部瓶颈，其难以扩展，且自身存在开销过大与约束求解困难等问题，因此难以在复杂的大型程序中取得实际效果提升。Vijay 等提出一种导向的白盒模糊测试技术——BuzzFuzz 工具，旨在生成格式良好的测试输入，使其能够执行被测程序核心语义处理部分的深层代码。利用污点分析技术执行有效样本输入，通过插桩获取污点信息，能够记录程序计算的每个值受输入中哪些字节的影响，从而进行有针对性的变异。Patrice 等提出一种白盒模糊测试方法，记录在符合语法规则的输入下一个实际程序的运行过程，符号化地执行被记录的 trace，收集与输入相关的约束，观察程序对输入的处理过程。将被收集的约束依次反转并用约束求解器求解，产生的新输入执行程序的不同路径。这个过程在最大化覆盖率启发式算法的帮助下重复执行，以提升发现程序缺陷的速率。

针对部分软件中存在的校验点影响模糊测试效率的问题，Wang 等提出了一种校验点感知的定向模糊测试工具 TaintScope。TaintScope 的核心思想是利用污点传播信息检测和绕过基于校验和的完整性检查并驱动恶意测试用例生成，然后结合 concolic 技术修复测试用例中的校验域。TaintScope 可以在定位的完整性检查点处强制改变目标程序的执行路径。其字节级细粒度污点标签可以精准地确定输入中的哪个字节可以到达安全敏感点。Hui 等则提出一种通过移除程序检查点的方式绕过校验点、魔术字节等检查字段，该方式同样采用动态污点分析技术进行检查点定位。在移除检查代码后进行普通的灰盒测试，对于发现异常的样本，使用基于符号执行的方法判断是否误报并检测是否可以重现异常。Liu 等提出一种采用污点分析进行校验和自动识别的方法，并在校验和处以反逻辑的方式进行静态修补，然后再对程序进行模糊测试。

针对深层路径导向的问题，Istvan 等提出一种结合污点跟踪、程序分析及符号执行来发现缓冲区溢出漏洞的模糊测试技术。首先使用污点分析来确定哪些输入字节影响数组索引，然后利用这组输入对程序进行符号执行，不断地沿着最有可能导致缓冲区溢出的分支结果引导符号执行，进而检测出实际程序中的深层 bug。Zhang 等提出一种通过筛选高效样本的方式实现深层代码的探索技术 SimFuzz。该技术主要包括两个阶段，第一阶段使用传统的黑盒测试方法生成测试样本，在此过程中使用样本相似性度量的方法进行引导。第二阶段利用第一阶段筛选的样本子集进行测试，同时产生新的样本。Wang 等提出一种适用于定向性模糊测试的种子生成与种子选择方法，结合静态分析、动态监控与符号执行技术，提供可以覆盖更多程序敏感点的种子，从而实现高效模糊测试。Chen 等提出一种基于动态符号执行和扩展程序行为模型的定向模糊测试技术。首先，使用动态符号执行从原始控制流图中提取程序行为信息，并利用案例理论建立访问对象的访问控制模型。然后，为了描述程序运行时对象的一些访问属性，提出基于控制流的扩展程序行为模型，在控制流模型中添加约束，该模型使用有限状态机控制参数（EPBFSM）。最后，通过解决 EPBFSM 产生的约束，生成新的测试输入。Cristian 等设计了工具 KLEE，利用符号执行技术动态生成测试用例，在取得高代码覆盖率的同时可以在运行期间获取程序状态信息，因此适用于复杂程序测试。Saahil 等提出针对特定函数进行测试的方法，采用自动生成的种子样本来测试任意深度的函数。在发现漏洞后将测试函数替换回原始函数，并采用符号执行来验证漏洞是否可以在父函数中触发。

7.5.2　内存模糊测试

内存中的模糊与本章中讨论的其他类型的模糊有很大的不同。传统的模糊集中向外部输入中注入故障或异常，并监控崩溃或其他故障迹象，而内存模糊则需要在参数被内部程序函数使用之前修改内存中的参数。内存模糊测试的关注点不再是特定协议或特定的文件格式，而是实际执行的代码。对闭源程序进行模糊测试一般需要进行逆向工程，根据逆向工程的结果重建数据混淆机制。而内存模糊测试则进入目标应用的内存空间查找有用的点，适合在闭源目标上应用。与源代码审计和逆向工程相比，内存模糊测试的主要优势之一是通过使用可访问的接口来查找真正的 bug。

第一种内存模糊测试方法是变异循环插入，首先通过逆向工程，人工定位解析例程的开始和结束位置。一旦完成定位，变异循环插入工具能够向目标应用的内存空间插入一个变异例程。变异例程负责修改解析例程拿到的数据，变异循环插入工具向内存中插入两条无条件跳转指令。数据变异循环的每一次迭代都会向解析例程传入不同的、可能引发错误的数据。第二种内存模糊测试方法是快照恢复变异，和变异循环插入一样，利用逆向工程定位解析例程的开始和结束位置。利用快照恢复变异工具在到达解析代码的开始位置时为目标进程建立快照。在解析函数执行完成后，恢复进程快照，使原先的数据产生变异，并使用变异得到的新数据重新执行解析代码，再次创建数据变异循环，进行迭代。

内存模糊测试的优势在于检测模糊测试器引发的错误。既然已经可以在很低的层次上对目标应用进行操作，要实现错误检测只需要简单的额外工作即可。如果将模糊测试器实现为调试器，使用变异循环插入或快照恢复变异方法，可以让模糊测试器能够在每个变异的迭代过程中监视异常条件。模糊测试器能够把错误的位置连同运行时的上下文信息一同存储起来，这些被存储的信息可供研究者用来确定缺陷的精确位置。

7.5.3　内核模糊测试

与普通软件的模糊测试相比，针对操作系统内核的模糊测试一直面临着代码规模过于庞大、功能复杂、部分模块相关文档较少、调试运行不便等诸多问题。而利用模糊测试技术测试操作系统内核，一般都是以系统调用作为输入，因为系统调用是用户态和内核态交互的关键。

内核模糊测试将生成的畸形数据输入到被测内核，并期望发生内核运行异常。但由于操作系统内核的特殊性，内核模糊测试在测试用例生成、输入、内核运行监控等方面需要更高的技术实现水平。除了直接使用物理机及将内核代码库做用户态模糊测试，其他内核模糊测试工具都在同程度上应用了虚拟化方式运行目标系统。一般来说，内核模糊测试主要的评价标准包括内核代码覆盖率、漏洞触发识别能力及内核监控运行的额外开销等。

随着智能模糊测试的发展，内核模糊测试也取得了一些新的进展。通常，操作系统内核通过随机调用带有随机生成的参数值的内核 API 函数进行模糊测试。根据模糊器的侧重点，内核模糊器可以分为两类：基于知识的模糊器和基于覆盖率的模糊器。

在基于知识的模糊器中，关于内核 API 函数的知识在模糊测试过程中得到应用。具体地说，使用内核 API 函数调用进行模糊处理面临两个主要挑战：①API 函数调用的参数应该是遵循 API 规范的随机但格式良好的值；②内核 API 函数调用的顺序应该是有效的。具有代表性的基于知识的模糊器有 Trinity 和 IMF。Trinity 是一种类型识别的内核模糊器。在 Trinity 中，测试用例是基于参数类型生成的。根据数据类型修改 syscall 的参数。此外，Trinity 还提供了特定的枚举值和值范围，以生成格式良好的测试用例。IMF 试图了解 API 执行的正确顺序和 API 调用之间的值依赖关系，并利用所学知识生成测试用例。

事实证明，基于覆盖率的模糊测试在查找用户应用程序缺陷方面取得了巨大的成功。人们开始将基于覆盖率的模糊测试方法应用于发现内核漏洞，代表工具有 syzkaller、TriforceAFL 和 kAFL。syzkaller 通过编译检测内核，并在一组 QEMU 虚拟机上运行内核。在模糊测试期间，覆盖信息和安全违规都会被跟踪。TriforceAFL 是 AFL 的一个修改版本，它支持使用 QEMU 全系统仿真的内核模糊测试。kAFL 利用新的硬件功能 Intel PT 跟踪覆盖范围，仅跟踪内核代码。实验表明，kAFL 算法比 TriforceAFL 算法快 40 倍左右，大大提高了运行效率。

7.5.4 反模糊测试

反模糊测试是一种概念和技术,旨在通过故意的行为不当、方向错误、通知错误或以其他方式阻碍对软件产品进行模糊测试。目的是通过减少恶意攻击者在时间和精力上的花费,降低模糊测试的效率。

以模糊测试为核心的漏洞挖掘技术得以有效实施需要依赖如下 3 个条件。

(1)模糊测试执行效率高,可快速完成大量变异样本的执行。

(2)覆盖率信息可被准确统计,并反馈引导模糊测试进程。

(3)异常信息(crash)可被捕获并保留现场信息。

因此,反模糊测试可以通过阻断上述三个前提条件,实现降低模糊测试效率的目的。

2010 年,Adams 等在 BlackBerry 研讨会上提出了对抗模糊测试的思想,并尝试将该技术应用于 USB 协议保护中。但是受限于产业界的阻力,该方法一直未能得到应用,相关技术的发展也基本停滞。2013 年,Francesco 提出可以将对抗模糊测试的思想用到 Web 应用的安全测评中,但是也仅限于概念验证环节。2014 年,Ollie 提出反模糊测试(anti-fuzzing)技术框架,分析了 anti-fuzzing 的基本流程,并在 Web 应用程序、Android 应用程序上进行了初步实验,但是由于作者仅在开源程序和解释执行类的程序上进行了验证,效果有限,反模糊测试技术仍未得到广泛关注。另外,Göransson 等评估了两种简单的技术,即在查找崩溃时防止模糊器的崩溃掩蔽和在模糊化时隐藏功能的模糊器检测。但是,攻击者可以很容易地检测到这些方法并绕过它们以实现有效的模糊测试。Hu 等提出通过向程序中注入可证明的(但不是明显的)不可利用的错误来阻止攻击,称为 Chaff Bugs。这些错误将混淆错误分析工具,并浪费攻击者在利用漏洞生成上做的努力。2019 年,Jung 等在 USENIX Security 大会上提出了反模糊测试技术,并发布了原型验证工具 Fuzzification,作者采用降低模糊测试执行效率、阻断覆盖率统计、干扰污点分析、提高路径爆炸频率等方法来对抗模糊测试的漏洞挖掘能力,作者在 binutils、LAVA-M 等测试集上进行验证,并分别比对了 Fuzzification 在开源模糊测试工具 AFL、Honggfuzz、Vuzzer 和 QSYM 上对各个工具漏洞挖掘效率的影响。同年,Emre 等也在 USENIX Security 大会上提出了类似的技术,相比于 Fuzzification,两位作者的思路基本一致,但是后者提出的方法针对性更强,测试评估的结果更加精细、准确。

7.6 模糊测试的局限性和发展方向

7.6.1 局限性和面临问题

现有模糊测试都会在解决某些特定问题时存在一些不足。大多数改进技术通常以一定的性能损耗为代价来换取测试效率的提升。现有的研究成果在效果评估方面都取得了一定进展,但其中部分改进技术仍存在一定的局限性,有待进一步改进提高。具体来说,现有工作中的不足主要表现在如下几个方面。

1. 多点触发漏洞难以挖掘

当前的模糊测试技术往往只能挖掘出由单个因素引起的漏洞,而对需要多条件才能触发的漏洞却无能为力。近年来，相关学者试图将模糊测试用于挖掘多点触发漏洞，提出了多维模糊测试的概念并进行了相关的研究，然而，多维模糊测试面临着组合爆炸等亟待解决的难题，目前其研究进展缓慢。

2. 检查点突破开销大

目前大部分 CGF 工具在突破魔术字节检查过程中都或多或少地融合动态分析技术，这是因为动态分析技术在解决特定问题上十分有效，但动态分析技术总体上都存在一个共性问题，即开销过大。如对于在线符号执行中的约束求解环节，需要大量计算开销，污点分析在进行污点传播的过程中可能由于污点爆炸而严重影响执行速度等。这通常与高效的模糊测试技术存在一定的冲突，现有的方法都在尽量减少这种开销，如仅在关键环节使用等，这种方法也会带来普遍适用性难的问题，只适用于某些特殊情况下的测试场景。

3. 低效样本浪费计算资源

在进行模糊测试过程中，样本的不断变异会生成越来越多的新样本。依据测试结果决定是否保留这些样本，通常以该样本是否触发了新的分支作为判断标准。一旦被保留则被认定为有效样本。而其中的一些样本在不断的测试中会逐渐成为相对低效的测试样本，即对其进行变异测试产生新路径的概率极低。虽然模糊测试器会在每一轮测试开始之前对样本队列进行一轮筛选，但这些样本并不会被区分为低效样本，因此依旧被保留在待测试样本队列中，对这类样本进行变异测试会浪费一定的计算资源。

7.6.2 发展方向

模糊测试作为一种自动化的漏洞检测方法，已经显示出其高效的特点。然而，正如前面几节提到的，仍然有很多挑战需要解决。

1. 输入验证和覆盖范围

描述应用程序必须处理的一组有效输入过于复杂或实现不正确的输入语言是许多安全漏洞产生的根本原因。一些系统对输入格式（如网络协议、编译器和解释器等）有严格的要求，不满足格式要求的输入将在执行的早期阶段被拒绝。为了模糊测试这类目标程序，模糊器需要生成能够通过输入验证的测试用例。许多研究都针对这一问题展开，并取得了令人印象深刻的进展，如字符串错误、整数错误、电子邮件过滤和缓冲区错误。该领域中的未决问题包括处理 FP 操作（如 Csmith，众所周知的 C 编译器 fuzzer，不生成 FP 程序）、将现有技术应用于其他语言（例如，在 C 语言上应用 CLP）等。通过分析应用程序行为来推断输入属性是提高模糊测试性能的一种可行且可扩展的策略，也是该领域未来一个很有前途的研究方向。虽然 TaintScope 可以精确定位校验和点，并大大提高了模糊化的有效性，但仍有改进的空间。首先，它不能处理数字签名和其他安全检查方案。其次，其有效性受到加密输入数据的高度影响。最后，它忽略了控制流依赖关系，并且不能插桩所有类型的 x86 指令。这些仍然是悬而未决的问题。

2. 优化测试用例生成策略

模糊测试中关键的步骤是测试用例生成，传统的模糊测试在生成测试用例时往往盲目地去变异正常测试用例中的某一部分，这种盲目的变异方法使测试用例的规模可能达到十万、百万的级别，但其测试效果并不理想。因此，测试用例生成策略的设计与改进是目前模糊测试技术的热点研究内容之一。引入退火遗传算法等对测试规则进行改进，使最小测试用例集合能够覆盖最大的代码执行路径，以发掘那些隐藏较深的软件漏洞，这是目前模糊测试技术的发展趋势。传统的测试用例生成策略对多点触发型漏洞无能为力，近年来，多维模糊测试技术的兴起使多点触发漏洞的挖掘成为可能。多维模糊测试技术是指将多维输入同时变异的模糊测试技术，能够挖掘到传统模糊测试技术无法挖掘到的漏洞。然而，多维模糊测试存在脆弱函数查找、脆弱函数覆盖等问题，如何克服这些困难，将是未来多维模糊测试技术中的一个热点研究问题。

3. 漏洞挖掘技术相互结合

目前已经出现污点分析、符号执行与模糊测试的相互结合，但是这些技术仍然存在一些难以解决的问题，如符号执行存在的约束求解、路径爆炸问题。另外机器学习已经渗透到各个领域，并显示出非常好的效果。过去两年的论文描述了研究人员将机器学习与模糊测试技术相结合的尝试，这一趋势将在未来继续下去。例如，机器学习可用于通过从隐藏漏洞的许多程序或从我们使用工具（如 LIVA）来特意添加一些漏洞的程序中的路径来学习，来识别程序中的潜在危险路径和节，或者用于在了解了之前使用不同突变策略的效果后帮助选择突变策略。这些突变策略可以包括选择哪种种子、对种子中的哪一部分进行突变，以及对这些部分进行突变的策略。模糊测试技术与机器学习的深度融合将提高模糊测试的效率，甚至导致该领域的突破。一些目前未在模糊系统中使用的技术可能会提高模糊效率，如粒子群优化（PSO）。求解大量的约束表达式往往会给符号执行带来困难，符号表达式可以看作一组方程，这些方程的解就是可以沿着生成符号表达式的路径执行的输入数据。一组输入数据可以表示一个粒子，所有方程的解在 PSO 中都表示为最优问题。PSO 通过粒子间的相互学习可以快速逼近最优解。因此，PSO 算法可以将符号归结问题转化为求最优解的问题。

7.7　本　章　小　结

本章介绍了漏洞挖掘领域的常青技术——模糊测试，尽管在学术界有很多质疑，但是实践证明，模糊测试依然是应用面最广、效果最好的漏洞挖掘方法。本章对模糊测试的起源、发展、分类及作用进行了详细的介绍，并对传统模糊测试和覆盖率引导的模糊测试进行了流程分析和实例讲解，最后总结了模糊测试目前面临的问题和今后的发展方向。实践证明，目前模糊测试仍然是漏洞挖掘领域最受欢迎的技术。

7.8　习　　题

(1) 简述模糊测试的基本流程，绘图说明。

(2) 总结 4 种以上模糊测试种子常见的变异方法。

(3) 列举 3 条以上覆盖率引导的模糊测试的优点。

(4) 简述实现内存模糊测试的两种方法。

(5) 简述难以实施内核模糊测试的原因，并总结两种以上目前常用的方法。

(6) 简述 3 条以上模糊测试的局限性。

第 8 章　漏洞攻防演变

自第一个计算机漏洞诞生以来，围绕漏洞挖掘和漏洞防护的对抗性研究从未间断。有从操作系统层面、芯片层面，以及体系设计层面进行的对抗研究。本章围绕计算机"内存争夺战"展开，因为内存不仅是漏洞出现的主要场所，同时也是实现漏洞利用的关键。本章主要介绍围绕内存溢出、内存破坏等类型漏洞的防御及绕过机制。

8.1　漏洞攻防对抗概述

现代计算机存在漏洞的根源是程序存储，即源于计算机的基础结构。现代计算机都是冯·诺依曼结构的计算机，在冯氏体系计算机中，程序存储使所有指令和数据都要先载入内存中，然后再执行，如图 8-1 所示。但是程序和数据都以二进制的形式不加区分地存放在内存中，尽管在逻辑上区分为数据区、代码区，或栈区、堆区等，但本身没有物理区分，导致程序和数据的存放没有任何区别，用户输入的数据在理论上能够作为程序执行，因此出现溢出，这是目前多数二进制漏洞的根源。

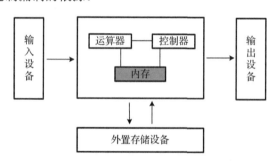

图 8-1　冯·诺依曼体系下的计算机结构

因此，二进制漏洞的攻防对抗也围绕内存展开，从早期的蠕虫病毒到"心脏出血"、从栈溢出到堆溢出等，溢出的对象如果是返回地址，则可以直接劫持控制流；如果是关键数据，则可能会改变预期的执行流程，影响程序控制流，如图 8-2 所示。

目前 Windows 系统仍是全球使用率最高的桌面操作系统，其安全性直接关乎大量个人计算机的安全。自 Windows 系统诞生以来，针对它的攻击从未停止，微软也先后在 Windows 系统上引入层层防护机制，如图 8-3 所示。从 Windows 98 到 Windows XP、Windows Vista、Windows 7 再到 Windows 10，每个版本的发布都会带来安全性质的飞跃。除了在安全功能的保护下大大提高了操作系统安全性，微软还在内存保护方面做了很多的工作，以提高内存保护的安全性，如堆栈保护机制 GS、异常处理保护 SafeSEH、数据执行保护、控制流防护（Control Flow Guard，CFG）等。虽然这些内存防护机制加大了攻击的难度，但由于每种机制都受限于特定的条件，也给攻破层层防护留下了机会。

图 8-4 描述了目前内存防护机制方面的研究成果，按照防护目标和解决类型分为栈空间

对抗、堆空间对抗、异常处理机制对抗、数据保护对抗和控制保护对抗，本章对各种防护机制展开介绍。

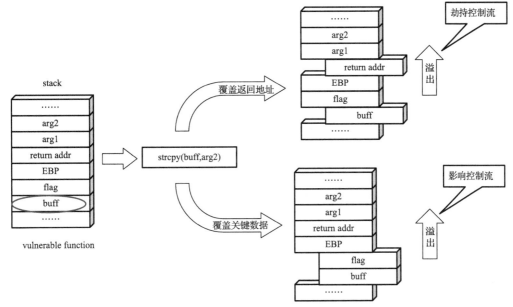

图 8-2 溢出对程序执行过程的影响

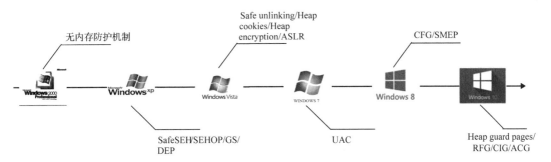

图 8-3 微软各版本操作系统安全机制引入节点图

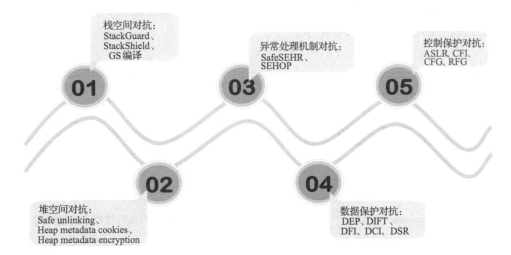

图 8-4 最新内存防护机制成果分类图

8.2　栈空间对抗

早期的栈溢出漏洞对系统造成了较大影响，攻击者利用栈溢出漏洞可以轻易地实现控制流劫持。因此，最初的漏洞对抗就是从栈开始的。

8.2.1　防御原理

栈空间的防御通过在栈中填充其他的"哨兵"数据实现。在函数返回时，校验"哨兵"数据是否被修改，以此确定是否出现栈溢出。有三种栈空间对抗方法，分别是 StackGuard、StackShield 和 GS 编译，前两者均为 GCC 编译器的补丁，在编译环节加入一些检测机制，提高栈空间的防御能力。GS 编译是微软在基于 StackGuard 技术的思想上，独立开发并在 Windows XP SP2 中引入的一种编译技术，在 Visual Studio 2003 及以后的版本中默认用此编译选项。

1) StackGuard

StackGuard 防护方法最早是由 Crispan Cowan 等在 1998 年 7th USENIX Security Conference 发表的 *StackGuard: automatic adaptive detection and prevention of buffer-overflow attacks* 论文中提出。论文介绍了用于在 GCC 编译器上检测栈溢出的技术，首次提到了在函数栈返回地址前加入"哨兵"的技术，限制内存溢出攻击可能对程序造成的破坏，该技术也是 StackGuard 的雏形，如图 8-5 所示。

StackGuard 是提供程序指针完整性检查的编译机制，作为 GCC 编译器的补丁使用，通过检查函数活动记录中的返回地址来防止缓冲区溢出攻击。因为缓冲区溢出通常都会改写函数的返回地址，StackGuard 产生一个 canary 值(一个单字，占 2 字节)并放到返回地址的前面。如果函数返回时，发现这个 canary 的值遭到破坏，就说明可能有缓冲区溢出攻击，程序会立刻响应，终止当前进程。

StackGuard 主要有两种工作模式，一种是在函数返回之前检测返回地址的变化(canary)，另一种则通过拒绝写入返回地址来阻止对地址的动态修改（MemGuard）。第一种方法是在栈中存放的返回地址附近放置一个 canary 值，在函数返回之前检测 canary 值是否一致再跳转。函数执行过程中的栈结构如图 8-6 所示。

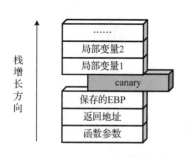

图 8-5　StackGuard 模型图

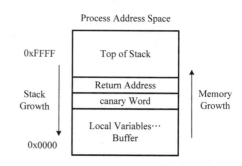

图 8-6　函数执行过程中的栈结构

但是该方法存在限制，因为其假设在 canary 不改变的情况下返回地址就不会被改变，也就是攻击者只会线性、顺序地写入数据，但实际上由于函数指针等问题，这个假设不一定成立。

第二种方法是阻止对函数返回地址的写入。它基于 MemGuard，允许将内存中的特定字设置为只读,只能用特定的 API 写入的方法保护重要数据。但在实现时，MemGuard 通常将重要数据所在的整个虚页设置为只读，在对其他不受保护的数据进行写入时，它采用模拟写入（开辟一块区域把这些数据存起来，等保护结束后再一并写入）的方式。这种方式造成的性能开销极大，尤其当该字位于栈顶这类写入频繁的区域时。其中一种优化方法是，使用调试寄存器来缓存最近受到保护的返回地址，避免栈顶所在页被设置为只读。

然而 StackGuard 不能防止所有的溢出攻击，攻击者可以通过在 shellcode 中加入 canary 正确值而不改变 canary，或者通过指针修改返回地址而不改变 canary，以达到在不改变 canary 的情况下改变返回地址。为了使 StackGuard 保护机制有效，不让攻击者在攻击字符串中夹杂伪造的 canary 值，StackGuard 提供两种技术来保证攻击者不能伪造 canary 的值：①终止符，长度为 2 字节，包含 NULL（0x00）、CR（0x0D）、LF（0x0A）和 EOF（0xFF）四个字符，可以阻止大部分的字符串操作，使溢出攻击无效；②随机数，长度为 2 字节，在程序执行时产生。1 个 2 字节的 canary 值包含终止符和随机数两部分，使攻击者无法通过搜索程序的二进制文件得到 canary 值。

上述技术只能阻止对重写栈周围数据的攻击，而不能阻止对返回地址的攻击，攻击者可以利用指针来修改返回地址而不修改 canary 的值。

2）StackShield

StackShield 使用了另外一种不同的技术，主要通过数组来保存返回地址，避免 stack smashing 攻击。它通过创建一个特别的堆栈来存储复制的函数返回地址。在受保护的函数的开头和结尾分别增加一段代码，开头处的代码用来将函数返回地址复制到一个特殊的表中，而结尾处的代码用来将返回地址从表中复制回堆栈。调用函数时，StackShield 将返回地址复制到特殊的堆栈中，并在函数返回时恢复返回地址，如图 8-7 所示。即使更改了堆栈中的返回地址，也不会产生任何影响，因此函数执行流程不会改变，总是正确返回到主调用函数中。

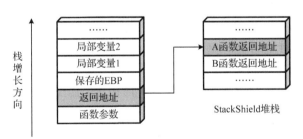

图 8-7　StackShield 防御原理图

3）GS 编译

参考 StackGuard 技术，GS 编译选项为每个函数调用增加额外数据 Security cookie 和安全校验操作，以检测溢出攻击。

在所有函数发生调用时，向栈帧内压入一个额外的随机双字节值，即 canary，将.data 节中的第一个双字作为 Security cookie，其中包含系统时间、当前进程 ID、当前线程 ID、当前计时计数器和性能计数器。为了增强安全性，Security cookie 与函数栈帧的栈顶指针进行异或运算，然后存储到堆栈中，作为 Security cookie 的副本。当发生缓冲区溢出时，由于 Security cookie 位于函数局部变量和函数返回地址之间，Security cookie 将首先被覆盖掉，之后才是 EBP 和返回地址。在函数返回之前，系统将执行安全校验操作，称作 Security check。它将栈帧中原先存放的 Security cookie 与保存在.data 节中的 Security cookie 副本进行比较，若两者不吻合，表明栈帧中的 Security cookie 遭到破坏，发生了溢出攻击。系统将立即进入异常处理流程，函数不会被正常返回，ret 指令也不会被执行；反之函数正常返回，如图 8-8 所示。

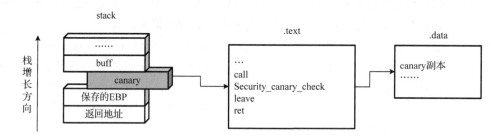

图 8-8　微软 GS 保护机制原理图

对于利用 GS 编译选项的任何软件，都需要在其中嵌入一些安全检查指令，从而降低其性能。为了平衡软件性能和安全性，编译器使用以下准则(假设禁用优化选项)：

①只有易受攻击的函数才会受到 GS 编译选项的保护；②易受攻击的函数至少具有一个局部变量，该局部变量具有多于四字节的缓冲区；③此外，易受攻击的函数在其定义中既没有变量参数列表，也没有 nake 标记。

并不是所有的函数都使用了 GS 编译选项，微软发现了这个问题，在 Visual Studio 2005 及后续版本中使用了变量重排技术，将字符串变量移动到栈帧高地址，同时将指针参数和字符串参数复制到内存中的低地址，避免溢出破坏局部变量和函数参数。此外，微软在 Visual Studio 2005 SP1 中引入新的安全标识#pragma strict_gs_check，实现为任意类型的函数(包括不符合 GS 保护条件的函数)添加保护。如果启用了 strict_gs_check，编译器会将 Security cookie 添加到使用局部变量地址的所有函数中，这是以牺牲运行时的性能为代价的保护。

尽管 GS 能够有效遏止栈空间直接修改返回地址的溢出攻击，但其在安全方面的考虑不是很全面，本身在设计上也存在一定的局限性。

(1) GS 为了降低对性能的影响，不会保护所有的函数。

(2) GS 只在函数返回时进行 Security check，而在这之前是没有任何检查措施的。

(3) 影响 GS 验证结果的 Security cookie 保存在.data 节的固定位置。

(4) 若定义了安全处理函数，其指针也将存放在.data 节，利用虚表指针指向需要的位置。

(5) 难以防御基于函数指针、虚函数的攻击。

许多突破 GS 防护的方法都利用以上几点，设法在函数返回之前劫持控制流信息、泄露.data 节中的 Security cookie 或同时修改栈帧中的 Security cookie 和.data 节中的 Security cookie、修改保存在.data 节中的安全处理函数指针等。2003 年，Litchfield 给出了多种突破 GS 防护机制的方案，如覆盖异常处理、虚函数指针、修改 Security cookie、重写安全处理函数指针等。

8.2.2　对抗方法

1)利用特殊缓冲区对抗 GS

为了降低 GS 编译对性能的影响,并不是所有的函数都会被该编译方法保护,如当缓冲区长度不大于 4 字节时,GS 不进行保护(GS 长度为 4 字节),所以可以利用其中一些未被保护的函数绕过 GS 防护。但是由于缓冲区通常都大于 4 字节,并且不受 GS 保护的函数不多,因此该方法在实际应用中不多见。

2)覆盖虚函数指针对抗 GS

根据 GS 编译保护的过程可知,程序只有在函数返回时,才进行 Security cookie 的检查,在函数返回之前是没有任何检查措施的。因此可以在程序检查 Security cookie 之前劫持程序控制流,实现 GS 保护的突破。通常使用虚函数指针覆盖的方式实现控制流的劫持。

3)利用异常处理机制对抗 GS

GS 编译保护没有为异常处理的代码提供保护,因此可以利用程序的异常处理机制绕过 GS。具体来说,首先通过超长字符串覆盖掉异常处理函数指针,然后使用其他方法触发一个异常,程序转入异常处理后,由于异常处理函数的指针已经被代码覆盖,此时可以劫持程序控制流,绕过 GS。

4)"哨兵"替换对抗 GS

如果能够同时替换栈和.data 节中的"哨兵"(Security cookie),那么也可以实现对抗 GS 编译保护的目的。由于 Security cookie 的生成具有很强的随机性,难以准确猜测出 4 字节的 Security cookie 值,只能通过同时替换栈和.data 节中的值来保证溢出后的 Security cookie 值是一致的。通常通过二进制逆向手动修改"哨兵"的值实现上述目的。

8.3　堆空间对抗

8.3.1　防御原理

相对于栈空间主要处理值类型数据,把数据存放在栈中,堆空间主要处理引用类型数据,数据都存放在堆中,而引用存放在栈中,如图 8-9 所示。

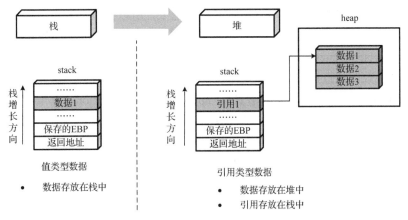

图 8-9　栈与堆的差异

除了针对栈空间的保护机制，微软针对堆空间也增加了很多安全校验机制。Sotirov 在 2008 年的 Black Hat 大会上详细介绍了 Safe unlinking、Heap metadata cookies 和 Heap metadata encryption 堆区防护技术。

（1）Safe unlinking 是分配堆块时，在使用 flink 和 blink 指针前，验证是否满足以下条件：entry->flink->blink == entry->blink->flink == entry，以防止攻击者使 flink 或 blink 指向任意内存地址，进而消除在执行 unlink 操作时写入任意 4 字节数据的机会。先验证堆块前向指针 flink 和后向指针 blink 的完整性，以防止发生 dword shoot，若完整性被破坏，将进行异常处理，反之才分配堆块，该过程如图 8-10 所示。

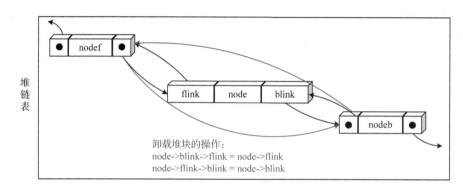

图 8-10　Safe unlinking 原理图

（2）Heap metadata cookies，与 GS 的 Security cookie 类似，其在堆块块首的 segment table 位置加入 Security cookie，占 1 字节，以防止利用溢出覆盖块首中的 flink 和 blink。其计算公式如下：

```
(Address Of Chunk Header/8) XOR Heap -> Cookie = Cookie
```

即将堆块头部地址除以 8，然后与 Heap 管理结构中的 Security cookie 相异或得到 cookie 值。

Heap cookie 只有在该堆块被使用结束并通过 RtlHeapFree() 函数释放的时候才会被检查。而且 cookie 是由堆块地址决定的值，很难被计算出来，所以当攻击者要改变数据的时候就必须要覆盖堆块块首的 Heap cookie，这样才能在该堆块被释放的时候检测到攻击。

（3）Heap metadata encryption 将堆块块首的重要数据与一个 4 字节的随机数异或后进行存储，以防止这些数据被直接破坏。在使用这些数据时，需要再进行一次异或运算来还原。

在 Windows 10 中，微软又加入了 Heap allocation randomization，每个新分配的堆块都会加上一个随机的偏移量，增大了定位堆溢出目标的难度；此外，在堆块前后分别加入了 Heapguard pages，凡企图通过溢出攻击堆块，都会引起保护页的修改，而修改保护页的行为被视为内存破坏操作，此时系统就会立即终止程序。

8.3.2　对抗方法

虽然上述堆空间保护技术可以减少空间攻击，但不难看出，大多都是对堆块结构的防护，而没有对堆区存储的数据进行保护，如果攻击堆区存储的函数指针等关键数据，仍然可以实现控制流劫持，因此这些机制的局限性很大。后续介绍的面向返回的编程（Return-Oriented Programming，ROP）技术，依然可以绕过上述堆空间保护方法。

另外可以利用 chunk 重设大小来攻击堆空间。Safe unlinking 只会在从 FreeList[n]上拆卸 chunk 时对双链表进行有效性校验，但当把 chunk 插入到 FreeList[n]时，没有进行校验，就可以完成利用。而发生插入操作的情况为：①内存释放后，chunk 如果不再使用就会被重新链入链表中；②当 chunk 的内存空间大于申请的空间时，剩余的空间会被建立成一个新的 chunk，链入链表。第二种情况存在利用的机会，即在 FreeList[0]的检测过程中替换符合要求的 chunk 的后一个 chunk，虽然检测到堆结构出现问题，但是程序仍然会执行。

除此之外，还可以利用 Lookaside 表对抗。Safe unlinking 对双链表进行检验，而对单链表并没有采取防护措施。在单链表中分配一块空闲块后，若将该空闲块从链表中移除，则该块的 flink 指针会写入块首，而系统并未对 flink 指针的有效性进行验证，这样就导致在分配下一个同大小的堆块时，它将会把 flink 指针返回给新分配的块。如果将单链表的后向指针 flink 覆盖为任意地址，在下次申请堆块时，就有可能申请到我们所写的地址，从而可能导致其他后果，如可以修改异常处理链等。

8.4　异常处理机制对抗

8.4.1　防御原理

结构化异常处理（Structured Exception Handling，SEH）是 Windows 操作系统的异常处理机制，在程序源代码中使用_try、_except、_finally 关键字来具体实现。SEH 以链表的形式存在，由_EXCEPTION_REGISTRATION_RECORD 结构体组成，每个 SEH 包含两个 dword 指针：SEH 链表指针和异常处理函数句柄。若在第一个异常处理器中未处理相关异常，它就会被传递到下一个异常处理器，直到得到处理。

```
ntdll!_EXCEPTION_REGISTRATION_RECORD
    +0x000 Next                    : Ptr32 _EXCEPTION_REGISTRATION_RECORD
    +0x004 Handler                 : Ptr32 _EXCEPTION_DISPOSITION
}
```

Next 成员指向下一个_EXCEPTION_REGISTRATION_RECORD 结构体指针，Handler 成员是异常处理函数（异常处理器）。若 Next 成员的值为 0xFFFFFFFF，则表示它是链表的最后一个节点。

发生异常的时候会按照(A)->(B)->(C)的顺序依次传递，直到异常被异常处理器处理。保护 SHE 的关键是防止 Handler 指针被覆盖。

改写 SEH 堆栈中的异常处理函数指针已经成为 Windows 平台下经典的漏洞利用方式，而从栈空间对抗中可知，攻击覆盖异常处理函数指针也是突破 GS 防护的重要手段。自 Windwos XP SP2 之后，微软引入了 SafeSEH 技术，不过 SafeSEH 需要编译器在编译 PE 文件时进行特殊支持才能发挥作用，而 Windows XP SP2 下的系统文件基本都是由不支持 SafeSEH 的编译器编译的，因此在 VS2003 及更高版本的编译器中才开始正式支持使用 SafeSEH 技术。

另外，微软在 Windows Vista SP1 中引入了更为严格的保护机制，即结构化异常处理覆盖保护（structured exception handling overwrite protection，SEHOP），在 SafeSEH 的基础上检查异常处理链的完整性，即在执行异常处理函数之前，SEHOP 会检查 SEH 链上的最后一个异常处理函数是否为系统固定的终极异常处理函数。

在程序调用异常处理函数前，SafeSEH 对要调用的异常处理函数进行一系列的有效性校验，如果发现异常处理函数不可靠(被覆盖或被篡改)，则立即终止对异常处理函数的调用。但是 SafeSEH 的实现需要操作系统与编译器的双重支持，缺少一项都会降低 SafeSEH 的保护能力。编译器在启用 SafeSEH 链接选项后，会将程序所有的异常处理函数地址提取出来，编入一张 SafeSEH 链表中，并将表存储在程序的映像里面。当程序通过 RtlDispatchException() 函数调用异常处理函数时，将程序中的函数地址与 SafeSEH 表中的表项进行匹配，如图 8-11 所示。首先检查异常处理链是否位于当前程序的栈中，然后检查异常处理函数指针是否指向当前程序的栈中，最后调用函数 RtlIsValidHandler() 对异常处理函数的有效性进行验证。如果异常处理链不在当前程序或指针没有指向当前栈，程序将终止对异常处理函数的调用，不会调用 RtlIsValidHandler() 函数，表明其地址已被攻击，立即终止调用异常处理函数，反之继续调用。

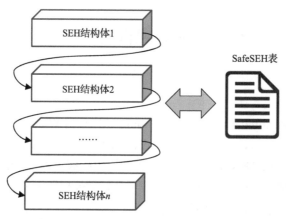

图 8-11　SafeSEH 保护原理图

SEHOP 是对 SafeSEH 的完善，由 Miller 最早提出，作为 SafeSEH 的扩展，核心任务是检测程序栈中所有 SEH 结构链表的完整性。程序一般有多个 EXCEPTION_REGISTRATION 结构，这些结构组成 SEH 单链表存放在栈中，且此链表末端保存系统默认的异常处理，它负责处理前面 SEH 函数不能处理的异常情况。在最后一个 SEH 结构中拥有一个特殊的异常处理函数指针，指向一个位于 ntdll 中的函数 ntdll!FinalExceptHandler()，如图 8-12 所示。攻击时会将 SEH 结构中的异常处理函数地址覆盖为跳板指令地址。而在攻击异常处理函数指针时，也会同时覆盖指向下一个 SEH 结构的指针，SEH 链就会被破坏。因此 SEHOP 在进行 SafeSEH 校验之前，先检查 SEH 链的完整性，检查 SEH 链中的最后一个异常处理函数指针是否指向系统默认的异常处理函数 ntdll!FinalExceptionHandler()，如果是则 SEH 链未被破坏，程序可以执行当前的异常处理函数，继续 SafeSEH 校验；否则说明 SEH 链被破坏，可能发生了覆盖攻击，立即终止调用异常处理函数。整个 SEH 安全校验过程如图 8-12 所示。

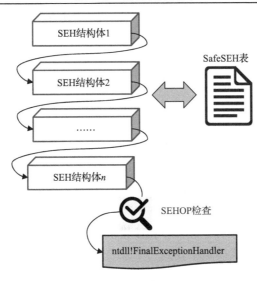

图 8-12　SEHOP 保护原理图

SafeSEH 和 SEHOP 对 SEH 的保护相当完善，能够抵御大部分 SEH 攻击，有效降低了通过攻击 SEH 中的异常处理函数指针获得控制权的可能性，但却不能从根本上阻止此类攻击。对于 SafeSEH 本身而言，其实施存在一些限制，Sotirov 在 2008 年的 Black Hat 大会上提出了各种绕过 SafeSEH 的技术。当异常处理函数位于加载模块内存范围内时，模块未启用 SafeSEH，则可以利用未启用 SafeSEH 模块的指令做跳板。另外如果 SEH 结构中的异常处理函数指针指向堆空间，即使安全校验发现 SEH 不可信，仍然会调用被修改过的异常处理函数。SEHOP 是在 SafeSEH 的 RtlIsValidHandler() 函数校验前进行的，通过检查 SEH 链的完整性进行安全防护，加载模块之外的地址、堆地址等都无法使用。但事实上还可以通过伪造 SEH 链实施攻击，使最后一个异常处理函数指针指向 ntdll!FinalExceptionHandler()，从而通过检查，绕过 SEH，而去攻击函数返回地址或虚函数等。

8.4.2　对抗方法

在 Windows 系统中，程序调用函数 RtlIsValidHandler() 对异常处理函数的有效性进行验证，实现对 SEH 的保护。根据 Sotirov 在 2008 年 Black Hat 大会上的披露可知，其处理流程如下。

（1）判断异常处理函数的地址是不是在加载模块的内存空间，如果在，则进行下一步；如果不在，则判断系统是否允许跳转到加载模块的内存空间外执行，如果允许则返回成功，否则返回失败。

（2）检查程序是否设置了 IMAGE_DLLCHARACTERISTICS_NO_SEH 的标识。如果设置了该标识，说明程序要求忽略异常。因此当该标志被设置时，函数直接返回失败。

（3）检测程序是否包含 SafeSEH 表。如果包含，则将当前的异常处理函数地址与该表进行匹配，匹配成功则返回检测成功，否则返回检测失败。

（4）判断异常处理函数地址是否位于不可执行页（non-Executable Page）。如果位于，进一步检测 DEP 是否开启，如果系统未开启 DEP 则返回成功，否则程序抛出访问违例的异常。

综上可知，RtlIsValidHandler() 函数会在如下情况下允许异常处理函数执行。

（1）异常处理函数位于加载模块内存范围之外，DEP 关闭。

（2）异常处理函数位于加载模块内存范围之内，相应模块未启用 SafeSEH。

（3）异常处理函数位于加载模块内存范围之内，相应模块启用 SafeSEH，异常处理函数地址包含在 SafeSEH 表中。

对于第一种情况，如果能够关闭 DEP，那么只需在加载模块内存范围之外找到一个跳转指令就可以转入 shellcode 执行，该方法是可行的。如果程序未启用 GS 选项，可以攻击返回地址或者虚函数指针来使攻击绕过 SafeSEH。

当程序加载到内存后，在其所占的整个内存空间中，除了常见的 PE 文件模块（EXE 和 DLL），还有一些类型为 Map 的映射文件，可通过 OllyDbg 的"view→memory"选项查看，SafeSEH 不对其进行保护。因此，可以在 Map 类型的映射文件中找到跳转指令，实现 SafeSEH 的绕过。

对于第二种情况，可以将未启用 SafeSEH 模块中的指令作为跳板，转入 shellcode 执行，因此问题转化为能不能在加载模块中找到一个未启用的 SafeSEH 模块，这个也是可行的。Flash Player ActiveX 在 9.2.124 之前的版本中是不支持 SafeSEH 的，因此可以在该控件中找到合适的跳转地址，绕过 SafeSEH。但是目前该类模块已经很少了。

对于第三种情况，有两种思路可以考虑，一是清空 SafeSEH 表，造成该模块未启用 SafeSEH 的假象，但是难度较大；二是将攻击代码注册到 SafeSEH 表中，由于 SafeSEH 表在内存中是加密存放的，该思路也不可行。

此外还可以利用 SafeSEH 的另一个缺陷：如果 SEH 中的异常处理函数指针指向堆区，即使检测到 SEH 不可信，仍会调用异常处理函数。对抗的方法是将 shellcode 布置到堆区，实现跳转执行。

作为对 SafeSEH 强有力的补充，SEHOP 检查是在 SafeSEH 的 RtlIsValidHandler() 函数校验前进行的，也就是说利用攻击加载模块之外的地址、堆地址和未启用 SafeSEH 模块的方法都行不通了，必须要考虑其他的方法。对于未启用 GS 选项的程序，不去攻击 SEH 而直接攻击函数返回地址和虚函数指针等可以实现绕过 SEHOP；利用未启用 SEHOP 的模块进行绕过，Windows 系统根据 PE 头中的 MajorLinkerVersion 和 MinorLinkerVersion 两个选项判断是否为程序禁用 SEHOP，然后在未启用 SafeSEH 的基础上进行攻击。而对 SEHOP 来说，主要检测 SEH 链中的最后一个异常处理函数指针是否指向正确的函数，通过伪造一个 SEH 链表可以达到绕过 SHE 的目的。虽然伪造 SEH 链表非常困难，在系统 ASLR 关闭的情况下仍然存在成功的可能。

8.5　数据保护对抗

溢出攻击能够成功的根源在于冯·诺依曼结构的计算机模型对数据和代码没有进行明确区分。攻击者可以将代码放置在数据区段，转而让系统去执行。因此，攻防双方围绕数据区也有多轮保护和对抗。

8.5.1　防御原理

微软在 Windows XP SP2 中引入 DEP 来弥补数据与代码混淆存储的缺陷。DEP 的原理并不复杂，首先将数据所在页面标识为不可执行，然后当溢出转向存储在该类页面的 shellcode，企图在数据页执行指令时，系统抛出异常，完成数据执行保护。Linux 中对应的 NX（No-Execute）

机制，主要阻止那些将恶意代码伪装成数据注
入内存而后又被执行的攻击。

　　DEP 的主要作用是阻止在数据页（如默认
的堆页、各种堆栈页等）执行代码。查看计算
机是否有 DEP 保护可以在系统属性里的性能
选项中查找，若 CPU 不支持硬件 DEP，该页
面底部会有提示"您的计算机处理器不支持
基于硬件的 DEP"，但是，Windows 可以使用
DEP 软件保护计算机免受某些类型的攻击，
如图 8-13 所示。

　　根据实现的机制不同，DEP 可分为软件
DEP 和硬件 DEP。8.4 节介绍的 SafeSEH 在检
测异常处理时，需要确定异常处理函数地址是
否位于不可执行页（确保其位于可执行页
的.text 节），即是否在进行数据执行保护，
SafeSEH 是一种软件 DEP，该类机制与 CPU 硬
件无关。Windows 可以利用软件模拟 DEP，实
现对系统的保护，防护流程如图 8-14 所示。硬
件 DEP 需要 CPU 的支持，2004 年以后发行的
CPU 都支持 DEP，AMD 的 NX page-protection
和 Intel 的 XD（execute disable bit）都是硬件支持

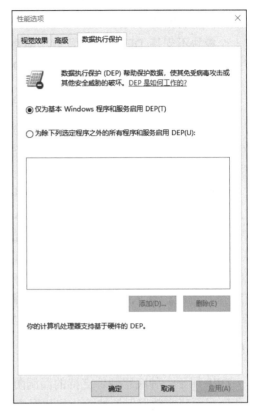

图 8-13　Windows 的 DEP 控制页面

的 DEP。对于硬件 DEP，需要在内存页面表中加入一个特殊的标识位（NX/XD）来标识是否允
许在该页上执行指令。当该标识位设置为 0 时，表示该页面允许执行指令，设置为 1 时，表
示该页面不允许执行指令。

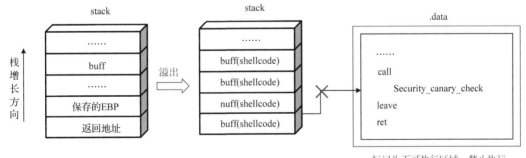

图 8-14　数据执行保护防护流程图

8.5.2　对抗方法

　　DEP 是漏洞防护的一种有效的方法，大大提升了漏洞利用的难度，但是 DEP 也不是无
懈可击。

首先，出于兼容性考虑，Windows 并不能对所有进程都开启 DEP 保护，尤其是一些第三方插件，无法保证均支持 DEP。DEP 保护的对象是进程级的，因此若某个进程的加载模块中有一个模块不支持 DEP，该进程就不能直接开启 DEP 保护，否则可能会发生异常。当涉及该类插件程序时，系统一般都不会开启 DEP 保护。因此可以通过利用未开启 DEP 的程序实现 DEP 的绕过。

其次，DEP 将数据页标识为不可执行，但对于可写可执行页，DEP 不做保护。如果可以将 shellcode 复制到可执行页，劫持程序执行流程，就可以利用可执行页实现 DEP 对抗。如 JVM 为 Java 对象或其他数据分配的是可写可执行页面，可利用 heap spray 布局 shellcode 实施漏洞利用。

最后，利用 Ret2Libc 或 ROP 技术可以实现 DEP 对抗，DEP 无法防御代码重用攻击，攻击只需要搜集合法代码片段，调用系统 API 借助特殊指令将其串联起来，使 shellcode 执行，包括关闭进程 DEP、将 shellcode 的存储位置设置为可执行、将 shellcode 写入可执行的位置等方法。具体来说，可通过跳转到 ZwSetInformationProcess() 函数将 DEP 关闭再转到 shellcode 执行；通过跳转到 VirtualProtect() 函数将 shellcode 所在内存设置为可执行页，然后劫持程序执行流程，转入 shellcode 执行；通过跳转到 VirtualAlloc() 函数申请一段可执行内存，将 shellcode 复制到其中从而绕过 DEP 限制。

8.5.3　其他数据保护方法

DEP 属于一种底层硬件支持的漏洞防御技术，不关心具体的执行代码。近年来，学术界从代码层面研究数据保护技术，如数据流完整性保护、动态信息流追踪、数据机密性与完整性等。

1. 动态信息流追踪

2004 年，Suh 等在 ASPLOS 会议上提出动态信息流追踪（Dynamic Information Flow Tracking，DIFT）技术。该方法是一种检测非法攻击和内存漏洞的重要技术，通过追踪并监控程序运行时 I/O 数据的使用（程序的寄存器和内存位置）来实现数据保护，如图 8-15 所示。

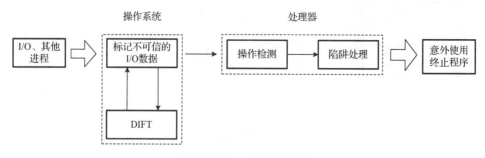

图 8-15　DIFT 保护流程图

DIFT 主要包括三个模块：执行监视器、处理器标记单元（流跟踪和标签检查）和安全策略，如图 8-16 所示。

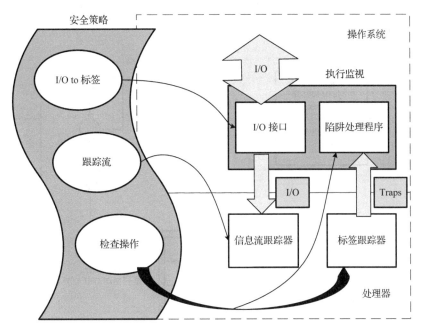

图 8-16　DIFT 保护机制组成结构图

执行监视器是一个软件模块，用于协调保护方案并实施安全策略。首先，该模块配置处理器中的保护机制，以便它们跟踪正确的信息流，并捕获某些不可信数据的使用。其次，模块中的 I/O 接口将来自不可信 I/O 通道的输入标记为虚假。最后，如果处理器生成陷阱，处理程序将检查安全策略中是否允许陷阱操作。如果允许，则处理程序返回应用程序，否则，将记录违规并终止应用程序的执行。此模块可以位于操作系统中，也可以位于应用程序和操作系统之间的层中。

处理器核心增加了两种机制：动态信息跟踪和安全标签检查。在每条指令上，信息流跟踪器基于输入操作数的真实性和安全策略来确定结果是否是虚假的。该机制通过这种方式跟踪虚假信息流。同时，标签跟踪器监视处理器执行的每条指令的输入操作数的标签。如果对安全策略中指定的操作使用不可信的数据值，则跟踪器会生成一个安全陷阱，以便执行监视器可以检查该操作。执行监视器和两个硬件机制提供了一个框架来检查和限制虚假 I/O 输入的使用。

安全策略通过指定不受信任的 I/O 通道、要跟踪的信息流及对伪值使用的限制来确定如何使用此框架。人们可以制定一个通用的安全策略来防止大多数常见的攻击，或者可以根据每个系统甚至每个应用程序的安全要求和行为来微调该策略。

DIFT 防护方案对应用程序完全透明，不需要对程序进行任何修改，由操作系统和处理器实现，而且执行开销较小，论文描述的添加 DIFT 防护后与原程序相比，只有 1.1%增加率。但 DIFT 使用的不可信数据追踪规则的误报率较高。

2.数据流完整性保护

2006 年，Castro 等在 OSDI 会议上提出了数据流完整性(Data Flow Integrity，DFI)技术。针对非控制数据，DFI 通过检查变量操作是否符合数据流规范来实现数据保护，可以在较低的性能损耗下缓解目标程序/内核中任何模块的内存漏洞。数据流完整性包含三个阶段，该过程如图 8-17 所示。

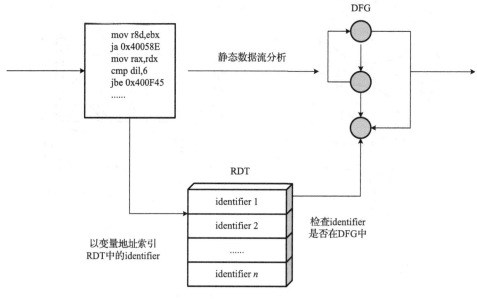

图 8-17　DFI 保护流程图

　　首先，使用静态的定义可达性分析计算程序的数据流图，并在每个变量写操作之前插入检测指令。可达性分析采用流敏感的过程内分析与流和上下文都不敏感的过程间分析，流敏感的过程内分析计算在声明函数内定义的局部变量的定义可达性；其他变量的定义可达性由过程间分析计算，并结合指向分析计算指向对象集的定义可达性。在每次分析时计算每次使用的定义可达性集，并为每个定义分配一个标识符，返回从指令到定义标识符的映射，以及每次使用的一组定义可达性标识符。

　　其次，利用程序来强制执行数据流完整性的简单安全属性，即每当读取一个变量时，写指令的 identifier 在读指令的定义可达性集中（如果有）。该程序用于计算在运行时到达每个读指令的定义，并检查该定义是否在静态计算的定义可达性标识符集中。为了在运行时进行可达性分析，将每个内存位置的最后一条指令的 identifier 写入运行时定义表（RDT）。每次写入都会被检测以更新 RDT。

　　最后，当读取一个变量时，首先通过检测写入以检查目标地址是否在分配给 RDT 的内存区域内防止 RDT 被篡改，然后使用变量的地址从 RDT 中检索 identifier，检查该 identifier 是否在静态 DFG 中，若不存在，数据流完整性被破坏，抛出异常。

　　DFI 为了防止攻击者篡改 RDT、篡改代码或绕过检测，采用检测写入以检查目标地址是否在分配给 RDT 的内存区域内防止 RDT 被篡改；通过对代码页使用只读保护来防止代码被篡改；通过对程序员定义的控制数据的写入和读取进行检测防止绕过该工具。此外，还以相同的方式检测编译器添加的控制数据的写入和读取。DFI 是一个比较通用的防御技术，可直接应用到 C/C++程序。但 DFI 是一个全局防护技术，对所有变量进行检查而没有考虑变量的安全敏感性，因此执行开销过大，采用静态数据流分析虽然比较准确但耗时较长并且可能存在漏报。

3. 数据机密性与完整性

上述的一些数据保护机制都是基于在运行时检查程序内的所有数据，而这些数据中包含大量的非安全敏感数据，因此可能会带来过度的性能开销，其商业应用难度较大。对此，2017年，Carrs 和 Payer 在 Asia CCS 会议上提出了数据机密性与完整性（Data Confidentiality and Integrity，DCI）技术。DCI 编译器和运行时系统通过将数据标记为敏感或非敏感来限制性能开销，防止对这些类型的实例进行非法读取（机密性）和写入（完整性）。

DCI 按照类型将数据分为安全敏感数据和安全不敏感数据，并仅对敏感数据进行精确的空间和时间安全检查。对于不敏感数据，DCI 只需要粗略的边界和不精确的时间安全性。粗粒度检查的开销很低，避免了昂贵的元数据查找。空间安全检测通常涉及越界的指针取消引用，时间安全检测通常涉及未初始化或已释放的指针取消引用。

DCI 在 C/C++语言中引入注释，将注释设计为基于类型的保护规范，当程序员批注保护类型（安全敏感数据类型）时，该类型的所有实例都是敏感的。批注类型实际批注了使用该类型作为参数的每个函数及该类型的每个局部或全局变量。运行时，DCI 禁止对此类型数据进行非法读或写，从而保证了数据的机密性和完整性，具体流程如下。

首先，程序员向源代码中加入注释，定义程序中类型数据的类型批注，即安全敏感数据类型。敏感度规则如下：

$$x\,[op]\,y\ is\ only\ allowed\ when$$
$$sensitivity(x) = sensitivity(y)$$

$$sensitivity(x\,[op]\,c) \leftarrow sensitivity(x)$$

然后，确定了敏感类型，编译器就会定位这些类型的变量。敏感类型的声明变量构成数据流图的根。编译器探索每条执行路径，将新变量添加到敏感集中。找到所有显式和隐式敏感变量的数据流分析是跨过程和上下文敏感的。识别敏感变量及相关数据流，并将它们加入安全检测程序。

最后，在运行时，遵循随后策略进行安全检查。①对于敏感数据，仅当指向敏感对象的指针位于关联（有效）内存对象的范围内时，才能取消对它们的引用；②对于非敏感数据，如果指向非敏感对象的指针指向敏感内存对象以外的任何位置，则可以解除引用；③敏感数据和非敏感数据之间禁止任何的数据流。禁止敏感内存对象和非敏感内存对象之间的显式数据流动。敏感和非敏感对象必须驻留在互不相交的内存区域中。此策略适用于基元变量、指针和聚合类型的内容。此规则意味着对象本身（结构、数组等）及其所有子对象（成员、元素等）都有同样的敏感度。此属性是在编译时强制执行的，方法是将所有变量分成两个互不相交的集，即敏感集和非敏感集。攻击者使用非敏感指针修改敏感数据的任何尝试，以及敏感区域内的缓冲区溢出或释放后使用，都会导致系统终止程序，如图 8-18 所示。

DCI 将数据分为安全敏感数据和非敏感数据，对敏感数据进行精确的时间和空间安全检查，对非敏感数据进行粗粒度的安全检查，从而降低了系统开销。但 DCI 需要人工定义敏感数据类型，其防护效果完全依赖于程序员的专业素养和知识储备，无法实现自动分析敏感数据类型。另外，由于人工手动注解敏感数据类型难免存在疏忽遗漏，仍然可以通过修改非敏感数据实施攻击。

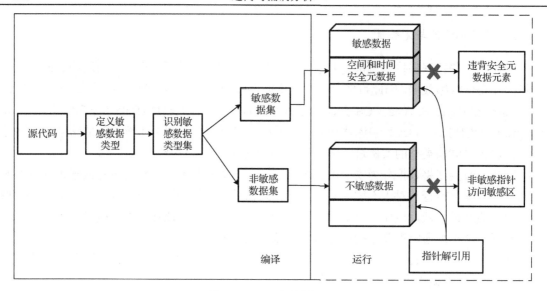

图 8-18　DCI 保护原理图

4. 数据空间随机化

基于地址空间随机化（Address Space Randomization，ASR）和指令集随机化（Instruction Set Randomization，ISR）在数据保护方面的有限性，2008 年，Bhatkar 和 Sekar 提出了另一种随机化技术——数据空间随机化（Data Space Randomization，DSR）。DSR 的基本思想是将不同数据对象的表示进行随机化处理。修改数据表示的方式是用唯一的随机掩码对存储器中的每个数据对象进行异或（加密），并在使用它之前取消掩码（解密）。

DSR 的工作主要分为 3 步。

首先，利用 Steensgaard 指向分析法确定与不同数据关联的掩码，Steensgaard 算法采用流不敏感和上下文不敏感的过程间指向分析。它计算对应局部、全局和堆对象的命名变量的指向集，使用单个逻辑对象来表示在同一程序点分配的所有堆对象。

然后，通过指向分析生成程序的指针指向图（Points-To Graph），为指向图的每个节点分配一个不同的模板，一个节点可以对应多个变量。因此，节点的掩码表示其所有变量。由于每个节点最多有一个父节点，可以唯一确定通过指针取消引用访问的对象的掩码，然后从中计算将随机掩码分配给数据变量所需的等价类。

最后，对程序中的变量进行转换，即用变量与其掩码的异或值替换变量本身。对于每个数据变量 v，DSR 引入另一个变量 m_v，存储用于使用异或操作并随机化存储在 v 中的数据的掩码值。掩码是一个随机数，可以在静态变量的程序执行开始时及堆栈和堆变量的内存分配时生成。m_v 的大小取决于存储在 v 中的数据的大小。理想情况下可以在掩码变量中存储固定大小（如字长）的随机数，并且根据相关变量的大小，从随机数中生成更大或更小的掩码。

与 DFI 运行时的平均开销为 44%～103% 相比，DSR 的性能开销较低，主要取决于掩码和取消掩码的操作，平均开销只有 15%。由于 C 语言指针使用较多，很难为每个变量分配唯一的掩码，因此 DSR 使用等价类的概念为指针解引用相同的变量分配同一个掩码，计算等价类依赖于 points-to graph 生成算法，DSR 使用 Steensgaard 算法，而该算法具有线性复杂度，其将同一指针指向的两个对象合并为一个节点，因此算法的效率较高，但这也可能导致节点与以前不同对象的集合进行并集，导致分析不够精确。

8.6　控制保护对抗

控制流反映了程序具体执行过程中的控制关系，并且漏洞利用的核心是改变程序的控制流，转向执行 shellcode。因此，围绕控制保护，攻防有多轮对抗。其中商用最广的是 ASLR，本章先对该保护方法进行介绍，在此基础上介绍学术界关注较多的几种控制保护方法。

8.6.1　防御原理

ASLR 由微软提出，其核心思想是加载程序的时候不再使用固定的基址加载，对堆、栈、共享库映射等线性区布局进行随机化，shellcode 的固定跳转地址只在系统重启前甚至是程序的本次运行中才有效，更大限度地提升了漏洞利用的难度。在 Windows XP 系统发布时就已经有了 ASLR 的雏形，但是其中的 ASLR 只是对进程块(Process Environment Block，PEB)与线程块(Thread Environment Block，TEB)进行了简单的随机化处理，对模块的加载基址没有进行随机化处理。在 Windows Vista 发布后，ASLR 才正式进行使用。如今，Linux、FreeBSD、Windows 等主流操作系统都已采用了该技术。Linux 中对应的是 PIE(Position-Independent Executables)机制。

PE 头文件中会设置 IMAGE_DLL_CHARACTERISTICS_DYNAMIC_BASE 标识来说明其支持 ASLR。ASLR 包括映像随机化、堆栈随机化、PEB 与 TEB 随机化。

1)映像随机化

映像随机化在系统每次重启时实现 PE 映射到内存的虚拟地址的随机化处理，PE 文件的基地址在系统重启后会变化，使通用跳板指令的地址不再固定，如上图所示。

2)堆栈随机化

与映像随机化不同，堆栈随机化是在程序运行时随机地选择堆栈的基址，也就是说同一个程序任意打开两次，运行时的堆栈基址都是不同的，因此各变量在内存中的位置也就不确定了。该方法增大了攻击 SEH、虚表指针等堆栈数据的难度。

3)PEB 和 TEB 随机化

微软在 Windows XP SP2 之后不再使用固定的 PEB 基址 0x7FFDF000 和 TEB 基址 0x7FFDE000，而是使用具有一定随机性的基址，增加了攻击 PEB 中的函数指针的难度。

但 ASLR 并不是完全安全的，仍然存在可以利用的缺陷。映像随机化没有对指令序列进行随机化，只对模块加载基址的前两个高位字节做了随机处理，而后两个低位字节保持不变。因此通用跳板、虚表指针等数据相对加载基址的位置不变，可以利用相对寻址动态地进行部分覆盖以定位跳转地址。堆栈随机化使程序每次运行时的变量地址不同，但只能用来防止精准攻击，无法防御只需大概的地址范围就可实施攻击的技术，如 heap spray。PEB 和 TEB 即使完全随机化，也可以通过 FS 寄存器确定其地址，TEB 位于 fs:0 和 fs:[0x18]处，PEB 位于 TEB 偏移 0x30 处，通过寻址可以实现对 PEB 和 TEB 的利用，因此 ASLR 的防护能力有限。

8.6.2　对抗方法

对抗 ASLR 机制除了用上述针对不同类型的随机化方法绕过攻击，还可以使用 non-ASLR 模块和修改 BSTR 长度前缀和 null 结束符绕过 ASLR。

使用 non-ASLR 模块。在操作系统中加载一个不包含 ASLR 机制的模块是最简单也是最流行的绕过 ASLR 保护的方法。常见的用于 IE 零日漏洞的 non-ASLR 模块主要有两个：VC7 运行库文件 MSVCR71.DLL 和 MSDN 中的文件 HXDS.DLL。使用 non-ASLR 模块技术需要 IE 8/IE 9 在旧版本软件中运行，如 JRE 1.6 或 Office 2007/2010。因此，用户只要升级到最新版本的 Java /Office 就可以有效阻止这种类型的攻击。

修改 BSTR 长度前缀和 null 结束符。JavaScript 中有种字符串结构，叫做 BSTR，它有两个关键的字段，一个是长度前缀，另一个是 null 结束符。通过修改其长度为超长数据（如 4G），然后覆盖 null 结束符，来绕过 ASLR。该技术最早是 Peter Vreugdenhil 在 2010 年 Pwn2Own 大赛的 IE 8 exploit 中使用的，它只适用于可重写内存的特定类型的漏洞，如缓冲区溢出漏洞，读、写任意内存等。任意写内存类型的漏洞不能直接控制 EIP，漏洞利用通过重写重要程序数据，如函数指针，来执行代码。该类型漏洞的好处是它们能修改 BSTR 的长度，可以使用 BSTR 访问原始边界以外的内存，造成内存地址泄露，得到固定的基址，利用 ROP 技术辅助，即可绕过 ASLR。修改数组对象等的原理类似。

8.6.3　其他控制保护方法

1. 控制流完整性保护

攻击者漏洞利用的最终目标往往是劫持控制流，执行攻击者的恶意代码。为了抵御控制流劫持，容易想到的就是控制流完整性保护（Control Flow Integrity，CFI）。传统的控制流完整性保护最早由 Abadi 等于 2005 年提出，对二进制程序的控制流完整性进行保护，保证控制流按照程序设计者原始的意图进行传递，使之始终处于原有的控制流图限定的范围内，能够抵御控制流劫持类型的攻击。

通过寻址方式进行分类，跳转指令可以分为直接跳转和间接跳转。直接跳转就是在指令中直接给出跳转地址的寻址方式，如 call 0x12345678；间接跳转则是使用数据寻址方式间接地指出转移地址，如 jmp ecx。在控制流完整性保护中还有一个比较特殊的分类方式：前向和后向跳转。

前向跳转指的是将控制权定向到程序中的一个新位置，如 call 指令。

后向跳转是将控制权返回到先前位置，如 ret 指令。

直接跳转指令的地址在编译时已确定，难以被攻击者更改，无须检查。间接跳转指令是检测的重点，分为前向间接跳转（如通过指针的函数调用）和后向间接跳转（如 ret 指令），几乎所有的控制流完整性策略都是对这两者进行检验。

CFI 主要分为两个阶段，第一阶段通过二进制或者源代码分析得到控制流图，获取转移指令目标地址的列表；第二阶段进行动态检测，检验转移指令的目标地址是否与列表中的目标地址相对应。

首先构建程序的控制流图，基于静态程序分析的方式来表示程序的执行路径。图 8-19 描述了几种普通的控制流图(图 8-19(a)～图 8-19(d)的结构逐渐复杂),边表示分支指令,圆圈代表普通指令。CFI 中的控制流图构建只考虑将可能受到攻击的间接调用、间接跳转和 ret 指令作为边。

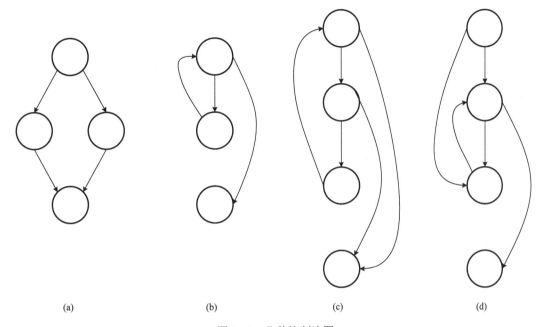

图 8-19　几种控制流图

　　然后是动态检测,CFI 通过二进制代码重写技术在间接调用前和返回前插入标识符 ID 和 ID_check,通过比对两者的值是否一致判断控制流是否被劫持。每一个合法的目的跳转地址处都被赋予一个唯一的标识,在控制流跳转前,CFI 会检查目标跳转地址处的标识符是否匹配,即目的跳转地址是否合法。

　　CFI 被提出后因其开销太大并没有被广泛应用。阻碍传统 CFI 广泛应用的原因主要有两个:①传统 CFI 需要源代码或者调试信息来获得精确的控制流图,但是对商业软件来说,往往不能满足;②传统 CFI 的系统开销过大,一般在 25%～50%。

　　于是 Zhang C 等在 2013 年又提出了 CFI 的低精确度版本 CCFIR。同一年提出的还有 bin-CFI、ModularCFI 等,均是通过宽松的完整性检查来减小系统开销。CCFIR 和 bin-CFI 不需要调试信息和源代码,可以直接对二进制文件进行加固,而且系统开销较小。它们采取改进的反汇编技术来提取间接跳转指令的目标跳转地址。使用粗粒度的合法性检查,即将合法性目标跳转地址分类合并,只要目的跳转地址位于其中的一个分类集合中就认为是合法的。CCFIR 将合法的目标跳转地址分为三个集合,分别为函数地址、正常函数的返回地址和敏感函数的返回地址。bin-CFI 将合法的目标地址合并为两个集合,函数返回地址及跳转地址为一个集合,函数地址为另一个集合。

　　系统开销虽然减小了,但是安全性遭到了质疑。2014 年,Gotkas 等提出了绕过以上两种宽松 CFI 检查的方法,并设计实现了概念性验证攻击,即虚函数表劫持攻击。首先在堆中伪造一个虚函数表,然后利用漏洞篡改虚函数表指针,使其指向伪造的虚函数表,最后当间接调用虚函数时,绕过宽松 CFI 检查,控制流被劫持。之所以能绕过宽松 CFI 检查是因为,以上两种宽松 CFI 检查将所有的虚函数地址都放到了一个合法集合当中，没有加以区分。

2. 控制流防护

在吸取 CFI 思想的基础上，微软在 Windows 8.1 update3 和 Windows 10 中引入控制流防护机制，进一步加固了内存防护堡垒。控制流防护是目前针对控制数据攻击的最强防护，是一种系统级的漏洞利用抑制机制，控制流防护的实现需要编译器、操作系统用户模式库和内核模块的配合，在间接跳转前插入校验代码，检查目标地址的有效性，进而可以阻止执行流跳转到预期之外的地点，最终及时并有效地进行异常处理，避免引发相关的安全问题。

首先，编译程序时启动/guard:cf 选项，编译器会分析出程序中所有间接调用可达的目标地址，将其保存在 Guard CF 函数表中。同时，编译器还会在所有间接函数调用之前插入一段校验代码，以确保调用的目标地址是预期中的地址。

然后，操作系统在创建支持控制流防护的进程时，将 CFG Bitmap 映射到其地址空间中，并将其基址保存在 ntdll!LdrSystemDllInitBlock+0x60 中。CFG Bitmap 是记录了所有有效的间接函数调用目标地址的位图，出于效率方面的考虑，平均每 1 位对应 8 个地址（偶数位对应 1 个 0x10 对齐的地址，奇数位对应剩下的 15 个非 0x10 对齐的地址）。提取目标地址对应位的过程如下。

（1）取目标地址的高 24 位作为索引 i。

（2）将 CFG Bitmap 当作 32 位整数的数组，用索引 i 取出一个 32 位整数比特。

（3）取目标地址的第 4～8 位作为偏移量 n。

（4）如果目标地址不是 0x10 对齐的，则设置 n 的最低位。

（5）取 32 位整数比特的第 n 位即为目标地址的对应位。

操作系统在加载支持控制流防护的模块时，根据其 Guard CF 函数表来更新 CFG Bitmap 中该模块对应的位。如果 8 字节中包含一个函数地址，对应位置设置为 1，使用该方法，Guard CF 函数表中的每个地址都会转换成 CFG Bitmap 中对应的比特位。同时，将函数指针 _guard_check_icall_fptr 初始化为指向 ntdll!LdrpValidateUserCallTarget。

最后，在间接调用之前，先以目标地址为参数调用校验函数 ntdll!LdrpValidateUserCallTarget（函数指针 _guard_check_icall_fptr 指向该函数）访问 CFG Bitmap，若目标地址索引到的 CFG Bitmap 位为 1，则表明目标是一个有效的函数地址，该函数返回并执行间接调用；否则目标无效或已被攻击，抛出异常，终止间接调用。该过程如图 8-20 所示。

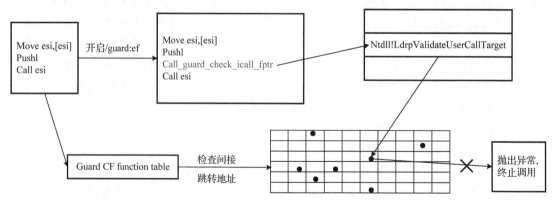

图 8-20　控制流防护流程图

　　虽然控制流防护是强有力的防护措施,但控制流防护机制仍存在一定的缺陷,例如,CFG Bitmap 空间的基地址存储在固定地址中,可以从用户模式代码中检索;调用 NtAllocVirtualMemory 函数分配的可执行虚拟内存对应的 CFG Bitmap 位全为 1;如果无效的目标调用地址距离有效函数地址少于 CFG Bitmap 规定的 8 字节,控制流防护将认为目标调用地址是有效的等。因此,可以通过获取 CFG Bitmap 基址改写特定位状态,使间接目标地址合法;借助虚拟内存操作 NtAllocVirtualMemory 定制位图,绕过控制流防护检验;校验函数 ntdll!LdrpValidateUserCallTarget 是通过函数指针_guard_check_icall_fptr 调用的,如果修改_guard_check_icall_fptr,将其指向一个合适的函数,就可以使任意目标地址通过校验,从而全面地绕过控制流防护。通过修改 CustomHeap::Heap 对象,可以将一个只读页面变成可读写的,从而可以改写函数指针_guard_check_icall_fptr 的值。此外,控制流防护只对函数指针进行有效性检查,并没有检查返回地址,因此另一种绕过控制流防护的方法是设法攻击返回地址。Theori 曾提出基于 Chakra JIT 绕过控制流防护机制的方法。2017 年的 Black Hat Asia 大会上,Sun 等也介绍了利用目标地址指针改写,并且不受控制流防护保护的 memory-based 的间接调用也可以绕过控制流防护。

3. 返回流防护

　　微软在 Windows 8 加入的控制流防护用于阻止对间接跳转函数指针的篡改,在函数跳转前检查函数指针的合法性,但是不能防御针对返回地址的攻击和 ROP 攻击。为了弥补该缺陷,2016 年微软在 Windows 10 Redstone 2 中又引入了新的安全机制返回流防护(return flow guard,RFG)技术。

　　RFG 将每个函数头部的返回地址保存到 fs:[rsp](thread control stack)中,并在函数返回前将其与栈中的返回地址进行比较,有效地阻止了针对返回地址的攻击。开启 RFG 需要操作系统和编译器的双重支持。

　　编译阶段,在启用了 RFG 的映像中,编译器会在目标函数的函数头和函数尾中预留出相应的指令空间,这些空间以 nop 指令的形式进行填充。在函数头中插入的指令序列长度为 9 字节,函数尾会在 retn 指令后插入 15 字节的指令空间。为了减少额外开销,编译器还插入一个名为_guard_ss_common_verify_stub 的函数。编译器将大多数函数以 jmp 到该 stub 函数的形式结尾,而不是在每个函数尾部都插入 nop 指令。这个 stub 函数已经预置了会被内核在运行时替换成 RFG 函数尾的 nop 指令,最后以 retn 指令结尾。

　　加载阶段,当目标可执行文件在支持并开启 RFG 的系统上运行时,预留的指令空间会在加载阶段被替换为 RFG 指令,最终实现对返回地址的检测。内核在创建映像的 section 过程中会通过 nt!MiPerformRfgFixups,根据动态重定位表(IMAGE_DYNAMIC_RELOCATION_TABLE)中的信息,获取需要替换的起始指令地址,对映像中预留的 nop 指令序列进行替换。使用 MiRfgInstrumentedPrologueBytes 替换函数头中的 9 字节 nop 指令,头部替换的指令用来读取函数的返回地址,并将该地址存放到 fs:[rsp]。使用 MiRfgInstrumentedEpilogueBytes,结合目标映像 IMAGE_LOAD_CONFIG_DIRECTORY64 结构中的_guard_ss_verify_failure 地址,对函数尾的 nop 指令进行替换,长度为 15 字节。

　　在函数返回时,尾部替换的指令检查栈中的返回地址是否与 fs:[rsp]中的一致。如果一致,函数正常返回,程序正常执行;否则可能受到攻击,将跳转到_guard_ss_verify_failure,引发

int29 异常，进程崩溃，阻止恶意的攻击。在不支持 RFG 的操作系统上运行时，这些 nop 指令不会影响程序的执行流程。

标志位存储在 IMAGE_LOAD_CONFIG_DIRECTORY64 结构中。GuardFlags 中的标志位指示程序的 RFG 支持情况。通过 Win32 API GetProcessMitigationPolicy 可以获取 RFG 的开启状态。

RFG 原理如图 8-21 所示。为了实现 RFG，微软引入了 thread control stack 概念，并在 x64 架构上重新使用了 fs 段寄存器。受保护进程的线程在执行到 mov fs:[rsp], rax 指令时，fs 段寄存器会指向当前线程在线程控制栈上的 ControlStackLimitDelta，将 rax 写入 rsp 偏移处。RFG 将返回地址保存到攻击者不可控制的 thread control stack 中，极大地增加了攻击的难度，其与控制流防护的结合可实现对控制流更为完善的防护。RFG 与 GS 最大的区别是，攻击者可以通过信息泄露、暴力猜测等方式获取栈 cookie 从而绕过 GS 保护，而 RFG 是将当前的函数返回地址写入了攻击者不可控制的 thread control stack 中，从而进一步提高了攻击难度。

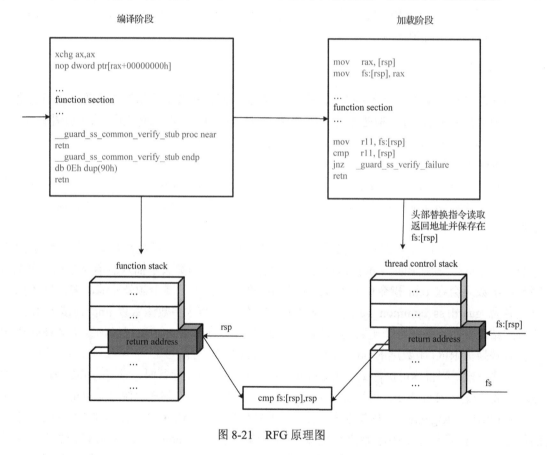

图 8-21　RFG 原理图

8.7　Windows 最新安全机制

微软从 Windows 8 开始，就为其新的操作系统不断引入了很多新的安全特性，包括零页禁用、高熵随机化、执行流保护、管理模式执行保护（Superior Mode Execution Prevention，

SMEP）等，明显提高了对 Windows 平台上的应用和内核漏洞利用的门槛。在微软新发布的 Windows 10 系统中，除了上述介绍的栈保护、堆保护和 RFG，还加入了其他一些安全机制来保护内存空间，使 Windows 10 成为目前安全机制最高的系统之一。

Windows 10 的所有版本都包含 Windows Defender，如图 8-22 所示，并且在新系统中融合了 MSE（Microsoft Security Essential）的功能，Windows Defender 不仅是反恶意软件，还是一款杀毒软件。当 Windows Defender 检测到电脑中有其他的安全软件时，会自动调整为未激活状态，避免和第三方安全软件发生冲突。

图 8-22　Windows Defender 管理页面

微软扩展并引进了 IE 浏览器上的基于信用评级的 Smart Screen 技术，应用场景从 IE 浏览器扩展到了文件保护系统中。当使用者下载或安装缺乏评价（信誉度低，一般为第三方无数字签名程序）的程序时就会弹出警告，如图 8-23 所示。

图 8-23　Smart Screen 拦截图

用户账户控制（User Account Control，UAC）技术是微软为了提高系统安全性而引入的，最早出现在 Windows Vista 中，如图 8-24 所示。目的是在程序启动前就对系统进行保护，那些需要管理员权限的操作必须经过用户同意才可以进行，从而可以有效防止恶意程序在用户不知情的情况下对计算机设置进行更改或自动安装非法程序。

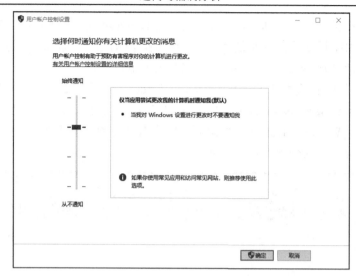

图 8-24　Windows UAC 机制控制页面

从 Windows 10 1511 更新开始，Microsoft edge 首次启用了代码完整性保护（Code Integrity Guard，CIG）并进行了额外的改进来帮助加强 CIG，如防止子进程创建，由于 UMCI 策略是按每个进程应用的，因此防止攻击者产生具有较弱或不存在的 UMCI 策略的新进程也很重要。此策略目前作为内容处理令牌的属性被强制执行，以确保阻止直接（如调用 WinExec）和间接（如进程外 COM 服务器）进程的启动。UMCI 策略的启用已移至流程创建期间，而不是流程初始化期间。通过利用 UpdateProcThreadAttribute API 为正在启动的进程指定代码签名策略，消除将不正确签名的 DLL 本地注入内容进程的进程启动时间差，进一步提高可靠性。但是攻击者可以使用自定义加载器加载 shellcode 绕过 CIG 进行攻击，虽然有一定难度但是仍然可以绕过。

尽管 CIG 提供了强有力的保证，只有经过正确签名的 DLL 才能从磁盘加载，但在映射到内存或动态生成的代码页后，它不能保证代码页的状态。这意味着即使启用了 CIG，攻击者也可以通过创建新代码页或修改现有代码页来加载恶意代码。实际上，大多数现代 Web 浏览器攻击最终都依赖于调用 VirtualAlloc 或 VirtualProtect 等 API。一旦攻击者创建了新的代码页，它们就会将其本地代码有效载荷复制到内存中并执行它。

Windows 10 RS2 版本中采用了任意代码保护（Any Code Guard，ACG）技术。大多数攻击都是通过利用分配或修改可执行内存完成，ACG 限制了受攻击的进程中攻击者的能力，通过阻止创建可执行内存，阻止修改现有的可执行内存，防止映射威胁区域。启用 ACG 后，Windows 内核将通过强制执行以下策略来防止进程在内存中创建和修改代码页：代码页是不可变的，现有的代码页不能写入，这是基于在内存管理器中进行额外检查来强制执行的，以防止代码页变得可写或被流程本身修改。

另外，现代 Web 浏览器通过将 JavaScript 和其他更高级别的语言转换为本地代码实现卓越的性能。因此，它们固有地依赖于在内容过程中生成一定数量的未签名本机代码的能力。JIT 功能移入了一个单独的进程，该进程在其独立的沙盒中运行。JIT 流程负责将 JavaScript 编译为本地代码并将其映射到请求的内容流程中。通过这种方式，现代 Web 浏览器决不允许直接映射或修改自己的 JIT 代码页。

8.8　本 章 小 结

本章分类介绍了针对计算机内存进行攻防的发展脉络。有攻就有防，针对内存的不同攻击方法促进了对防御方法的研究，而新型防御方法的提出也迫使攻击方提出更加巧妙的攻击方法。从本章可以看出，防御的方法远比攻击的方法多，但是目前基于漏洞的攻击仍未得到有效遏制，未来还需要更多的研究。

8.9　习　　　题

(1) 以 Windows 操作系统为例，根据自己的理解，绘制漏洞攻防演化的发展脉络图。

(2) 简述 DEP 机制的工作流程，并给出 3 种以上 DEP 机制的对抗方法，以及不同方法的局限性。

(3) 简述 ASLR 机制的工作流程，并给出 2 种以上的对抗方法，以及不同方法的局限性。

(4) 列举 3 种以上数据流保护方法，并分别阐述基本原理。

(5) 列举 3 种以上控制保护方法，并分别阐述基本原理。

参 考 文 献

AHO A V, LAM M S, SETHI R, et al, 2008. 编译原理[M]. 2 版.赵建华, 郑滔, 戴新宇, 译. 北京: 机械工业出版社.

段刚, 2018. 加密与解密[M]. 4 版. 北京: 电子工业出版社.

方滨兴, 陆天波, 李超, 等, 2009. 软件确保研究进展[J]. 通信学报, 30(2): 106-117.

李程, 魏强, 彭建山, 等, 2013. 基于分解重构的网络软件测试数据生成方法[J]. 计算机科学, 40(10): 108-113.

鲁婷婷, 王俊峰, 2017. Windows 内存防护机制研究[J]. 网络与信息安全学报, 3(010): 1-15.

陆汝钤, 2017. 计算系统的形式语义[M]. 北京: 清华大学出版社.

MUCHNICK S S, 马其尼克, 沈志宇, 等, 2005. 高级编译器设计与实现[M]. 北京: 机械工业出版社.

钱松林, 赵海旭, 2011. C++反汇编与逆向分析技术解密[M]. 北京: 机械工业出版社.

苏璞睿, 黄桦烽, 余媛萍, 等, 2019. 软件漏洞自动利用研究综述[J]. 广州大学学报(自然科学版), 18(3): 52-58.

苏璞睿, 应凌云, 杨轶, 等, 2017. 软件安全分析与应用[M]. 北京: 清华大学出版社.

王蕾, 李丰, 李炼, 等, 2017. 污点分析技术的原理和实践应用[J]. 软件学报, (4): 860-882.

WINSKEL G, 温斯克尔, 宋国新, 2004. 程序设计语言的形式语义[M]. 北京: 中信出版社.

吴世忠, 郭涛, 董国伟, 等, 2014. 软件漏洞分析技术[M]. 北京: 科学出版社.

章立春, 2016. 软件保护及分析技术——原理与实践[M]. 北京: 电子工业出版社.

周颖, 方勇, 黄诚, 等, 2018. 面向 PHP 应用程序的 SQL 注入行为检测[J]. 计算机应用, 38(1): 201-206.

ABADI M, BUDIU M, ERLINGSSON U, et al, 2005. Control-flow integrity[C]. Proceedings of the 12th ACM Conference on Computer and Communications Security. Alexandria, 340-353.

ANAND S, PASAREANU C S, VISSER W, 2007. JPF–SE: a symbolic execution extension to java pathfinder[C]. Proceedings of the International Conference on Tools and Algorithms for the Construction and Analysis of Systems. Berlin, 134-138.

ANGLY F E, WILLNER D, ROHWER F, et al, 2012. Grinder: a versatile amplicon and shotgun sequence simulator[J]. Nucleic acids research, 40(12): 94.

AVGERINOS T, REBERT A, CHA S K, et al, 2014. Enhancing symbolic execution with veritesting[C]. Proceedings of the 36th International Conference on Software Engineering. Hyderabad, 1083-1094.

BALUDA M, BRAIONE P, DENARO G, et al, 2010. Structural coverage of feasible code[C]. Proceedings of the 5th Workshop on Automation of Software Test. Cape Town, 59-66.

BARRETT C, TINELLI C, 2007. Cvc3[C]. Proceedings of the International Conference on Computer Aided Verification. Berlin, 298-302.

BHATKAR R, SEKAR R, 2008. Data space randomization[C]. Proceedings of the 5th International Conference on Detection of Intrusion and Malware, and Vulnerability Assessment. Paris, 1-22.

BÖHME M, PHAM V T, ROYCHOUDHURY A, 2017. Coverage-based greybox fuzzing as markov chain[J].

IEEE transactions on software engineering, 45(5): 489-506.

BRUENING D L, 2004. Efficient, transparent, and comprehensive runtime code manipulation[M]. Massachusetts Institute of Technology.

BRUMLEY D, JAER I, AVGERINOS T, et al, 2011. BAP: a binary analysis platform[C]. Proceedings of the 23rd International Conference on Computer Aided Verification. Cliff Lodge, 463-469.

CADAR C, GANESH V, PETER M, et al, 2006. EXE: automatically generating inputs of death[C]. Proceedings of the 13th ACM Conference on Computer and Communications Security. Alexandria, 322-335.

CARRS S A, PAYER M, 2017. DataShield: configurable data confidentiality and integrity[C]. Proceedings of the 2017 ACM on Asia Conference on Computer and Communications Security. Abu Dhabi, 193-204.

CHA S K, AVGERINOS T, REBERT A, et al, 2012. Unleashing mayhem on binary code[C]. Proceedings of the 2012 IEEE Symposium on Security and Privacy. San Francisco, 380-394. DOI: http: //dx.doi.org/10.1109/ SP.2012.31.

CHEN H, XI W, YUAN L, et al, 2008. From speculation to security: practical and efficient information flow tracking using speculative hardware[C]. Proceedings of the Inernational Symposium on Computer Architecture. Beijing, 401-412. DOI: 10.1109/ISCA.2008.18.

CHEN T, LIN X, HUANG J, et al, 2015. An empirical investigation into path divergences for concolic execution using CREST[J]. Security and communication networks, 8(18): 3667-3681. DOI: http://dx.doi.org/ 10.1002/sec.1290.

CHENG L, ZHANG Y, WU C, et al, 2019. Optimizing seed inputs in fuzzing with machine learning[C]. Proceedings of the 41st International Conference on Software Engineering. Montreal, 244-245.

CHIPOUNOV V, KUZNETSOV V, CANDEA G, 2011. S2E: a platform for in-vivo multi-path analysis of software systems[J]. ACM sigplan notices, 46(3): 265-278.

CLOCKSIN W F, 1987. Principles of the Delphi parallel inference machine[J]. The computer journal, 30(5): 386-392.

COHEN M B, SNYDER J, ROTHERMEL G, 2006. Testing across configurations: implications for combinatorial testing[J]. ACM Sigsoft software engineering notes, 31(6): 1-9.

COWAN C, PU C, MAIER D, et al, 1988. StackGuard: automatic adaptive detection and prevention of buffer-overflow attacks[C]. Proceedings of the 7th USENIX Security Symposium. San Antonio, 63-77.

CRANDALL J R, WU S F, CHONG F T, 2006. Minos: architectural support for protecting control data[J]. ACM transactions on architecture and code optimization, 3(4): 359-389.

DENNING D E, 1976. A lattice model of secure information flow[J]. Communication of the ACM, 19(5): 236-243.

DENNING D E, DENNING P J, 1977. Certification of programs for secure information flow[J]. Communication of the ACM, 20(7): 504-513.

DRYSDALE D, 2016. Coverage-guided kernel fuzzing with syzkaller[J]. Linux weekly news, 2: 33.

DURAN J W, NTAFOS S, 1981. A report on random testing[C]. Proeedings of the 5th International Conference on Software Engineering. San Diego, 179-183.

FLOYD R W, 1967. Nondeterministic algorithms[J]. Journal of the ACM (JACM), 14(4): 636-644.

FORRESTER J E, MILLER B P, 2000. An empirical study of the robustness of Windows NT applications using random testing[C]. Proceedings of the 4th USENIX Windows System Symposium. Seattle, 59-68.

GANESH V, DILL D L, 2007. A decision procedure for bit-vectors and arrays[C]. Proceedings of the 19th International Conference on Computer Aided Verification. Berlin, 519-531.

GASCON H, WRESSNEGGER C, YAMAGUCHI F, et al, 2015. Pulsar: stateful black-box fuzzing of proprietary network protocols[C]. Proceedins of the International Conference on Security and Privacy in Communication Networks. Cham, 330-347.

GODEFROID P, 2007. Compositional dynamic test generation[C]. Proceedings of the 34th Annual ACM Sigplan-Sigact Symposium on Principles of Programming Languages. Nice, 47-54.

GODEFROID P, LEVIN M Y, MOLNAR D, 2012. SAGE: whitebox fuzzing for security testing[J]. Queue, 10(1): 20-27.

GODEFROID P, PELEG H, SINGH R, 2017. Learn&fuzz: machine learning for input fuzzing[C]. Proceedings of the 2017 32nd IEEE/ACM International Conference on Automated Software Engineering (ASE). Urbana, 50-59.

GONG W, ZHANG G, ZHOU X, 2017. Learn to accelerate identifying new test cases in fuzzing[C]. International Conference on Security, Privacy and Anonymity in Computation, Communication and Storage. Springer, Cham, 298-307.

HAN H S, OH D H, CHA S K. 2019. CodeAlchemist: Semantics-Aware Code Generation to Find Vulnerabilities in JavaScript Engines[C]. Network and Distributed System Security Symposium, San Diego, 156-168.

HOLLER C, HERZIG K, ZELLER A, 2012. Fuzzing with code fragments[C]. Proceedings of the 21st USENIX Security Symposium. Bellevue, 445-458.

HU Z, SHI J, HUANG Y, et al, 2018. GANFuzz: a GAN-based industrial network protocol fuzzing framework[C]. Proceedings of the 15th ACM International Conference on Computing Frontiers. Ischia, 2018: 138-145.

KEMERLIS V P, PORTOKALIDIS G, JEE K, et al, 2012. Libdft: practical dynamic data flow tracking for commodity systems[J]. ACM sigplan notices, 47(7): 121-132. DOI: 10.1145/2365864.2151042.

KING J C, 1976. Symbolic execution and program testing[J]. Communications of the ACM, 19(7): 385-394.

KUZNETSOV V, KINDER J, BUCUR S, et al, 2012. Efficient state merging in symbolic execution[J]. ACM sigplan notices, 47(6): 193-204.

LV C, JI S, LI Y, et al, 2018. SmartSeed: smart seed generation for efficient fuzzing[J]. Cryptography and Security (cs.CR), 30(5): 12-23.

MOURA L D, BJRNER N, 2008. Z3: an efficient SMT solver[C]. Proceedings of the International Conference on Tools and Algorithms for the Construction and Analysis of Systems. Berlin, 337-340.

NICHOLS N, RAUGAS M, JASPER R, et al, 2017. Faster fuzzing: reinitialization with deep neural models[J]. Artificial Intelligence (cs.AI), 31(6): 3-10.

RAMOS D A, ENGLER D, 2015. Under-constrained symbolic execution: correctness checking for real code[C]. Proceedings of the USENIX Security Symposium. Washington, 49-64.

RAWAT S, JAIN V, KUMAR A, et al, 2017. VUzzer: application-aware evolutionary fuzzing[C]. Proceedings of the Symposium on Network and Distributed System Security. San Diego,1-14.

SASNAUSKAS R, DUSTMANN O S, KAMINSKI B L, et al, 2011. Scalable symbolic execution of distributed systems[C]. Proceedings of the 2011 31st International Conference on Distributed Computing Systems. Minneapolis, 333-342.

SAXENA P, POOSANKAM P, MCCAMANT S, et al, 2009. Loop-extended symbolic execution on binary programs[C]. Proceedings of the 18th International Symposium on Software Testing and Analysis. Chicago, 225-236.

SCHWARTZ-NARBONNE D, CHAN C, MAHAJAN Y, et al, 2009. Supporting RTL flow compatibility in a microarchitecture-level design framework[C]. Proceedings of the 7th IEEE/ACM International Conference on Hardware/Software Codesign and System Synthesis. Grenoble, 343-352.

SEN K, AGHA G, 2006. CUTE and jCUTE: concolic unit testing and explicit path model-checking tools[C]. Proceedings of the International Conference on Computer Aided Verification. Berlin, 419-423.

SEN K, MARINOV D, AGHA G, 2005. CUTE: a concolic unit testing engine for C[C]. Proceedings of the 10th European Software Engineering Conference Held Jointly with 13th ACM SIGSOFT International Symposium on Foundations of Software Engineering. Lisbon, 263-272. DOI: http: //dx.doi.org/10.1145/1081706. 1081750.

SEREBRYANY K, BRUENING D, POTAPENKO A, et al, 2012. AddressSanitizer: a fast address sanity checker[C]. Proceedings of the 2012 USENIX Conference on Annual Technical Conference. Boston, 309-318.

SHE D, PEI K, EPSTEIN D, et al, 2019. NEUZZ: efficient fuzzing with neural program smoothing[J]. IEEE symposium on security and privacy, 89(46): 38.

SONG D, BRUMLEY D, YIN H, et al, 2008. BitBlaze: a new approach to computer security via binary analysis[C]. Proceedings of the 4th International Conference on Information Systems Security. Hyderabad, 1-25.

STEPHENS N, GROSEN J, SALLS C, et al, 2016. Driller: augmenting fuzzing through selective symbolic execution[C]. Proceedings of the 23rd Annual Network and Distributed System Security Symposium. San Diego, 1-16.

SUH G E, LEE J W, ZHANG D, et al, 2004. Secure program execution via dynamic information flow tracking[C]. Proceedings of the 11th International Conference on Architectural Support for Programming Languages and Operating Systems. Boston, 85-96.

TILLMANN N, HALLEUX J D, 2008. Pex–white box test generation for. NET[C]. Proceedings of the International Conference on Tests and Proofs. Berlin, 134-153.

TRIPATHI S, 2018. Exniffer: learning to rank crashes by assessing the exploitability from memory dump[D]. Hyderabad, International Institute of Information Technology Hyderabad.

VEGGALAM S, RAWAT S, HALLER I, et al, 2016. IFuzzer: an evolutionary interpreter fuzzer using genetic programming[J]. European symposium on research in computer security, 581-601.

WANG J, CHEN B, WEI L, et al, 2019. Superion: grammar-aware greybox fuzzing[C]. Proceedins of the 41st International Conference on Software Engineering (ICSE). Montreal, 724-735.

WANG Y, WU Z, WEI Q, et al, 2019. NeuFuzz: efficient fuzzing with deep neural network[J]. IEEE access, 36340-36352.

YAN G, LU J, ZHAN S, et al, 2017. Exploitmeter: combining fuzzing with machine learning for automated evaluation of software exploitability[C]. Proceedings of the 2017 IEEE Symposium on Privacy-Aware Computing（PAC）. Washington, 164-175.

YAN S, WANG R, SALLS C, et al, 2016. SOK:（State of）the art of war: offensive techniques in binary analysis[C]. Proceedings of the IEEE Symposium on Security and Privacy. San Jose, 138-157.DOI: http://dx.doi.org/10.1109/SP. 17.

YOU W, LIANG B, SHI W, et al, 2017. TaintMan: an art-compatible dynamic taint analysis framework on unmodified and non-rooted android devices[J]. IEEE transactions on dependable and secure computing, 287-310.

ZHANG Y, CHEN Z, WANG J, et al, 2015. Regular property guided dynamic symbolic execution[C]. Proceedings of the 37th International Conference on Software Engineering. Florence, 643-653.